好生活

好妈妈手边书

楚丽萍 ❀ 主编

育儿家教要知道的 500 个细节

北京出版集团公司
北京出版社

图书在版编目（CIP）数据

育儿家教要知道的500个细节／楚丽萍主编 ． — 北
京 ： 北京出版社，2013.1
　（好妈妈手边书）
ISBN 978-7-200-09409-1

Ⅰ．①育… Ⅱ．①楚… Ⅲ．①婴幼儿—哺育—基本知
识 Ⅳ．①TS976.31

中国版本图书馆CIP数据核字（2012）第195370号

好妈妈手边书
育儿家教要知道的500个细节
YU'ER JIAJIAO YAO ZHIDAO DE 500 GE XIJIE
楚丽萍　主编
*
北 京 出 版 集 团 公 司
　　　　　　　　　　　　　　　出版
北 京 出 版 社
（北京北三环中路6号）
邮政编码：100120
网　　　　址：www.bph.com.cn
北京出版集团公司总发行
新 华 书 店 经 销
北京同文印刷有限责任公司印刷
*
787毫米×1092毫米　16开本　19印张　220千字
2013年1月第1版　2013年1月第1次印刷
ISBN 978-7-200-09409-1
定价：32.00元
质量监督电话：010-58572393

前 言

有人说，育儿教子如同养花，浇水、施肥一样不能少，孩子方可营养兼备，茁壮成长；除草、杀虫处处周到，孩子方能身心健康，学有所成。确实，对每个妈妈来说，养育孩子都不是一个简单的过程，除了要从小顾全孩子生活的方方面面，还要时刻关注孩子行为、能力、心理的发展，除养育之外更要行使教育的职责，教出一个能力健全、身心健康的孩子。这说来容易，做起来实在是不简单！

不过，育儿教子毕竟是妈妈的天职。无论是怀胎十月的辛苦，还是母子连心的天性，妈妈几乎从来都是照顾宝宝的第一人，而这个过程总是会让很多妈妈产生一些困扰甚至是惶恐，毕竟养儿育儿都不易，喂奶、买奶粉、穿衣服、洗澡、生病喂药……这些生活中的细节事务无一不需要妈妈们事必躬亲、费心劳力。这些方方面面的问题，太细太杂，常常会让妈妈们不知所措，尤其是面对一些从未遇见的情况时，更会又焦急又担心，令自己身心疲惫。

怎样才能有条有理、细致全面地照料宝宝的生活？怎样才能让宝宝能力和心理都健康发展，成为身强体健、勇敢乐观的好孩子？这是每个妈妈都关心的问题。基于此，我们编写出了这本书。

本书从妈妈的视角出发，针对孩子成长过程中的方方面面，着重筛选出最常见和最典型的500个育儿家教细节问题讲解，力争在一个个的细节处给妈妈们的育儿过程提供一些指导和帮助，成为妈妈的手边书。

本书分为养育宝宝、宝宝常见症状和疾病、教育宝宝三大部分。第一部分按时间顺序，精选了0~6岁宝宝养育过程中常出现的一些问题和典型症状，内容涵盖宝宝喂养、护理、安全等多方面；第二部分从婴幼儿常见症状和疾病、儿童常见心理疾病及用药和治疗的注意事项三方面逐一讲解，较全面地罗列出儿童易患的身心疾病和用药问题；第三部分则从习惯、品质、个性、交往沟通、综合能力、高效学习、传统文化、兴趣、礼仪、心态、心理11个方面讲解分析了儿童教育过程中的常见现象和问题，以身心修养、德才兼具为目标，旨在帮妈妈教出合格的新世纪人才。

小宝宝从诞生到6岁共有2100多天，这2100多天的养育是一个辛苦又快乐的过程。衷心希望这本书可以为辛苦并快乐着的妈妈们提供有效的指导与帮助，同时为亲子生活增添一份充实和乐趣。

目 录 contents

Part 1 ♥ **养育：给宝宝一个强健的体魄 1**

0～1个月：
好体质源于优质的喂养/2

- 1.新生儿的营养需求 /2
- 2.喂养初乳很重要 /2
- 3.分娩后尽早给予母乳 /3
- 4.母乳该如何喂 /3
- 5.母乳化奶粉等于母乳吗 /4
- 6.哺乳的正确姿势 /4
- 7.可能出现的喂养难题 /5
- 8.不宜母乳喂养的情况 /5
- 9.怎样判断新妈妈的奶水是否充足 /6
- 10.怎样徒手挤奶 /7
- 11.双胞胎如何进行母乳喂养 /7
- 12.每个妈妈都有哺乳的能力 /8
- 13.有办法让奶水更多吗 /8
- 14.新生儿的人工喂养 /9
- 15.新生儿的混合喂养 /9
- 16.奶瓶应该怎么选 /10
- 17.奶粉的调配方法 /10
- 18.如何给宝宝喂牛奶 /11
- 19.不要选用鲜牛奶 /12
- 20.宝宝一吃就拉怎么办 /12
- 21.宝宝越哄越哭怎么办 /13
- 22.宝宝为什么会呛奶 /13
- 23.宝宝吐奶该如何处理 /14
- 24.如何避免宝宝吐奶 /14
- 25.什么情况下吐奶需要看医生 /15
- 26.帮宝宝拍嗝 /15
- 27.新生儿应该睡多久 /16
- 28.为什么宝宝的身上都是小皱纹 /16
- 29.宝宝身上的红斑是什么 /16
- 30.生理性脱皮 /17

31.皮肤变色和局部青紫 /17

32.新生儿臀红 /18

33.胎记需要治疗吗 /19

34.什么是正常的生理性黄疸 /19

35.宝宝的眼睛还不能随着大人的手指动 /19

36.眼睛的异常问题 /20

37.怎样给宝宝滴眼药水 /21

38.新生儿的口腔护理 /21

39.新生儿的鼻腔护理 /21

40.给新生儿洗澡 /22

41.宝宝可以听见声音吗 /22

42.宝宝喘气呼噜呼噜的是怎么回事 /23

43.新生儿脱发不是病 /23

44.身上的肿块是什么 /24

45.脐带的护理 /24

46.满月婴儿的体征 /25

47.早产儿的护理要点 /25

48.宝宝的尿怎么是红色的 /26

49.尽量不要让过多的人来看宝宝 /26

50.四季的护理要点 /27

1～2个月:
让宝宝的睡眠有规律/28

51.营养需求 /28

52.发育指标 /28

53.母乳喂养 /29

54.人工喂养 /29

55.混合喂养 /30

56.母乳很清说明质量不好吗 /31

57.把握好哺乳的时间 /31

58.奶温应该怎么试 /32

59.不要用微波炉热奶 /32

60.奶瓶消毒的注意事项 /32

61.注意给早产儿补铁 /33

62.如何给宝宝吸鼻涕 /34

63.如何为宝宝选择尿布 /34

64.红屁股更严重怎么办 /35

65.头部奶痂 /35

66.奶秃 /36

67.枕秃 /36

68.鼻根和手脚心发黄 /36

69.宝宝为什么总用手抓脸 /37

70.不要给宝宝用小毛毯 /37

71.洗澡后不宜马上喂奶 /38

72.保护好宝宝的头发 /38

73.夏天可以给宝宝用爽身粉吗 /39

74.大便具有个体差异性 /39

75.大便溏稀、发绿 /40

76.小便少了说明宝宝缺水吗 /40

77.宝宝醒着的时间变长了 /41

78.宽容对待"夜哭郎" /41

79.宝宝睡觉不踏实就是缺钙吗 /42

80.室内保持适宜的湿度 /42

81.应该如何给宝宝晒太阳 /42

82.日光浴后要做好宝宝皮肤的保护工作/43

83.母乳喂养的妈妈仍然要限制饮食 /43

84.四季的护理要点 /44

2～3个月:
选择合适的洗澡时间/46

85.营养需求 /46

86.发育指标 /46

87.母乳喂养 /47

88.人工喂养 /47

89.混合喂养 /48

90.可以试着让宝宝接触硅胶奶嘴 /48

91.警惕喂养不当 /49

92.如何判断宝宝是否吃饱了 /49

93.本月吐奶要警惕肠套叠 /50

94.怎样给两个月的宝宝洗澡 /51

95.宝宝一哭就是让人抱吗 /51

96.男婴和女婴在护理上的差异 /52

97.如何为宝宝清洁、护理皮肤 /53

98.如何给宝宝选择贴身保姆 /53

99.鼻塞的处理 /54

100.不要用太软的婴儿枕头 /54

101.玩具的选择 /55

102.如何避免宝宝患上"空调病" /55

103.便秘的对策 /56

104.带宝宝呼吸新鲜空气 /56

105.户外活动要注意安全 /57

106.宝宝开始会耍脾气了 /57

107.警惕意外摔伤 /58

108.防止意外窒息 /58

109.四季的护理要点 /59

3～4个月：
母乳仍然是宝宝的最佳选择/60

110.营养需求 /60

111.发育指标 /60

112.母乳喂养 /61

113.人工喂养 /61

114.混合喂养 /62

115.母乳仍然是宝宝的最佳选择 /62

116.如何判断奶水足不足 /63

117.不要为了硬加牛奶给宝宝断母乳 /63

118.牛奶过敏的表现 /63

119.突然厌奶怎么办 /64

120.本月的宝宝还不需辅食 /65

121.控制热量的摄入 /65

122.宝宝生病时该如何喂药 /65

123.如何给宝宝选择背袋 /66

124.生理性腹泻难以避免 /66

125.宝宝开始夜啼 /67

126.不要在半夜陪宝宝玩 /67

127.囟门大就是佝偻病吗 /68

128.给宝宝穿的衣服要确保他活动自如 /69

129.不要给宝宝蒙纱巾 /69

130.如何防治尿布疹 /70

131.可以进行日光浴 /70

132.仍不需要训练尿便 /71

133.警惕洗澡的意外 /71

134.疫苗接种时宝宝病了怎么办 /72

135.某种疫苗推迟了，以后接种都要顺延吗 /72

136.药物会影响预防接种效果吗 /72

137.接种疫苗后发热正常吗 /73

138.四季的护理要点 /73

4～5个月：
喂养变得复杂起来/74

139.营养需求 /74

140.发育指标 /74

141.母乳喂养 /75

142.人工喂养 /75

143.混合喂养 /76

144.根据实际情况决定是否添加辅食 /76

145.为宝宝添加辅食的原则 /77

146.辅食添加的顺序 /77

147.给宝宝加配方奶要慎重 /78

148.尽量不用半成品辅食 /78

149.夏季不为宝宝加辅食 /79

150.注意餐具的卫生 /79

151.出现呛奶窒息怎么办 /80

152.正确判断宝宝睡觉出汗的原因 /80

153.哭闹表示有了更多的欲求 /81

154.有些玩具要淘汰了 /81

155.避免宝宝吞入异物 /82

156.如何为宝宝挑选衣服 /82

157.让宝宝远离宠物 /83

158.提高宝宝的抗寒能力 /83

159.湿疹不退怎么办 /84

160.晚上尽量不给宝宝换尿布 /84

161.警惕可能发生的危险 /85

162.四季的护理要点 /85

5～6个月：
训练宝宝的吞咽能力/87

163.营养需求 /87

164.发育指标 /87

165.母乳喂养 /88

166.人工喂养 /88

167.混合喂养 /89

168.吃奶的时候不要打扰宝宝 /89

169.这个月蛋黄是最好的补铁剂 /89

170.给宝宝喝点鲜果汁 /90

171.添加辅食不要影响母乳喂养 /90

172.学会辨别宝宝需要辅食的信号 /91

173.每新加一类辅食时要留意宝宝的反应 /91

174.宝宝不吃辅食怎么办 /92

175.如何训练宝宝吞咽和咀嚼的能力 /92

176.选择易穿脱的衣服 /93

177.什么样的睡姿才科学 /93

178.为什么宝宝的睡眠变少了 /94

179.本月夜啼可能是受到了惊吓 /94

180.正确对待宝宝的摇晃行为 /95

181.宝宝开始流口水 /95

182.帮宝宝做口腔清洁 /96

183.别给宝宝盖得太厚 /96

184.尽量不要和宝宝一起睡 /96

185.防止腹泻误判 /97

186.把尿打挺怎么办 /97

187.闹夜怎么办 /98

188.宝宝还不会翻身怎么办 /98

189.本月可能出现的意外 /99

190.四季的护理要点 /99

6～7个月：
辅食的添加要适当/100

191.营养需求 /100

192.发育指标 /100

193.母乳充足的话可以继续喂母乳 /101

194.正式为宝宝添加辅食 /101

195.宝宝的主食仍以乳类为主 /102

196.注意含铁食物的添加 /102

197.渐渐向固态食物过渡 /103

198.慎重对待市场上的婴儿辅食 /103

199.如何制作肉泥和鱼泥 /104

200.哪些食物不宜添加 /104

201.不用按照食谱喂宝宝 /105
202.注意给宝宝补充白开水 /105
203.宝宝总吃手要注意 /106
204.宝宝开始认生了 /106
205.出牙的问题 /107
206.宝宝的口水更多了 /107
207.白天可以少让宝宝睡觉 /108
208.很难找到夜啼的真正原因 /108
209.这个月的宝宝可以坐了 /109
210.宝宝还不能自主控制大小便 /109
211.宝宝一尿尿就哭闹 /110
212.防止宝宝从床上摔下来 /110
213.四季的护理要点 /111

7～8个月：
准备一些磨牙的小零食 /112
214.营养需求 /112
215.发育指标 /112
216.给宝宝添加更为丰富的辅食 /113
217.给宝宝准备些磨牙的小点心 /113
218.让宝宝自己拿勺吃饭 /114
219.训练宝宝吃一些蔬菜 /114
220.定期给宝宝称体重 /115
221.巧食苹果治疗小儿腹泻 /115
222.宝宝干呕的应对措施 /115
223.不好好吃辅食怎么办 /116
224.可能会咬妈妈的乳头 /117
225.秋季咳嗽别当病治 /117
226.宝宝眼睛的护理 /118
227.让宝宝早上迟醒一些 /119
228.不要强行给宝宝把尿 /119
229.不要强行训练宝宝排便 /119

230.大便干燥怎么办 /120
231.宝宝出牙的顺序 /120
232.半夜尽量不打扰宝宝睡觉 /121
233.不懂认生的宝宝就是有问题吗 /121
234.警惕可能发生的意外 /122
235.四季的护理要点 /122

8～9个月：
抱着宝宝上饭桌 /124
236.营养需求 /124
237.发育指标 /124
238.和妈妈一起吃饭 /125
239.让宝宝养成良好的吃饭习惯 /125
240.宝宝的辅食增加到每日三次 /126
241.宝宝对食物过敏该怎么办 /126
242.教宝宝学会双手拿东西 /127
243.如何让宝宝尝试新的食物 /127
244.纠正宝宝出牙期的坏习惯 /128
245.还不出牙怎么办 /128
246.宝宝为什么总用手抠嘴 /129
247.宝宝的小腿可能会发弯 /129
248.对宝宝进行排便训练 /130
249.能力倒退怎么办 /130
250.头发稀黄怎么办 /131
251.尽量两个人看护宝宝 /132
252.防止宝宝感冒 /132
253.四季的护理要点 /133

9～10个月：
适量补充益生菌 /134
254.营养需求 /134
255.发育指标 /134
256.怎样给宝宝补充益生菌 /135

257.多吃胡萝卜有益健康 /136

258.允许宝宝抓食 /136

259.为宝宝补充些水果 /137

260.如何让宝宝变得爱吃菜 /137

261.可能会把喂进嘴的食物吐出来 /138

262.宝宝高烧怎么办 /138

263.闹夜可能的原因 /139

264.户外活动很重要 /139

265.对宝宝进行体能训练 /140

266.还不会站的宝宝有问题吗 /141

267.让宝宝在安全的地方尽情玩耍 /141

268.如何消除宝宝内心的恐惧感 /141

269.四季的护理要点 /142

10～11个月：
为宝宝选一双好鞋子/144

270.营养需求 /144

271.发育指标 /144

272.仍然可以给宝宝喂母乳 /145

273.需要断母乳的情况 /145

274.如何对待半夜醒来要吃奶的宝宝 /145

275.饮食个性化差异变得明显 /146

276.不要忽视奶的营养价值 /147

277.不要让宝宝成为肥胖儿 /147

278.不要给宝宝吃太多盐 /148

279.宝宝可能喜欢边吃边玩 /148

280.及时发现舌系带过短 /148

281.改善宝宝的睡眠 /149

282.为宝宝挑一双合适的学步鞋 /150

283.尽量不用学步车 /150

284.四季的护理要点 /151

11～12个月：
注意宝宝的安全/152

285.营养需求 /152

286.发育指标 /153

287.怎样给学步期的宝宝喂食 /153

288.宝宝厌食怎么办 /154

289.不要让宝宝喝成人饮料 /154

290.经常给宝宝的玩具进行消毒 /155

291.注意宝宝蹲坐、站立和扶走的安全 /156

292.警惕宝宝的不良习惯 /156

293.正式训练大小便 /157

294.春季湿疹不用特殊护理 /157

295.保护好宝宝的乳牙 /158

296.学会分辨绞痛样哭闹 /159

297.警惕呼吸道异物 /159

298.不可以让宝宝离开大人的视线 /160

299.为宝宝排除一切隐患 /160

300.四季的护理要点 /161

1～2岁：
纠正偏食的坏习惯/162

301.营养需求 /162

302.发育指标 /162

303.可以独自站立了 /163

304.注重宝宝的饮食平衡 /163

305.宝宝不爱吃饭怎么办 /164

306.宝宝不爱喝水怎么办 /164

307.培养正确的饮食习惯 /165

308.宝宝体重过轻或过重该怎么办 /166

309.注重钙质的补充 /166

310.宝宝多吃鱼可促进大脑发育 /167

311.如何帮宝宝改掉贪吃零食的坏习惯 /167
312.出牙仍有差异性 /168
313.生病的频率可能会变高 /169
314.示范正确的走路姿势给宝宝看 /169
315.男孩说话比女孩晚一些是正常的 /169
316.应对宝宝踢被子的好办法 /170
317.宝宝闹觉怎么办 /171
318.1周岁以后的尿便训练 /171
319.预防可能发生的意外 /172

2～3岁：
防止宝宝营养不良 /173

320.发育指标 /173
321.让宝宝在餐桌上吃饭 /173
322.给宝宝饮用健康的果汁 /174
323.注重微量元素的补充 /174
324.多补充些乳制品 /175
325.教宝宝学会使用餐具 /176
326.不要强迫宝宝吃东西 /176
327.宝宝可能还是离不开奶瓶 /177
328.2岁半左右乳牙应该出齐了 /177
329.可以让宝宝刷牙了 /178
330.如何预防龋齿 /178
331.培养良好的口腔习惯 /179
332.当心宝宝出现O形腿或X形腿 /180
333.有些宝宝不爱睡午觉 /180
334.让宝宝独自睡眠 /181

3～4岁：
尽量少让宝宝看电视 /182

335.发育指标 /182
336.宝宝每天各种食物的摄入量 /182
337.宝宝在夏天的饮食原则 /183

338.不要让宝宝暴饮暴食 /183
339.自己的事情自己做 /184
340.教宝宝学会饭前洗手、饭后漱口 /185
341.让宝宝少接触电视和电脑 /185
342.宝宝应该以玩为主 /186
343.怎样给宝宝编故事 /186
344.给宝宝做好的行为示范 /187
345.不要期望宝宝太"懂事" /188
346.宝宝说谎怎么办 /188
347.宝宝患上传染病怎么办 /189
348.带宝宝出游应注意的问题 /190

4～5岁：
培养规律的饮食和睡眠 /191

349.发育指标 /191
350.一日三餐要规律 /191
351.这些食物不宜让宝宝多吃 /192
352.宝宝不喜欢吃肉该怎么办 /192
353.宝宝需远离的4大垃圾食品 /193
354.多吃水果，注意维生素的补充 /194
355.过敏宝宝不宜吃菠萝 /194
356.宝宝缺锌的反应 /195
357.如何预防宝宝体重超标 /195
358.帮助宝宝养成规律的作息习惯 /196
359.仍然尿床怎么办 /196
360.做好护眼工作 /197
361.给宝宝"增高"忌盲目 /198

5～6岁：
作好上小学的准备 /199

362.发育指标 /199
363.重视宝宝的早餐 /199
364.继续补充钙质 /200

- 365.适量给宝宝吃一些猪肝 /200
- 366.宝宝仍然挑食厌食怎么办 /200
- 367.如何对待坏脾气的宝宝 /201
- 368.娇惯溺爱要不得 /202
- 369.宝宝不听话该怎么办 /202
- 370.允许宝宝有自己的主见 /203
- 371.宝宝体弱多病怎么办 /204
- 372.智力开发需量力而为 /204
- 373.小学的选择方法 /205
- 374.作好入学前的准备 /205

Part 2 ❤ 宝宝常见症状和疾病 207

婴幼儿常见症状和疾病/208

- 375.新生儿黄疸 /208
- 376.新生儿脐疝 /208
- 377.尿布疹 /209
- 378.头皮血肿 /210
- 379.耳部畸形 /210
- 380.先天性心脏病 /211
- 381.新生儿贫血 /212
- 382.新生儿低血糖 /212
- 383.感冒 /213
- 384.发烧 /214
- 385.咳嗽 /214
- 386.腹泻 /215
- 387.便秘 /215
- 388.湿疹 /216
- 389.婴儿痉挛症 /217
- 390.鹅口疮 /217
- 391.肠套叠 /218
- 392.幼儿急疹 /218
- 393.先天性巨结肠病 /219
- 394.吸收不良综合征 /219
- 395.胸腺肥大 /220
- 396.鼻炎 /220
- 397.喉炎 /221
- 398.口角炎 /222
- 399.支气管炎 /222
- 400.泪囊炎 /223
- 401.中耳炎 /223
- 402.咬合不正 /224
- 403.厌食症 /224
- 404.蛔虫病 /225
- 405.肥胖症 /225
- 406.淋巴结肿大 /226
- 407.斜视、弱视 /226
- 408.倒睫 /227
- 409.痱子 /228
- 410.皮肤疣 /228
- 411.荨麻疹 /229
- 412.水痘 /229
- 413.甲型肝炎 /230
- 414.乙型肝炎 /230
- 415.流行性乙型脑炎 /231
- 416.传染性红斑 /231
- 417.流行性腮腺炎 /232
- 418.疱疹性咽峡炎 /233

儿童常见心理疾病/234

- 419.多动症 /234
- 420.自闭症 /234

○ 421.异装癖 /235

○ 422.强迫症 /236

○ 423.抑郁症 /236

○ 424.选择性缄默症 /237

○ 425.遗尿症 /238

○ 426.抽动症 /238

○ 427.梦游症 /239

○ 428.拔毛癖 /239

○ 429.重复性行为 /240

○ 430.极端行为 /241

用药与治疗的注意事项/242

○ 431.新生儿用药 /242

○ 432.婴幼儿用药 /243

○ 433.家庭必备药品 /243

○ 434.出行必备小药箱 /244

○ 435.避免扩大化治疗 /244

○ 436.避免药源性疾病 /245

○ 437.避免输液的伤害 /246

○ 438.避免注射的伤害 /246

○ 439.什么情况下可以自疗 /247

○ 440.什么情况下必须看医生 /247

Part 3 ♥ 教育:给宝宝一个健全的心智 249

优质的教育源于正确的态度和方式/250

○ 441.养育一个健康快乐的宝宝 /250

○ 442.教育要把"尊重"放在首位 /250

○ 443.顺应天性,因材施教 /251

○ 444.坚持教育中的一贯性和一致性 /251

○ 445.建立良好的亲子关系 /252

习惯养成:好习惯铸就好
未来/253

○ 446.养成良好的饮食习惯 /253

○ 447.培养宝宝午睡的好习惯 /253

○ 448.及早树立时间观念 /254

○ 449.养成锻炼身体的习惯 /255

○ 450.帮助宝宝养成良好的行为
习惯 /255

品质塑造:优秀的品质是成才
的脊梁/257

○ 451.对宝宝进行基本的道德
教育 /257

○ 452.激发宝宝的爱心和同情心 /257

○ 453.引导宝宝成为助人为乐
的人 /258

○ 454.做一个勇敢、坚强的
好宝宝 /258

○ 455.培养宝宝的自强、自立
意识 /259

个性发展:个性决定人的
一生/260

○ 456.宝宝的个性源自哪里 /260

○ 457.良好的个性需要家庭的
塑造 /260

○ 458.如何让宝宝增强自信心 /261

○ 459.让宝宝变得开朗乐观起来 /261

○ 460.区分对待气质类型不同的
宝宝 /262

交往沟通:迈好人际交往的
每一步/263

○ 461.多鼓励宝宝与人交往 /263

462.培养宝宝的合作精神 /263

463.渗透尊重的道理 /264

464.学会作自我介绍 /264

465.鼓励宝宝多交朋友 /265

综合能力：全面发展是优秀的
保证/266

466.培养宝宝的责任心 /266

467.培养宝宝的独立性 /266

468.让宝宝学会控制情绪 /267

469.提高宝宝的动手能力 /268

470.加强宝宝的自我保护意识 /268

高效学习：让学习变成一件轻松
事儿/269

471.早期阅读很重要 /269

472.培养宝宝对写字的兴趣 /269

473.培养宝宝对阅读的兴趣 /270

474.教宝宝学习数学的巧妙方法 /271

475.如何让宝宝爱上学英语 /271

传统文化：不可忽视的珍馐
之物/273

476.多为宝宝传授些国学知识 /273

477.唐诗宋词不可少 /273

478.带宝宝去博物馆 /274

479.试着让宝宝听一些戏曲 /274

480.练习书法好处多 /275

兴趣培养：让宝宝多才又
多艺 /276

481.发掘宝宝的天赋和特长 /276

482.鼓励宝宝练习涂鸦和绘画 /276

483.培养宝宝对音乐的兴趣 /277

484.让宝宝爱上体育运动 /278

485.培养兴趣要尊重宝宝的意愿 /278

礼仪教养：培养知书达理的好宝宝/280

486.妈妈是宝宝最好的老师 /280

487.教宝宝基本的礼貌常识 /280

488.如何招待家里的客人 /281

489.餐桌礼仪莫忘记 /282

490.孝顺长辈，尊敬老师 /282

态度教育：端正宝宝的行为态度/284

491.如何对待发脾气的宝宝 /284

492.如何对待性格倔强的宝宝 /284

493.宝宝太自私该怎么办 /285

494.对宝宝的打架、争抢行为进行正确教育/286

495.帮助宝宝形成正确的是非观 /286

心理疏导：及时灭掉不健康的"心火"/288

496.宝宝依赖心理太强该怎么办 /288

497.宝宝好动、注意力不集中该怎么办/288

498.宝宝性格孤僻、不合群该怎么办 /289

499.如何让胆小的宝宝变得胆大起来 /289

500. 帮助宝宝走出"幼儿园恐惧症"/290

Part 1

养育：
给宝宝一个强健的体魄

好体质源于优质的喂养

1.新生儿的营养需求

足月新生儿第一周的基础热能需求是每日每千克体重60～80千卡,第二周每日每千克体重为81～100千卡,三周以后每日每千克体重约需要100～120千卡热能。蛋白质需求是每日每千克体重2～3克,脂肪每日9～17克/100卡热,糖每日17～34克/100卡热。此外,刚出生的宝宝还需要赖氨酸、组氨酸、亮氨酸、异亮氨酸、缬氨酸、蛋氨酸、苯丙氨酸、苏氨酸和色氨酸这9种必需氨基酸,以及维生素和多种微量元素。

母乳是初生宝宝最好的营养品。如果妈妈在孕期健康状况良好,宝宝是足月出生且母乳充足,那么就不需要额外补充任何营养。如果妈妈在孕期维生素摄入不足、胎盘功能低下或早产,那么初生的宝宝就可能会缺乏维生素C、维生素D、维生素E和叶酸。因此,要根据宝宝的具体情况及时予以补充上述营养素。此外,由于早产儿体内铁储备量严重不足,所以从出生起就需要额外补铁。

2.喂养初乳很重要

初乳是指分娩后2～3天内的乳汁,尽管初乳量很少,还比较黄,但营养价值极为丰富,既符合新生儿的消化能力,还能有效增强抵抗力,所以每个妈妈都应该重视喂养初乳。

初乳中所含的蛋白质是正常乳汁的5倍,其中还含有更丰富的免疫球蛋白、乳铁蛋白、生长因子、巨噬细胞、中性粒细胞和淋巴细胞等,这些物质都有防止感染和增强免疫的功能,能增强宝宝的免疫力;初乳中的维生素,微量元素铜、铁、锌等的含量也非常高;初乳中还含有大量的生长因子,尤其是上皮生长因子,能促进宝宝身体细胞和组织的生长发育。

最重要的是，初乳中还含有一种极其珍贵的免疫物质，即分泌型IgA，其具有防止新生儿患病、促使其健康发育的重要功能，而且这种免疫物质只存在于母乳中，其他任何奶制品中都几乎很难发现。

尽管初乳的量很少，但刚出生的宝宝胃容量也很小，所以妈妈们根本不用担心宝宝会吃不饱，只需要重视初乳喂养，并根据宝宝的需求进行喂养就可以了。

3.分娩后尽早给予母乳

母乳，被称为"上天赐给新生儿最好的食物"，其中含有新生儿从出生到6个月大所需的所有营养，是完全符合新生儿生长需求的。因此，妈妈应在分娩后及早给予母乳。相对于其他代乳品，母乳因其营养价值的丰富性在喂养上具有不可替代的优势。而且，在哺乳的过程中，妈妈的声音和肌肤接触能刺激宝宝的大脑，促进其早期智力开发，还能使新生儿感受到更多的母爱，增强安全感，有利于亲子关系的建立以及宝宝心智的健康发育。此外，哺乳利于子宫恢复，可降低日后卵巢癌和乳腺癌的发病概率，所以在母乳喂养的过程中，妈妈也是受益者。

4.母乳该如何喂

母乳喂养，应该先掌握正确的喂养方法。在喂养时，妈妈可以先以舒适的姿势坐好或是躺好，然后让宝宝躺在自己的怀里，整个身体与自己相对，将乳房面向宝宝，并帮助宝宝正确地衔住乳头。一定不要让宝宝仅仅含住乳头，而是要让宝宝含入乳晕的大部分，且将乳晕下的乳房组织，包括储存乳汁的乳窦部分也含入口内。从外观上看是宝宝的下颌接触乳房，口张大，下唇外翻，口上方露出的乳晕比口下方要多一点。只有这样才能让宝宝吃到奶，同时也才能避免乳头皲裂，否则宝宝是吮吸不到乳汁的。

除此之外，妈妈还要掌握好喂奶的时间。一般来说，在宝宝出生后的一两个月内，应该是宝宝饿了就及时哺乳，而不必固定时间，当然也可以在此基础上逐渐地形成按时喂哺的习惯，大约每隔2～3个小时哺乳一次。每次哺乳的时间最好能根据自己的泌乳量来决定，如果奶量充足的话，一次喂哺的时间不要超过20分钟，而且还要两边乳房轮流着喂，以免因哺乳时间过长而造成乳头皮肤破损，从而继发细菌感染。

5.母乳化奶粉等于母乳吗

母乳化奶粉也就是人们常说的配方奶，是以牛乳为主要原料，并根据母乳的营养成分加工调配而成的，这种奶粉与普通奶粉最主要的区别就是去掉了牛乳中过多的酪蛋白，重新调整搭配了奶粉中酪蛋白与乳清蛋白、饱和脂肪酸与不饱和脂肪酸的比例，并添加了牛乳中不足的营养元素。

母乳化奶粉占据了当前婴幼儿奶粉市场的主力位置，并且其营养成分也是最接近母乳的，但是，母乳化奶粉还是不能等同于母乳，二者还是有区别的。

首先，尽管二者的营养成分构成相似，但构成比例还是有所差别的，如每100毫升母乳中含有乳糖7.5克，维生素D0.4～10国际单位，胆固醇300～600毫克，钙33毫克，磷15毫克，铁0.21毫克，饱和脂肪酸占55%，不饱和脂肪酸占45%，此外还含有较多的脂肪酶等；而等量的母乳化奶粉中含乳糖4.8克，维生素D0.3～4国际单位，胆固醇280～300毫克，无机盐0.7克，钙125毫克，磷99毫克，铁0.15毫克，饱和脂肪酸占65%，不饱和脂肪酸占35%，而含有的脂肪酶较少。

其次，母乳化奶粉中的钙磷比例不很适宜，所提供的免疫球蛋白也明显少于母乳，尤其是分泌型IgA，而且，其中的一些维生素及营养物质也遭到了一定程度的破坏，这对于宝宝的抵抗力可能会有所影响。

另外，母乳中还含有多种天然抗体及大量溶菌酶等，能溶解细菌，这些也是母乳化奶粉中没有的。此外，喂母乳宝宝一般不会出现过敏现象，而喂母乳化奶粉则不一定。

6.哺乳的正确姿势

掌握正确的哺乳姿势是母乳喂养的重要前提，常见的哺乳姿势主要有坐位哺乳和卧位哺乳两种，但无论哪种姿势，最应该以让婴儿和妈妈感觉到舒适放松为前提。

当采用坐位哺乳时，妈妈应先自然地坐下，保持身体放松、心情愉悦，为了舒适起见，可以在脚下垫一张矮凳，背部放一些支撑物，怀中也可以垫好枕头。等一切就绪之后，就可以抱好宝宝，让宝宝的头靠在妈妈的臂弯稍下的地方，妈妈顺势抱住宝宝的肩颈，另一只手将乳房托起后把乳头送进宝宝嘴里，等宝宝含住乳头及大部分乳晕之后，可以用手托住宝宝的臀部，使其身体处于水平位置。

当采用卧位哺乳时，妈妈可以先舒适地躺好，在头部、背后和腿部放一些软垫支持，之后把宝宝搂进怀里，然后帮助宝宝正确含住乳头，之后就可以静静地看着宝宝吃奶了。这种姿势比较适合于夜间哺乳，同时，那些剖宫产或分娩时出现过难产的妈妈也最好采取这种姿势。

当然，除了这两种姿势之外，摇篮式、环抱式、转换式等也是比较实用的喂奶姿势，妈妈可以根据需要灵活选择。

7.可能出现的喂养难题

宝宝刚刚出世的半个小时非常重要，妈妈一定要在宝宝出生后及时把乳房给宝宝。即使这时候还没有奶水，宝宝也会拼命地吮吸着，然后对这种感觉形成一定的心理依赖以便以后顺利哺乳。不过，如果妈妈的乳头过小或是过短，那么宝宝就可能衔不住乳头造成哺乳困难。遇到这种情况，妈妈千万不要用吸奶器把奶吸出来喂宝宝，而是应当在喂奶之前用食指、中指和拇指捏起乳头向外牵拉，每拉起一下坚持1秒，每次拉30下左右，或是用吸奶器帮助牵拉。几次牵拉后，乳头就能恢复正常供宝宝吮吸了。

很多新妈妈在初次哺乳的时候都很难采取正确的哺乳姿势。如果因为哺乳姿势不正确而令宝宝不能舒舒服服吃到奶的话，宝宝就有可能为了吃奶不自觉地用牙床咬乳头把它咬破。这会令妈妈更痛苦，而且还有造成乳腺炎的危险。因此，新妈妈应及早学习正确的哺乳姿势，以便让宝宝轻松又舒服地吃到奶。

8.不宜母乳喂养的情况

尽管很多妈妈都知道母乳喂养好，但有时由于某些特殊原因，可能会出现不宜母乳喂养的情况，此时新妈妈也应该正确对待。一般来说，当出现如下情况时是不宜母乳喂养的：

1.宝宝患有母乳性黄疸

母乳性黄疸是与母乳喂养有关的特发性黄疸，当宝宝有这种情况时，应该暂停48小时再尝试母乳喂养，而如果恢复母乳之后，黄疸再次加重，还需要再次停喂1~2天，直到宝宝的症状消除之后再进行母乳喂养。

2.宝宝患有乳糖不耐受综合征、氨基酸代谢异常等疾病

当宝宝患有乳糖不耐受综合征时，由于体内乳糖酶的缺乏，会造成乳糖不能被消化吸收，从而出现腹泻，并导致一系列较为严重的危害；而有氨基酸代谢异常的宝

宝，会导致神经系统和消化系统受累，如果母乳喂养则会使情况恶化，所以也不宜母乳喂养。

3.妈妈处于细菌或病毒急性感染期或是正在进行放射性碘治疗等

当妈妈处于感染期时，乳汁中可能含有致病的细菌或病毒，而且可能还需要用药物来治疗，如果此时母乳喂养，病毒和药物可能会通过乳汁影响宝宝的健康，所以最好暂时中断哺乳；而当妈妈正在进行放射性碘治疗时，碘能进入乳汁，有损宝宝甲状腺的功能，所以也不宜母乳喂养。

4.当妈妈患有其他一些不宜母乳喂养的疾病

当妈妈患有一些可能会影响宝宝的疾病时，一般也不宜母乳喂养，如当妈妈患有开放性结核病、传染性肝炎等疾病，母乳喂养可能会增加宝宝感染的机会；当妈妈患严重心脏病和心功能衰竭或是严重肾脏疾病、肾功能不全等疾病，母乳喂养会加重相应器官的负担；当妈妈患有乳头疾病、产后严重并发症、红斑狼疮、恶性肿瘤等疾病时，也不宜母乳喂养。

9.怎样判断新妈妈的奶水是否充足

有些新妈妈虽然很想母乳喂养，但总是担心自己的奶水不足，那么，怎么判断妈妈的奶水是否充足呢？一般来说，想要知道自己的奶水充足与否，妈妈可以通过这些标准来进行判断：

❶ 可以通过自己的乳房反应和感觉来判断：当奶水充足时，如果没有及时给宝宝喂奶或是间隔的时间稍长，妈妈一般都会有胀奶的感觉，哺乳前会感觉乳房胀满，哺乳时有下乳感。

❷ 可以通过宝宝吮吸时的行为表现来判断：奶水充足时，宝宝在吮吸的同时，还会发出"咕噜咕噜"的吞咽声。

❸ 可以通过宝宝一天的睡眠时间和尿量来判断：奶水充足时，宝宝吃奶后入睡安静、踏实，睡眠时间较长，而且一般每天需要更换尿布5次以上，尿量大概在300毫升左右，大便的次数在2~4次，颜色呈金黄色糊状。

❹ 可以从宝宝体重的增加来判断：当宝宝看起来气色好，精力旺盛，且平均每周体重增加150~250克或者以上时，也说明妈妈的奶水充足。

10.怎样徒手挤奶

有时候，由于乳头受伤或是其他特殊情况，妈妈不得不挤奶之后再喂宝宝。相比于用工具挤奶，不少妈妈还是认为用手挤奶比较舒适、自然、伤害性小。可是，虽说如此，徒手挤奶也是个技术活，下面就来介绍一下徒手挤奶的正确方法：

在挤奶前，妈妈应先做好准备工作，如将双手洗干净，舒适地坐好并准备好奶瓶、乳垫、奶瓶保温盒和干净的纱布，用清水清洁好乳头并用热毛巾热敷5～10分钟，轻柔地按摩乳房以助于乳汁流出等。

在挤奶时，妈妈可以将容器拿在靠近乳房的位置，拇指在上，其余四指在下面托住乳房，握成一个C形，之后将拇指和食指及中指放在乳头后方约2.5～4厘米处，做有规律的一挤一放的动作，在挤的时候指腹向乳头方向滚动，同时将手指的压力从中指移动到食指，将乳汁推挤出来，稍微放松之后再重复上述动作。需要注意的是，在挤压时，应以乳头为中心向周围半径约3厘米的区域按压，不要挤压乳头，且按压的时候要注意避免太用力，以免阻塞输乳管。另外，每次挤奶的时间最好控制在20分钟左右，且要双侧乳房轮流进行。如果奶水不多，可以适当延长一些时间，但一定要注意采取正确的姿势，并保持动作的轻柔。

11.双胞胎如何进行母乳喂养

相比于生育单胎的妈妈来说，双胞胎的妈妈要想进行母乳喂养，可能会遇到更大的难题。那么，双胞胎应该如何进行母乳喂养呢？

生育双胞胎的妈妈首先应该坚定母乳喂养的决心，作好心理及其他各方面的准备，在宝宝出生之后，尽早给予母乳喂养。

妈妈最好给两个宝宝同时喂奶，如果觉得抱着两个孩子喂奶很不容易，也可以一个一个轮流喂。同时给两个宝宝喂奶时，妈妈可以先用枕头支撑住宝宝，然后让每个宝宝衔住一个奶头，让宝宝自由吮吸，或者也可以买一个V形的双胞胎专用哺乳枕，这种枕头结实好用，能让妈妈解放出双手来调整位置或是给宝宝拍嗝。在两个宝宝同时喂奶时，妈妈需要注意每次喂奶的时候都要适时更换一下乳房，两边轮流着喂，尤其是其中的一个宝宝比较能吃，而另一个食欲没那么好时。而如果是想给两个宝宝轮流着喂奶，妈妈除了要掌握正确的喂奶姿势之外，更重要的是应该掌握好每个宝宝吃奶的时间，同时还要注意在一个宝宝吃奶时想办法安抚好另一个宝宝。

需要说明的是，双胞胎的妈妈如果想坚持母乳喂养，一定要注意照顾好自己，均衡饮食并增加营养的补给，适当吃一些催乳食物，这样才能促进乳汁分泌。

12.每个妈妈都有哺乳的能力

有些新妈妈总是担心自己的乳汁不足，没有哺乳的能力，实际上，只要是身体情况良好的妈妈，基本上都有哺乳的能力，即使其在某段时间存在着营养缺乏的情况，只要及时补充，也是可以产出合格的乳汁的。

一般来说，在孕期，妈妈们的乳房已经开始泌乳，为哺乳作好准备了，到宝宝出生后，妈妈的乳房就会有发胀和发沉的感觉，此时最重要的就是要树立母乳喂养的信心，保持输乳管的通畅和宝宝的吸吮刺激，开始哺乳。与此同时，妈妈还应该增加营养的供给，多喝汤水，保证乳汁分泌旺盛，为哺乳打好基础。

相对来说，缺乳只是少数妈妈可能会出现的情况，尤其是25岁以下的妈妈，一般是不会缺乳的。导致不少妈妈缺乳的原因主要有食欲不振、睡眠不佳、精神状况不好以及没有作好母乳喂养的准备等。只要作好心理上的准备并经过一段时间的调理，基本都是能够恢复母乳喂养的。

因此，每个妈妈都需要坚信自己具有母乳喂养的能力，并作好其他各方面的准备，争取母乳喂养。

13.有办法让奶水更多吗

对于那些想要母乳喂养可奶水不多的妈妈来说，想办法促进乳汁的分泌很重要，现在就来介绍一些较为实用的方法。

首先，要经常并彻底地排空乳房，这主要是因为充盈的乳房会使乳汁分泌放缓，而及时排空乳房则可以促进乳汁的分泌，建立良好的乳汁分泌循环。所以在宝宝出生之后，妈妈应该及时给宝宝吮吸乳头和哺乳，以刺激乳汁分泌。

其次，要注意勤喂奶并掌握正确的喂奶方法。勤喂奶能有效促进乳汁的分泌，所以要想保证奶水充足的话，妈妈最好每天能母乳喂养8～12次，如果次数不够，可以使用吸奶器来辅助，应保证每天的吸奶量不少于750～900毫升，而且在喂奶的时候还应两边乳房轮流喂，并注意保护好乳房。

此外，妈妈还要相信自己有能力坚持母乳喂养，不要给自己太大的压力，要学会放松自己，保证充分的休息，愉快的心情有助于催乳素的分泌。与此同时，新妈妈也要注意营养的均衡与及时补充，尤其要注意水的摄入及补充一些利于催乳的食物，这样才能保证乳汁的充足供应。

14.新生儿的人工喂养

有些妈妈由于确实缺乳而无法母乳喂养，所以不得不采用人工喂养方式哺育宝宝，那么，对于这些妈妈来说，应该多了解一些新生儿人工喂养的基本知识。

首先，喂奶前要先试奶温并检查好奶的流速。

给新生儿喝的牛奶温度不宜过高或者过低，一般以40℃为宜，为了控制好温度，在喂奶前最好能将奶瓶的奶水向手腕内侧的敏感皮肤上滴几滴，以感觉微热为宜。与此同时，妈妈最好还能检查一下奶的浓度和流速，理想的情况应该是在瓶口向下时，牛奶能呈现连续的奶滴流出，如果呈线状流出不止或是很久才有奶滴形成则是不适宜的。另外，为了保证宝宝吮吸顺利，还应该在喂奶前把奶瓶的盖子略微松开，让部分空气能够进入瓶内，这样当宝宝吮吸时才会有奶流出。

其次，要刺激宝宝正确吮吸奶嘴，并在喂养时保持安静舒适的环境。

在喂奶的时候，可以先吸引宝宝的注意力，诱发其注意，当宝宝把头转向奶瓶所在的方向时，顺势把奶嘴送入宝宝的嘴里给宝宝喂奶。而在喂奶时，最好能保持周围环境安静，并使宝宝处于半坐的舒适状态，这样才能保证宝宝的呼吸和吞咽安全，而且在宝宝吃奶的时候，还可以多进行一些眼神的交流和互动。

此外，当宝宝吃过奶后，妈妈还应该轻轻而果断地移去奶瓶，以防宝宝吸入空气，并培养宝宝的良好习惯。

15.新生儿的混合喂养

对于一些母乳不足的妈妈来说，混合喂养是个不错的选择。混合喂养虽不如母乳喂养好，但在一定程度上能保证母亲的乳房按时受到婴儿吸吮的刺激，维持乳汁的正常分泌，同时也能解决奶水不足的问题，对于宝宝的健康也是大有裨益的。

通常而言，混合喂养需要补充其他乳类的量应根据母乳缺少的程度来定，如果母乳的分泌只是稍微有些欠缺，而且宝宝还不足6个月的话，可以在母乳喂养之后，再补喂一定数量的牛奶或代乳品，这样既能使妈妈的乳房得到刺激而保证乳汁的正常分泌，也能解决宝宝吃不饱的问题；而如果妈妈的奶水实在是很少，或是在宝宝6个月之后，则可以采用代授法，即一次喂母乳，一次喂牛奶或代乳品，轮换间隔喂食，之后随着宝宝年龄的增长，还可以逐渐地用牛奶、代乳品、稀饭、烂面条等代授，以培养宝宝的咀嚼习惯，为以后断奶作好准备。

需要说明的是，对于年幼的宝宝，最好还是坚持母乳喂养，不管奶水多少，每天都应让宝宝吮吸乳头，以保证奶水的正常分泌，在此之余再考虑补充和添加其他的一些奶制品。

16.奶瓶应该怎么选

目前，市面上销售的奶瓶通常是由两种材料制成的，即合成树脂和玻璃。由合成树脂制作的奶瓶一般较轻，不容易碎，很适合外出及较大的宝宝自己拿着用，但是它不耐磨也不耐洗，而玻璃奶瓶则更适合妈妈拿着来喂宝宝。此外，奶瓶的形状也大不相同，不同年龄段的宝宝可以选择不同的形状来使用。

一般来讲，圆形的奶瓶适合0~3个月的宝宝使用。在这个时期，宝宝吃奶、喝水主要还是靠妈妈喂，而圆形奶瓶内径较为平滑，液体流动得更顺畅。

弧形或者环形的奶瓶较适合4个月以上的宝宝使用。此时的宝宝有了强烈的抓握东西的欲望，弧形奶瓶很像一只小哑铃，而环形奶瓶则是一个长圆的"O"形，都很便于宝宝把握。

此外，带柄的小奶瓶适合1岁左右的宝宝使用。这时的宝宝可以自己抱着奶瓶，但又抱不稳，因此，这种酷似练习杯的带柄小奶瓶很适合宝宝使用。奶瓶上的两个可以移动的把柄易于让宝宝用小手握住，还可以根据姿势随时调整把柄，让宝宝躺着、坐着都能使用。

另外，奶瓶依据容量可分为大、中、小3种，用母乳喂养的宝宝在喝水时最好选用小号奶瓶，储存母乳的时候则可用大号的。其他方式喂养的宝宝则尽量用大号的，以便宝宝可以一次吃饱。

17.奶粉的调配方法

给宝宝调配奶粉时，一定要按照说明书上的指示方法来冲，不能随意调稀或调浓。冲奶粉时，要加入正确数量平匙的奶粉，且把奶粉弄得松松的，不要压紧，对准奶瓶把奶粉倒入瓶内。注意，冲奶粉的水温最好在40℃-50℃之间，切忌水温太高奶粉结块而导致宝宝消化不良。

调配奶粉时，尤其要注意保持奶粉的干净卫生。通常，奶粉在出厂时已经过了严格的杀菌消毒，本身是不含细菌的。但在之后的冲配过程中，若妈妈手上沾有细菌，或者是奶粉在使用后没有及时覆盖，都可能造成奶粉的污染。此外，厨房里常用的抹布也是致病菌寄居繁殖的地方，妈妈要特别注意。

鉴于此，在调配奶粉之前，一定要将奶瓶、奶嘴和用到的其他餐具消毒干净，消毒时尽量用蒸锅和微波炉，而不用抹布；每次调配前都要洗净双手；配制时先往奶瓶中加入定量温水，用奶粉罐中带的小勺量好奶粉加进去，之后将干净的奶嘴拧好后摇匀让奶粉充分溶解；切记要严格按照说明配制奶粉，浓度不要过高，配好的奶一定要马上食用，一次喂不完要扔掉，不可再用。

18.如何给宝宝喂牛奶

牛奶中的营养含量很高，但却不适合婴儿尤其是新生儿的消化系统，因此并不适合给婴儿服用。如果想给婴儿喂食牛奶的话，则要格外注意，要将牛奶稀释、煮沸、加糖之后再饮用，以调整其对婴儿的不适影响。

通常，出生1~2周的新生儿可以先喂2：1的牛奶，即鲜奶2份加1份水，之后再逐渐增加浓度，由3：1至4：1。满月后，若宝宝消化能力好、大便正常，就可直接喂哺全奶。

在给婴儿喂食牛奶的过程中，要注意以下几个问题：

1.不能兑太多水

3个月以内的婴儿肾脏功能尚不健全，体内水积存过多容易导致水中毒。通常，1个月之内的宝宝可根据需要按2：1、3：1或4：1的比例稀释牛奶，而满月之后只要孩子吃后不吐泻，就可以喂纯牛奶。

2.保留奶皮

牛奶加热过程中，表面常会产生一层膜叫奶皮，其中含有丰富的维生素A，有利于宝宝的眼睛健康。

3.不要过量

以牛奶为主食的宝宝每天喝牛奶量最多不能超过1千克，否则大便会隐性出血，长久后容易出现贫血。

4.不要掺米汤

将牛奶和米汤混合容易导致维生素A大量流失，因此二者要分开食用。

除此之外，牛奶很容易变质，因此日常生活中，一定要格外注意牛奶的保质措施。

19.不要选用鲜牛奶

虽然，鲜牛奶中所含的钙质和蛋白质都非常丰富，比母乳更高，但从质量来看，其中大多数蛋白质对人体是没有用的，而人类必需的蛋白质则含量不足。此外，鲜牛奶中的蛋白质结构和人体中的不太一样，极可能成为一种过敏原导致婴儿产生腹泻等症状。

另一方面，对不足1岁的婴儿来说，其自身的各种组织还未发育成熟，不能完全适应蛋白质、矿物盐、饱和脂肪酸含量较高的鲜牛奶，这些物质会加重婴儿肾脏的负担。而与此同时，鲜牛奶中还缺少了婴儿此时最需要的矿物质和维生素，如铁、锌、维生素A等。因此，对于1岁以内的宝宝来说，家人最好避免用鲜牛奶来喂宝宝。与鲜牛奶相比，配方奶更适合宝宝。配方奶是人类通过对母乳成分、结构和功能等各方面分析研究后制造出的产品，对宝宝的成长来说，更为适用。

20.宝宝一吃就拉怎么办

这个时期，宝宝有时候会出现一吃就拉的状况，让妈妈很担心。

其实，宝宝一吃就拉并不表明他是"直肠子"，而是因为此时宝宝的肠道神经发育还不完善，很容易被刺激，宝宝平常的吸吮动作和吸进去的奶液，都可能成为刺激源，刺激着肠道蠕动加强、加快，出现"一吃就拉"的现象。

要避免出现这种一吃就拉的状况，妈妈可以采纳以下方法：

① 哺乳的妈妈尽量不要吃辛辣的食物。

② 若宝宝同时还患有湿疹，则妈妈要少吃鱼虾等易过敏的食物。

③ 不要总给宝宝把便，这会造成宝宝排便次数的增多。

④ 尽管让宝宝边吃边拉，妈妈不要急着给宝宝更换尿布。频繁打开尿布，更容易让宝宝的腹部受凉，从而引起肠道蠕动变快、变强，更不利于改善现状。

21.宝宝越哄越哭怎么办

这么大的小宝宝哭闹是常有的事情，但有时候，宝宝吃、喝、拉、撒一切正常，却无缘无故地哭起来，而且妈妈越哄他哭得越厉害，这是怎么回事呢？

其实，这是爸爸妈妈不了解宝宝哭声含义的缘故。有些时候，宝宝如果在睡眠过程中做了个梦，或者是他自己想要通过哭泣来运动一下自己的小身体，他就会无缘无故地大声哭起来。而对于这种哭泣，妈妈是没有必要紧张的，这更像是一种尽情的"发泄过程"。但妈妈往往不知内情，于是一见到宝宝哭起来，马上又是拍打又是哄，完全打乱了宝宝"尽情发泄"的过程，宝宝当然会因此不满而越发哭得厉害了。

对这种情况，教育专家给妈妈建议，如果宝宝的身体发育和饮食睡眠都正常，也没有其他疾病的征兆。那么，此时宝宝无故地哭起来是不必担心的，他爱哭就让他尽情地哭几声，莫要想当然地去哄，而打扰了他。

22.宝宝为什么会呛奶

有时候，宝宝在吃奶的时候会发生呛奶现象，这通常是由于妈妈的乳汁太丰盛了。

妈妈的乳汁很丰盛，每次喂宝宝吃，就会一下子冲出来很多，让宝宝应接不暇，进而造成呛奶。对此，妈妈可以试着在每次喂奶之前先挤出一部分奶，把最旺盛的奶给释放出去，这样等奶流量变得缓慢下来了再喂宝宝。当然，一段时间之后，宝宝长大一些了，就能够承受较大量、较旺盛的乳汁了，那时就不必先行挤奶了。此外，妈妈的乳房通常也会根据宝宝的需求量来调整乳汁的分泌量，宝宝呛奶的情况也会慢慢得到缓解。

23.宝宝吐奶该如何处理

大多数宝宝在出生后的头几个月基本上每天都会吐几次奶，有时候是因为吃得太多，身体要以呕吐的形式排出多余的奶，有时候则是因为他吃奶时吞咽进了空气，没有打出嗝来，胃部一旦收缩起来，就会漾奶。通常，等宝宝再长大一些，吐奶的情况就会缓解并且消失了。

通常，刚出生1~2天后，有些宝宝就开始把吃进去的奶给吐出来。这时候，如果宝宝还未排出胎便，难免会让人担心是肠道的某处发生了梗阻。但若排出了胎便，腹部也没有异常的肿胀情况，宝宝一般都很正常，不需要太担心。此外，宝宝一般吃母乳或者牛奶容易吐，而喂白糖水则吐的时候不多。若是如此，可以少吃1~2次母乳或牛奶，单独喂一些白糖水。这样宝宝一般就不会吐奶了，从第3个月开始就可以好好吃奶了。再者，宝宝出现吐奶情况时，妈妈可以适当减少每次的喂奶量，并且增加每天喂奶的次数，也就是少食多餐，这样宝宝的吐奶情况就会缓解。

24.如何避免宝宝吐奶

要避免宝宝吐奶，通常有以下几个方法：

① 喂宝宝吃奶的时候，注意不要让宝宝吃得太急，以免奶胀、射出来。这会让宝宝感觉很不舒服。

② 在喂奶中和喂奶之后，要注意给宝宝拍嗝，帮宝宝顺气。妈妈可以竖抱着宝宝，让宝宝的头靠在妈妈的肩膀上，用一只手轻轻地从下往上拍打宝宝背部，使其吸进去的空气排出来。

③ 喂奶之后，尽量不要马上搬动或者引逗宝宝。

通常来说，宝宝吐奶后没有任何异常症状就不必担心，宝宝也不会因为吐奶而饿肚子。只有当伴随吐奶有明显的不适或异常，如减少体重、哭闹咳嗽或是频繁呕吐等，妈妈才需要加以注意，必要时要及时带宝宝就医。

25.什么情况下吐奶需要看医生

通常，宝宝的吐奶情况都不是特别严重，不需要去看医生，妈妈只需要按照一般吐奶的处理方式和预防方法处理就好了。但是，如果宝宝每次吃完奶，吐奶情况都非常厉害，吐奶就像在喷水一样，而且宝宝的体重也丝毫没有增加，反而减轻了不少，那么就应该带宝宝马上去看医生。

另外，还有一种情况妈妈一定要警惕，那就是宝宝在之前的一段时间里从来不吐奶，但到了某个月的某一天却突然开始吐奶，这可能是肠套叠的症状。若此时宝宝在吐奶的同时还排出果酱样的大便，那就基本可以确定是肠套叠了。肠套叠属于婴儿急症，一旦出现，要马上带宝宝到医院治疗。

26.帮宝宝拍嗝

为防止吃奶之后宝宝吐奶，妈妈要适当帮宝宝"拍嗝"。通常，拍嗝的目的就是帮宝宝排出吸奶时一并吸入肚里的空气，以免宝宝因胃部储存过多的空气而吐奶。在确定宝宝打嗝之后，妈妈才可以将宝宝放下来，然后观察几分钟，确定宝宝无恙后再去做别的事情。

给宝宝拍嗝，一般有以下两种方法：

❶ 俯肩拍嗝：把垫布在妈妈一侧肩上铺平，将宝宝抱直放在肩膀上，使其下颌靠着垫布，抬起他的屁股，让其重心前移。妈妈一手抱住其臀部，另一手手掌略微弓起，手心弯成弓状，从肚脐相对背部的位置开始拍，由下向上，慢慢将宝宝体内的空气拍出。或者把手掌摊平轻抚宝宝背部，直到宝宝打出嗝。

❷ 坐腿拍嗝：在宝宝脖子上戴上围嘴，让其坐在妈妈的大腿上，妈妈张开一只手的虎口，托住宝宝下颌及前胸，另一手手掌弯成弓状由下往上轻叩宝宝的背部，或将手掌摊平轻抚宝宝背部，直到宝宝排出空气。

由于新生宝宝的脖子还比较柔软，不能完全有效地支撑自己的头部，因此，用以上两种方法拍嗝时，要注意保护宝宝的脖子。

27.新生儿应该睡多久

一般来说，早期新生儿的睡眠时间通常较长，似乎永远也睡不醒，几乎每天都要睡20个小时以上，而晚期的新生儿睡眠时间则相对较少，在16~18个小时左右。之后，随着宝宝日龄的增加，他睡眠的时间也会逐渐减少。

通常，早期新生儿是不分昼夜睡觉的，几乎是随时随地都可以睡。而晚期的新生儿若妈妈故意在后半夜推迟喂奶，那么一次睡眠的时间就可以延长到大约5~6个小时。不过，新生儿的糖原储备还比较少，如果妈妈延长了喂奶间隔，就很容易导致宝宝低血糖，因此在新生儿时期，妈妈喂奶的间隔最好不要超过4个小时。

对新生宝宝来说，最适合的睡眠姿势是仰卧，而俯卧的睡姿则可以在有妈妈看护的情况下让宝宝尝试，这种姿势有助于促进宝宝大脑的发育，锻炼新生宝宝的胸式呼吸。要注意的是，侧卧睡姿很容易转变成俯卧睡姿，若无人在旁看护，很容易出意外，妈妈要格外注意。

28.为什么宝宝的身上都是小皱纹

很多妈妈或许都很奇怪，为什么刚出生的宝宝全身都是小皱纹呢？

其实，刚出生的宝宝是完全没有想象中可爱漂亮的，不但全身布满皱纹，而且睁不开眼睛，脑袋还尖尖的。实际上，如果你了解婴儿出生的过程，就能明白这一切的原因了。我们知道，宝宝的正常出生要经过妈妈的产道，这是个狭窄的地方，而小宝宝出生时平均要在产道内受到12个小时的挤压。宝宝的头部就会受到挤压而变形，同时身体的四肢也会因为挤压而蜷缩起来，皱成一团。这样，出生之后的宝宝看起来就有一个变形的头部和皱巴巴的身体。这样的状态通常要持续一阵子，等宝宝慢慢适应外在的自由空间了，他的胳膊和腿就会逐渐舒展开来，头部也逐渐恢复正常，全身的皮肤就会舒展多了，皱纹也会逐渐消失。

29.宝宝身上的红斑是什么

有些宝宝产后几天，身上会出现一些大小不等、形状不一的红斑，有点类似于皮下毛细血管破裂状，有时还会伴有脱皮。这种症状俗称新生儿红斑，是一种新生儿期非常常见的现象，也被称为新生儿过敏性红斑，其发生率约为30%～70%，常见于足月健康的新生儿。

新生儿红斑的形成大约与两种因素有关：一是新生儿经由乳汁并通过肠道吸收了某些过敏原，或是来自母体的内分泌激素导致了新生儿出现过敏反应；另一种是新生儿皮肤娇嫩，皮下血管丰富，角质层发育还不完善，从母体中娩出时，一下子从羊水的湿润环境来到外界的干燥环境，无法承受空气、衣服等的刺激，皮肤就出现了红斑。

新生儿红斑是一种生理现象，只要妈妈加强观察，用心呵护，保持宝宝的衣物柔软、清洁，就能使红斑自行消退。但若红斑数日不退，则可以在医生的指导下局部处理或者是全身用药。通常，局限性、不发展、无融合的红斑可用碘伏局部涂敷，每日2～3次。但若红斑呈扩大趋势，或融合成为大片，则要在涂敷碘伏的基础上，给予新生儿非那根粉口服，每次剂量是1毫克/千克，每日2～3次。

30.生理性脱皮

新生儿出生两周之后，会出现脱皮现象，原本好好的宝宝，一夜之间稚嫩的皮肤就开始暴皮，接着就开始脱皮，此时漂亮的宝宝仿佛涂了一层糨糊，干裂开来，让妈妈害怕不已。

其实，这种情况妈妈不必担心，对新生儿来说，这种生理性的脱皮是正常现象，属于新生儿皮肤的新陈代谢，脱去的是他们胎儿时期的皮肤，这是对外界环境的一种适应表现。

一般来说，新生宝宝皮肤的特点是：最外层的表皮和里面的真皮之间连接并不紧密，很容易分离。而比起母体充满羊水的环境，外界的环境则干燥了很多，这就促使表皮更容易脱落，以便换成适应外界环境的皮肤。通常情况下，宝宝在出生三四天的时候就会开始脱皮，过程会持续5天左右。在宝宝脱皮的过程中，妈妈要注意保持宝宝皮肤的清洁，避免使其受到外界的感染。注意，千万不要用手去撕尚未脱落的皮，以免损伤宝宝的皮肤。不过，除了正常的生理性脱皮，还有一些脱皮可能是疾病引起的，妈妈要注意观察，必要时及时就医。

31.皮肤变色和局部青紫

初生的新生儿，有时候会出现一些让大人害怕的身体症状，皮肤变色和局部青紫就是其中两项。

新生儿在变动体位的时候，皮肤颜色会出现界线分明的不同变化。通常，新生儿采取左侧卧时，右侧上部的皮肤会呈现少血的苍白色，而左侧下部皮肤则会呈现多血的鲜红色，也可能是紫红色。此外，当向相反的方向变换体位时，皮肤的颜色也会随之变换过来。这种现象就是医学上所说的皮肤变色。通常，新生儿皮肤变色，原因可能是新生儿受重力影响，造成了血管舒张、收缩功能暂时性失调。这并不是疾病，一般在宝宝出生3周之后，就不会再"变色"了。

此外，新生儿还会出现局部青紫的状况，这其实是新生儿发绀。通常，新生儿发绀多数是病理性的，不属于正常的生理现象。但很多正常的新生儿，常因为各种原因表现出局部青紫的现象。不过，暂时性的发绀并不是什么疾病，爸爸妈妈不必太过于担心，这样的发绀通常会自然消退。

32.新生儿臀红

新生宝宝的皮肤非常娇嫩，有些宝宝小屁股上就会出现一些红色的小丘疹，看着很像"红屁股"。其实，这种"红屁股"也叫臀红，是新生儿常见的一种现象，一般表现为臀部出现红色的斑疹，严重时皮肤还会糜烂破溃，脱皮流水。

通常，新生儿臀红主要是由于大小便后不及时更换尿布、尿布未洗净、对一次性纸尿裤过敏或长期使用塑料布导致尿液不能蒸发，宝宝的臀部一直处于湿热状态，尿液中的尿素氮被大便中的细菌分解而产生了氨，刺激皮肤而引起的。

要防治臀红，要注意以下几点：

① 保持臀部干燥。若宝宝尿湿了，要及时更换尿布，尿布最好是细软、吸水性强的旧棉布或棉织品。炎热的夏天，可将臀部完全裸露以保持干爽。

② 注意尿布卫生。换下的尿布一定要清洗干净。如果尿布上有污物，要用碱性小的肥皂或洗衣粉清洗，再用清水多洗几遍，将碱性痕迹完全去掉。清洗后的尿布要用开水烫拧后放到阳光下晾晒。

③ 便后清洁臀部，随时保持清洁。

④ 若出现臀红，不要用热水和肥皂清洗，以免刺激到皮肤，可在换尿布时，在患处涂上鞣酸软膏或消过毒的植物油。若出现糜烂，要用普通的40瓦灯泡距离30～50厘米照射30～60分钟，以促进局部干燥。

33.胎记需要治疗吗

有些宝宝一生下来就长有终生不退的胎记。通常，每1000个婴儿中大约会有3个婴儿带有粉色或者是深紫色的胎记，且这种胎记多长在脸上，偶尔还会与癫痫症等病情有一定的关联。不过，那些深紫色的胎记倒是可以通过激光治疗得到根治的，从而改善宝宝的外貌，减少对宝宝的影响。另外，个别宝宝还会有带有突起的褐色胎记，这种情况虽然很罕见，但却值得妈妈密切关注，因为一旦胎记的颜色、形状或者大小发生变化，就要及时征求专家的治疗意见采取治疗措施了。当然，如果经专家确诊后情况很严重，就可以通过外科手术将其切除。

34.什么是正常的生理性黄疸

新生儿在出生之后，皮肤上往往会裹上一层黄色，这不是什么严重的疾病，而是黄疸。婴儿在出生之后身体所需要的红细胞比他在母体中需要的要少很多，出生后，过剩的血红细胞被销毁时，伴随的一种叫作胆红素的废弃物会释放到血液中，通过婴儿的粪便最终排出体外。如果胆红素产生的速度过快，婴儿来不及排出体外，就出现黄疸。

通常，新生儿黄疸主要分为生理性黄疸和病理性黄疸。病理性黄疸需要就医检查，而生理性黄疸则无须就医。通常，生理性黄疸多发于婴儿的脸部和前胸，一般在婴儿出生2~3天之后出现，4~6天的时候到达高峰，7~10天之后就会自行消退。不过，一些早产儿持续的时间可能较长。常见的患有生理性黄疸的宝宝除了有轻微的食欲不振之外，没有其他的不适应症状，且生理性黄疸也不会对足月的宝宝产生健康危害，因此妈妈们不用对此担心。

如果在出生半个月后，宝宝的黄疸仍然不退的话，妈妈也不用马上带宝宝去医院，通常很多生理性黄疸都会持续到婴儿1个半月左右。此时，妈妈可以再耐心地等一段时间，如果宝宝一直吃奶很好、大声啼哭、不发烧、大便没有变白、体重仍在增加，就没有必要担心了。

35.宝宝的眼睛还不能随着大人的手指动

通常，新生儿一出生就具有视觉能力，34周早产儿和足月儿有着相同的视力，此时妈妈的目光和宝宝相对是表达爱意的最重要方式。而眼睛看东西的过程还可以刺激大脑的发育，人类学习的知识几乎85%都是通过视觉得来的。通常，新生宝宝一天的多数时间都在睡觉，一般每2~3个小时会醒过来一小会儿。当宝宝睁开眼睛的时候，他可以看到东西，但是眼睛的视焦距调节能力比较差，因此虽然能看见东西，但却看不清楚具体事物。此时，宝宝的最佳视力距离是19厘米，妈妈可以在距离宝宝眼睛20厘米处挂一个红色的圆形玩具，来吸引宝宝的注意。通常，健康的宝宝在睡醒的状态下，都会有注视或者不同程度地转动眼睛和头追随物体的能力，但这个时期宝宝的眼睛还不能随着妈妈的手指移动。

36.眼睛的异常问题

婴儿的眼部异常表现，通常有以下几种，妈妈要格外注意观察：

①　"蓝眼"：医学上称为"蓝巩膜"，是临床上许多疾病的重要症状。它是由于巩膜胶原纤维发育不全，致使巩膜半透明，从而透露葡萄膜而显蓝色。

②　"绿眼"：多为先天性青光眼，也叫作发育性青光眼，是胎儿期房角组织发育异常，致使房水排出受阻、眼压升高而导致的一种致盲性眼病。患儿常表现为怕光、流泪、眼睑痉挛、眼球大，后视力逐渐下降、眼球发绿等。

③　"白蒙眼"：先天性白内障，表现为黑色瞳孔内有许多白色的斑点，甚至整个瞳孔都呈现弥漫性白色混浊，这是因为胎儿的晶状体在发育过程中受到了障碍，或婴儿发育过程中晶状体变混浊了。

④　"猫眼"：一种遗传性恶性肿瘤，患儿瞳孔表现为像猫瞳孔一样的黄白色。

⑤　"望天眼"：先天性上眼睑下垂，上眼睑不能正常抬起，平视物体时只能仰头。多与遗传有关。

⑥　眼睛不能注视目标：多为视神经萎缩或某些先天性严重眼病，完全不能注视目标的话表明眼睛看不见，即没有视力；不能准确注视目标或看不见小的物品则表明眼睛视力较差。

⑦　眼白发红：是结膜充血，表明有了炎症。

⑧　瞳孔对光无反应：通常，面对强光时瞳孔会明显缩小，如果没有反应或缩小勉强，就表明有眼疾。

37.怎样给宝宝滴眼药水

当宝宝的眼睛出现了炎症，就要适当地给宝宝滴眼药水。不过，给宝宝滴眼药水是很有技术含量的，妈妈还要学一学。

滴眼药水的时间应选择宝宝情绪比较稳定时。妈妈先将手洗净，把宝宝的头稍微扬起来，用左手或消毒棉棒轻轻向下撑开宝宝的眼睑，同时右手拿着药瓶，在距宝宝眼睛1.5~2厘米处，对准眼内角滴入1~2滴药水。注意，药水瓶不要离眼睛太近，以免触碰到眼睛；药水也不能直接滴在宝宝的眼珠上，以免引起强烈的反应；滴入药水之后，要用手将上眼皮轻轻提起来，保持几分钟，再轻轻松开，用干净手帕擦去溢出的药水。滴完药水后，最好让宝宝闭眼休息3~5分钟，以发挥药效。

如果同时要滴两种以上的眼药水，那就应该间隔开，滴完一种后隔半个小时再滴另一种，以发挥不同药水的药效。若滴入药水后，眼睛出现红肿过敏症状，要立即停药。此外，若宝宝眼睛没有炎症或疾病，最好不要滴眼药水，若确有必要，也要遵医嘱。

38.新生儿的口腔护理

刚出生不到一个月的小宝宝口腔黏膜还非常薄嫩，不能进行擦拭。一些妈妈认为，宝宝的牙龈呈现黄白色，一定会感觉很痒，因此就自顾自地喜欢用粗布给宝宝擦拭牙龈，从而导致宝宝牙龈出血。其实，妈妈的这种做法并不科学。

首先，小宝宝的牙龈本来就是浅黄色，这是很正常的，如果妈妈擦拭牙龈，就会适得其反地导致宝宝口腔浅表溃疡，从而引发细菌感染。其次，有些妈妈有时会把宝宝正常的牙龈看作是鹅口疮而找医生治疗，这是完全没有必要的。

39.新生儿的鼻腔护理

新生小宝宝的鼻腔娇嫩且短窄，血管分布很密集，妈妈在护理过程中一定要加倍小心。日常生活中，妈妈要保持室内空气干净清新，温度适宜，尽量不要有太大的温差变化。这是因为，宝宝的鼻腔受到冷热刺激或稍有感染时，鼻黏膜内的血管就会收缩或扩张，引发水肿或增加分泌物，从而造成宝宝呼吸困难。

通常，如果宝宝的鼻黏膜发生了水肿，妈妈可以用毛巾热敷宝宝的鼻根部来缓解症状。宝宝鼻内的分泌物一定要及时清理干净，以免形成鼻痂、堵塞鼻道。医生建议：可以用纱布浸湿，捻成布捻，轻放入宝宝的鼻腔，沿着捻布捻的反方向转动布捻，一边转动一边往外拉，就能带出鼻腔内的分泌物了。这样重复几次后，就能在不伤害宝宝鼻腔的情况下将分泌物清理干净。不过，如果鼻痂较硬粘在了鼻腔上，千万不要硬往外扯，以免伤害鼻道。可以先用湿布浸湿鼻痂使其变软，再用手轻轻把鼻痂取出来。

如果宝宝鼻黏膜水肿，而热敷和及时清理分泌物都不能完全地使呼吸顺畅，妈妈不要急着给宝宝吃药或看医生，通常的水肿消除是一个自然的过程，一段时间后症状就会明显改善了。

40.给新生儿洗澡

健康足月的新生儿，出生后第二天就可以洗澡，这不但能清洁皮肤，还能加速血液循环，促进宝宝生长发育。

一般情况下，给宝宝洗澡最好在上午的9~10点之间、吃奶前1小时到1个半小时之间。注意不要给吃奶后或睡眠中的宝宝洗澡。洗澡的时候，要记得关上门窗，室内不能有对流风；要保证光线充足，最好在有太阳的地方洗。如果是全裸洗澡，室温要达到24℃以上；如果是半裸洗，室温则要在20℃以上。

刚出生不久的新生儿皮肤表面留有少量的皮脂，能起到滋润、保护皮肤的作用。因此，每次给宝宝洗澡后，只需用柔软的毛巾揾干宝宝皮肤上的水即可，不需要摩擦擦拭，以免擦掉皮脂。此外，给宝宝洗澡时还要注意力度，以免用力过大而弄伤宝宝的身体。

41.宝宝可以听见声音吗

医学研究已经证实，胎儿在妈妈体内时就已经具有了听的能力，可以感受声音的强弱，音调的高低，并且可以分辨出声音的类型，如熟悉妈妈心跳的声音等。而刚出生的新生儿，不但具有听的能力，且还具有听觉的定向能力。

此时，如果妈妈拿一个小盒子，里面放上一些小豆子，当宝宝安静地躺着时，在距离宝宝耳朵20厘米左右的地方轻轻摇动盒子，宝宝就会警觉起来，向着声音发出的方向先转动眼睛，再转动头。如果换成相反的方向，宝宝依然会朝着声音方向转动。

那么，新生宝宝喜欢听什么声音呢？当然最喜欢的是妈妈的声音，其次是爸爸的声音，再次是高亢悦耳的声音。平常，妈妈可以多和宝宝说说话，让宝宝的听觉能力更快成熟。

42.宝宝喘气呼噜呼噜的是怎么回事

有时候，出生刚一周的宝宝，呼吸时嗓子里会发出一种呼噜呼噜的声音，且哭闹时这种声音更大。这是因为：新生儿还没有清理呼吸道的能力，分泌物很容易积留在咽喉处，再加上新生儿喉头较软，每当呼吸时，喉头的一部分就会变得很窄，于是就出现了这样的声音。这其实是一种正常现象。

不过，一些妈妈听到宝宝发出这种声音后，就会误认为宝宝感冒了，或患上了气管炎、肺炎，就想赶紧给宝宝治疗。但是，这种症状其实是一种不需治疗的现象，随着宝宝渐渐长大，原本柔软的喉头会慢慢变硬，呼噜呼噜的声音也就会自动消失了。不过，也有些宝宝的这种症状会到半岁后才彻底消失，甚至有些宝宝要到一周岁时才彻底消失，但只要宝宝没有其他感冒等疾病的迹象，也没表现出不适，妈妈就可放心。

另外，妈妈还可以通过给宝宝拍背，帮宝宝清理喉咙中的分泌物。具体方法是：用胳膊托住宝宝胸部，使之向前微倾，将另一只手握成空拳状，轻轻拍打宝宝的背部直到喉咙里的分泌物移到咽部并咳入口腔。此时妈妈可以用套着消毒好的纱布的手指，轻轻伸入宝宝的嘴里，把分泌物清理出来。

43.新生儿脱发不是病

刚出生几周的新生宝宝，有时候会出现脱发现象。对此，很多妈妈认为宝宝生病了，或者是天生的疾病，总是担心恐慌不已。

其实，这时候宝宝的脱发多数是隐袭性脱发，也就是原本浓密黑亮的头发，逐渐变得绵细，色泽变淡，看着很稀疏。还有极个别的宝宝，表现为突发性脱发，几乎在一夜之间就脱发了。不过，妈妈可以放心的是，新生儿的这种生理性脱发，并不是什么病症，多数都会逐渐复原，是一种很正常的现象。不过，目前医学界对于新生儿脱发也还没有明确、清晰的解释。

44.身上的肿块是什么

这个时期，妈妈有时会发现在宝宝的肚脐处，有向外突出的圆形肿块，大小不一，小的如同黄豆，大的则像个核桃。这是怎么回事呢？

其实，这种现象就是脐疝，是一种新生儿的常见病，多见于未足月的早产儿。发生脐疝的时候，宝宝脐带脱落后，就会在肚脐处形成一个向外突出的圆形肿块，平常宝宝平卧并且安安静静时，肿块就会消失，而若宝宝直立、哭闹、咳嗽、排便时肿块又会突出出来。如果用手指挤压突出部位，肿块很容易就回到腹腔内，有时还能听到"咕噜噜"的声音；如果把手指伸入脐孔，则可以很清楚地摸到脐疝的边缘。

宝宝之所以会发生脐疝，是因为脐带脱落之后，脐孔两边的腹直肌尚未合拢，一旦腹腔内压力增高，腹膜就会向外突出而造成疝。脐疝的内容物是肠管的一部分。随着年龄增长，疝环口会逐渐缩小，一般在宝宝2岁以内就可自然闭合。所以，只要宝宝没有腹痛、呕吐或局部感染症状，一般不需要特殊处理。

当然，若脐疝较大的话，为了加快其愈合，妈妈可以取一条宽约4~5厘米的松紧带，在其中心处用布固定半只乒乓球，让球的凸面对准脐孔，使肠子不再突出，松紧带两头用可调节长短的扣子固定住，压力应该保持在既能保证肠子不再突出，又不影响呼吸和吃奶为准。使用之后，每2~3小时就检查一次，以防止皮肤擦伤。

45.脐带的护理

一般情况下，宝宝的脐带在出生后3~7天脱落，但在脐带脱落前，由于脐带结扎后留有脐血管的断口，很容易成为细菌繁殖的温床。因此，妈妈一定要注意对宝宝脐带的护理。

一般来讲，在宝宝出生后24小时，要将包扎脐带的纱布打开，以促进脐带残端干燥和脱落。清洗脐带时，要先洗净双手，左手捏着脐带轻轻提起，右手用消毒酒精棉棍围绕脐带的根部进行消毒，擦掉分泌物和血迹，每天1~2次。

注意，如果宝宝的脐带很长时间都不脱落，或脱落后化脓了，妈妈不要按照一些老人的说法给宝宝用紫药水擦拭。因为紫药水的干燥效果仅限于表面，而酒精的干燥效果是从里到外的，因此尽量不要用紫药水擦洗。当然，在宝宝的脐带脱落之前或者刚脱落还未干燥时，一定不要让宝宝在浴盆里洗澡。此外，妈妈要注意给宝宝勤换洗尿布，以免尿便污染脐部。若发现脐根部有脓性分泌物，且脐局部发红，就说明有脐炎发生，要立即就医。

通常，宝宝的脐带会慢慢变黑、变硬，3~7天后就自然脱落。但若2周后仍未脱落，就要仔细观察情况，若没有感染迹象，如红肿或化脓等，也没有大量液体从脐窝中渗出则不用担心。此外，妈妈可用酒精给宝宝擦拭脐窝，使脐带残端保持干燥，加速脐带残端脱落和肚脐愈合。

46.满月婴儿的体征

满月的宝宝脱离了新生儿时期，已经逐渐适应了自然环境，变得更加招人喜爱，皮肤变得光亮了，又白又嫩，弹性十足，且皮下脂肪增厚，胎毛、胎脂减少，头形滚圆了。

此外，宝宝醒着的时间长了，吃奶量也增加了，吸吮能力增强，四肢的活动幅度增大，次数也在增多，表情变得更加丰富。排便方面，宝宝的排尿次数减少了，大便变得有规律，吃奶的次数减少了，后半夜可以持续睡眠6个小时以上了。

情感方面，宝宝对妈妈的依赖感增加了，喜欢让妈妈抱着自己睡，不高兴时哭的声音越来越大，不过次数有所减少。此时若把宝宝抱在怀中，很容易就能把奶头放入宝宝的嘴里。而宝宝每次吮吸的时间在逐渐缩短，吃奶的间隔则在逐渐延长。此外，宝宝对白天黑夜有了初步认识，白天醒的时间逐渐延长，特别是上午八九点钟时，宝宝会有一段较长的觉醒时间，此时妈妈可以多跟宝宝交流，或者给宝宝做婴儿操，进行智力开发。

47.早产儿的护理要点

出生时，那些体重低于2500克的新生儿即为低体重儿，多为早产儿。通常，低体重儿的皮下脂肪少，保温能力较差，呼吸机能和代谢机能都还较弱，因此特别容易感染疾病，死亡率也比体重正常的新生儿要高得多。因此，妈妈一定要小心护理，注意以下几点：

❶ 注意保暖。婴儿所处室温应保持在20~25℃，包着婴儿的被子温度应保持在30~32℃。先尽量不洗澡，可用食用油每2~3天擦拭脖子、腋下、大腿根部等皱褶处。

❷ 监测体温。正常新生儿体温在36~37℃。每天上、下午要各给宝宝量一次体温，若其最高体温或最低体温与新生儿标准体温相差1℃或更高时，就要采取措施以保证体温稳定。

③ 防止感染。早产儿自身防御能力比正常新生儿弱，更易受到病菌侵害，因此除了专门照看宝宝的人外，最好不要让其他人走进宝宝的房间。每次给宝宝喂奶或进行照顾时，要先换上干净的衣服或专用的消毒罩衣，并且洗净双手。

④ 保持安静。早产儿所处的环境要保持安静、清洁，不能大声喧哗，更不能弄出其他刺耳响声，以免惊吓到宝宝。

⑤ 精心喂养。早产儿体重增长很快，因此营养供给更要及时，最好是母乳喂养。喂奶的次数以每天7~9次为宜，或是按需哺乳。

⑥ 定期称重。早产儿应每隔两天就称体重一次，以及时了解体重的增长。

⑦ 警惕异常。与健康新生儿相比，早产儿的黄疸持续时间较长，对黄疸不退现象，妈妈要加强监护。

一般来说，等到早产儿体重达到3千克以上，每次的吃奶量在100毫升以上，或体重的增长每天在30克以上时，就表示已恢复正常，可与足月的婴儿一样养育了。

48.宝宝的尿怎么是红色的

刚出生不久的宝宝，有时候会出现一个奇怪的现象，让妈妈又担心又害怕，那就是，宝宝会排出像血液一样的尿，这是怎么回事呢？难道是宝宝生病了吗？

其实，这是因为，新生宝宝的白细胞分解较多，造成尿酸盐的排泄增多，而刚出生不久的宝宝尿液又不是很多，浓度比较大，因此看着就有点像血了。这并不是一种病态，而是一种正常的生理反应，对此，妈妈不必担心，一般几天之后这种现象就会自行消失了。

49.尽量不要让过多的人来看宝宝

小宝宝刚刚来到世上，想探望小生命的人总是很多。不过，虽说宝宝在母体中已经获得了免疫能力，使得6个月之内都能成功地抵抗外界细菌的侵袭，但是若探视过多，成年人呼吸道中的微生物就可能成为新生宝宝的致病菌。一般来说，新生宝宝生活的环境需要安静舒适、空气新鲜，并且远离感染源。

此外，过多探视的话，也不利于产后妈妈的恢复。妈妈休息不好，乳汁分泌就会相对减少，母乳喂养就会出现困难。因此，刚出生的小宝宝和产后的妈妈，要礼貌地拒绝过多的探视，以免出现意外，而做丈夫的则要学会保护自己的宝宝和妻子，用礼貌的做法拒绝来客，相信人们也都会理解这样的行为。

50.四季的护理要点

春天的风沙、灰尘较大，为避免扬沙进入室内刺激到宝宝的呼吸道引起过敏、气管痉挛等症，扬沙天气最好不要开窗。此外，春天的温度变化较大，气候较干燥，要注意室内的温度和湿度，可以适当使用加湿器。

夏季，刚出生的宝宝很容易患上眼炎、汗疱疹、痱子、皮肤糜烂、肛周脓肿和腹泻等症，妈妈要注意预防。此外，很多刚出生的宝宝眼屎很多，妈妈要常给宝宝擦拭；宝宝出汗后要用温热的毛巾及时擦干；平时要注意宝宝腹部的保温，以防因受凉而引起腹泻；护理好宝宝的皮肤，要把尿布垫在屁股下面而不是兜着臀部。

秋天由于气温变化，宝宝难以适应便会出现鼻塞症状，有些宝宝喘气时还会发出呼噜呼噜的声音。不过，此时的宝宝还不宜用药，可以多喂点水、用温热的毛巾敷一下鼻子或是用手按摩宝宝的鼻翼，以缓解鼻塞的症状。此外，新生儿易出汗，在换尿布或洗屁股时，要注意室内保暖，以免宝宝着凉。

北方冬天寒冷，每个家庭几乎都有供暖设备，由此会出现室内空气质量差、湿度小、室温过热等问题，造成局部环境不良。因此，要注意室内通风，且通风时间不宜过长。晚上睡觉若用热水袋，要拧好热水袋的塞子，并与宝宝的身体隔开一段距离，以免烫伤宝宝。南方冬天湿冷，室内没有统一供暖，因此多数家庭会用空调供暖。不过，开空调的时间不宜过长，要定时关空调开窗通风；若是用炉子取暖的话，则要警惕一氧化碳中毒。

让宝宝的睡眠有规律

51.营养需求

　　这个时期的宝宝一方面要有充足的营养以促进生长发育；另一方面要有大量的能量维持新陈代谢，因此必须摄取大量的脂肪、糖类、矿物质和维生素等。例如：婴儿骨骼的生长发育需要大量的钙、磷和维生素D，如果体内的钙或维生素D不足，就很容易引起小儿软骨病。

　　一般情况下，这个月婴儿所需的热量是每千克体重每天100~110千卡，水量是每千克体重每天150毫升。母乳喂养的宝宝，由于不容易弄清楚到底吃了多少母乳，因此很难计算每日所摄入的热量，此时可通过每周测量婴儿体重来判断是否满足了营养需求，若每周体重增长都超过了200克，就可能是摄入热量过多了，每周体重增长若低于100克，则可能是摄入热量少了。此时如果母乳不足，可以适当添加奶粉，按照每日所需的总热量计算，但是总奶量不要超过700毫升。此外，多数宝宝这个月都不需要补充其他营养，但若是早产儿或某些患先天性疾病的宝宝，则要根据医生的建议补充相应的营养物质。

52.发育指标

　　本月，男宝宝的体重多在4.3~6.0千克之间，女宝宝的体重在4.0~5.4千克之间。不过，这只是多数宝宝的体重范围，若宝宝的体重没有在此范围内，妈妈也不要过于担心，因为宝宝的生长速度很大程度上取决于个体间的差异。且婴儿期的宝宝体重增长水平呈阶梯性和跳跃性，也许本月体重增长不多，但下个月就会快速增长了。因此只要宝宝的健康状况良好，妈妈就不用担心。

这个阶段宝宝的身高与遗传的关系不大，主要受营养、疾病、环境、睡眠、运动等因素的影响，男宝宝身高平均是58.5厘米，女宝宝身高平均是56.8厘米。跟体重一样，身高的增长也因个体不同而存在差异，但不像体重那样明显。若发现宝宝的身高明显落后于平均值，则要及时带宝宝看医生。

测量宝宝的头围可以观察宝宝大脑发育的情况，本月男宝宝的头围约为39.8厘米，女宝宝的头围约为38.6厘米。若宝宝的头围明显低于或高于这个值，要及时就医。

这个时期宝宝的囟门还没有闭合，平均大小在1.5厘米×1.5厘米左右。囟门稍大或稍小，检查后并没有佝偻病症状且化验也不缺钙的话，妈妈就可以放心。

53.母乳喂养

通常，若母乳很好，这个月就是个太平期。随着宝宝吸吮能力不断增强、速度逐渐加快，宝宝一次吸入的乳量也迅速增加。此外，妈妈哺乳的次数会根据宝宝的个性而逐渐稳定下来，吃奶的间隔延长，一般2.5～3小时一次，一天8～9次。当然，也有一些宝宝一天要吃5～10次，每隔2个小时或4个小时就要吃一次。若宝宝一天吃奶的次数少于5次或多于10次了，妈妈就要及时咨询医生，让医生来判断是否有问题。

一般来讲，这个月宝宝晚上吃奶的次数会相对减少，有时甚至整个后半夜都不用喂奶，只有一些个别的宝宝还需要再喂3～4次。这时候，妈妈可试着后半夜停喂一次奶，如果实在停不了就试着把每天喂奶的时间向后延长，由几分钟延长到几小时，保持耐心循序渐进，以免一下子给宝宝掐断一顿奶而让宝宝难以接受。

宝宝吮吸能力的增强，也经常会导致弄伤妈妈的乳头，而细菌若从受伤的乳头部位侵入妈妈体内，就很容易引起乳腺炎。因此，哺乳妈妈要注意保护好乳头，做好乳头的清洁工作，并把宝宝在一侧乳头上连续吮吸的时间控制在15分钟以内。此外，哺乳前要洗干净双手，以免弄脏了乳头。

54.人工喂养

人工喂养的宝宝喂奶粉不要过量，以免加重宝宝消化器官的负担。通常，出生时体重3～4千克的宝宝，此时每天以吃600～800毫升奶粉为宜，分7次吃，每次100～200毫升；若分6次吃，每次则吃140毫升。

一些食量过大的宝宝，就算每次能吃150～180毫升，也最好不要超过150毫升，以免加重肾脏、消化器官的负担。若宝宝吃完150毫升后似乎还未吃饱并且开始啼哭，妈妈可以让宝宝喝30毫升左右的白开水。不过，注意用奶粉冲调牛奶的时候不要再加糖，以免让宝宝肥胖。

当然，如果妈妈还是没有把握，那也可以这么做：一旦宝宝吃就喂，不吃就停止。尽量不要反复地往宝宝嘴里塞奶嘴，发现宝宝开始往外吐奶嘴了，就说明他已经吃饱了。此外，奶粉的质量非常重要，凡是国家批准的正规厂家生产、有正规销售渠道、适合本月龄宝宝食用的奶粉，都能给宝宝吃，不过最好选择有品牌、信誉度高的，且要严格按说明方法来冲配。还有，一旦固定了一个牌子的奶粉，没有特殊情况最好不要轻易更换另一品牌，以免导致宝宝消化功能紊乱和喂哺困难。

55.混合喂养

这个月，如果母乳喂养下宝宝每周的体重增加不到100克，就说明是母乳不足了，就需要增喂一次奶粉。喂奶粉的时间最好选在妈妈下奶量最少的时候，一般多是下午4～6点单独加一次，每次120毫升。若加一次奶粉后，妈妈得到了适当休息，母乳分泌量增加了，就可以这样坚持下去；但若加喂一次奶粉后，宝宝在夜间还是会因饥饿而啼哭，而母乳又不多，那就要在夜里10～11点时停喂一次母乳，再加一次奶粉，以保证妈妈的良好休息。

总之，给宝宝增加奶粉的次数一定要根据宝宝的体重来决定，且不能一次同时喂母乳和奶粉。若宝宝一次母乳没吃饱，可以将下次喂奶的时间提前并喂食奶粉；若宝宝上一顿吃得很饱，到了下次喂奶时妈妈感觉乳房较胀、奶量充裕，就应该继续喂母乳。混合喂养应该是以母乳喂养为主的，只要母乳够量，就应该给予母乳。

此外，母乳喂养有时还需要足够的信心，因为母乳是越吸分泌得越多，妈妈千万不要因为一两次母乳分泌不足或夜间总要喂奶感到十分疲倦就放弃母乳喂养。要知道，母乳喂养不但对宝宝的身体发育有莫大的好处，还可以增加母子间的感情和交流，让宝宝感受到母爱，这也是非常重要的。

56.母乳很清说明质量不好吗

在母乳喂养过程中，有些妈妈会担心自己乳汁的质量问题，认为很清澈的母乳似乎质量就不好。这是真的吗？

其实，通常情况下，任何一个健康的成年女性都可以产出合格的乳汁，就算某一时期她的营养供应不太好都没关系。只有那些长期处于饥饿状态的女性，乳汁才可能会受到影响。但这种概率也非常低。有人曾做过检测，即便是非洲贫穷国家的那些妈妈，她们的乳汁经检测也是合格的。

妈妈们所担心的乳汁很稀、很清的现象，跟母乳的质量并无密切的关系。实际上，每个妈妈的乳汁看起来都是不同的，也没有必然的可比性。有些妈妈喜欢拿乳汁的颜色来判断其质量，以为上面浮着一层油的就很好，而看上去比较淡的则不好，这其实是没有依据的。

实际上，妈妈们不必担心自身的营养会影响乳汁的质量。妈妈的营养对乳汁的质量变化影响很微小，完全不像我们想象的妈妈每天要吃很多有营养的食物才能产生优质的乳汁。另外，有些妈妈认为如果孩子感冒了要补充维生素C，自己就赶紧多吃维生素C，以通过母乳传递给宝宝，这其实也是不科学的。人体本身有一个非常精妙的吸收产出系统，并不是我们吃什么，就能提供什么的。

57.把握好哺乳的时间

两个月的宝宝，完全依靠母乳就可以获取身体所需的营养。这个时期，如果宝宝连续吮吸30分钟以上或吃奶不到1个小时肚子就又饿了，而且体重也没有增加，那就表明是母乳不足了。这时最好可以用人工喂养或者是混合喂养的方法来喂宝宝，并且在给宝宝吃母乳和奶粉的同时，还可以适当地给宝宝喂一些温开水，以补充水分，易于通便。

通常，若一侧乳房的哺乳时间只需要用10分钟的话，那么在宝宝吃奶的最初两分钟内，他可以吃到妈妈总奶量的50%，再用4分钟就可以吃到总奶量的80%～90%，最后的4分钟则几乎吃不到多少奶了。所以，妈妈要注意，并不是给宝宝吃奶的时间越长，他吃进的奶越多，如果哺乳时乳汁一开始的排出并不顺畅，那就可以将一侧的乳房哺乳时间延长到15分钟，但切不可超过20分钟。

58.奶温应该怎么试

人工喂养的宝宝，在给宝宝喂奶的时候，妈妈一定要注意奶的温度，以免温度太高烫伤了宝宝。通常，妈妈可以根据以下方法来测试奶的温度。

测试奶的温度的方法是，妈妈先滴一滴奶在手臂内侧，如果感觉稍微有点儿热，那就表明温度适宜，可以给宝宝喝了，此时的奶温约在40℃左右。这个时期给宝宝喂奶，注意不要把奶嘴直接放入宝宝的嘴里，而是要放在他的嘴边，让他可以自己去寻找，并且主动含入嘴里。此外还要注意奶瓶不能倾斜过度，并且奶嘴内一定要充满奶液以防止宝宝吸入空气而引起溢乳。

59.不要用微波炉热奶

如今，微波炉几乎是家庭必需的用品，多数人都认为它是方便无害的，不过，对吃奶的宝宝来说，却要注意微波炉的危害，尤其是不能用微波炉来给宝宝加热奶。

虽然说微波炉可以快速加热食物，但用它来加热婴儿奶瓶并不好。首先，加热后可能摸起来奶瓶是凉的，但其中的奶却是非常烫的，不注意就让宝宝喝，很容易烫伤宝宝的口腔和喉咙。而密闭的奶瓶中的奶还很容易膨胀而形成爆炸。

另外，对于冷藏储存的母乳来说，微波炉高温加热后可能会破坏其中的有益因子，导致功效下降。一般加热奶的正确做法是：用热水温热瓶子，之后再用手腕来试试奶温，这要花费更多的时间，但却是非常安全可靠的方法。

还有一点要注意，用微波炉加热牛奶可能会造成牛奶成分的改变，加热婴儿配方的食品，则可能导致某些维生素的损失。专家还表示，把婴儿食品放进微波炉内加热可能会使一些反式氨基酸变成它们的顺式异构体，且会改变它们的旋光构型，而这些异构体是没有生物学活性的。还有一些异构体则是具有神经毒性的，对肾脏有危害。因此，妈妈们一定要注意，尽量不要用微波炉去加热宝宝的食品，尤其是奶。

60.奶瓶消毒的注意事项

人工喂养的宝宝如果喂养不当，很容易被细菌、病毒污染，导致宝宝患病，特别是在宝宝4个月之前，一定要做好宝宝奶瓶的清洗消毒工作。具体来说，在给奶瓶消毒的时候，要注意以下几点：

1 要用肥皂清洗双手。

2 喂奶之后，要用奶瓶专用刷彻底将奶瓶的每一个地方都清洗干净，之后再用清水冲洗净。另外，奶嘴不但要用专用刷刷洗外面，还要认真地刷洗里面。

3 消毒的时候，要在干净的消毒锅中放入八分满的水，若是玻璃奶瓶，可以一开始就放入锅中随着水一起煮沸，之后再将奶嘴、奶盖、奶圈、钳子放入锅内再煮5~10分钟；若是塑料奶瓶则要在水沸之后和奶嘴、奶盖等一起放入煮5~10分钟。

4 消毒之后，要记得用钳子将奶嘴夹出来，让上面的水分滴干，之后再用钳子将奶嘴套入奶圈，安放到奶瓶上，后盖上奶盖。

5 若消毒后马上调乳，无论是消毒用的锅还是蒸煮器，都要在盘上铺上擦拭布，用消过毒的镊子将喂奶用具挨个地取出，把水控干之后才可以使用。

6 把消毒好的奶瓶放置在干燥、通风的地方，以备再用。

61.注意给早产儿补铁

贫血会直接影响宝宝的体格生长和智力的发育，有时对脑细胞发育的影响是不可逆的。早产儿由于不足月，从母体中接收到的铁的分量比较少，出生6周之后就很容易发生贫血。因此，从出生6周开始，妈妈就要注意给早产儿补铁，预防贫血的发生。

给早产儿补铁的时候，先要尽量保证母乳喂养，因为早产儿妈妈分泌的母乳在营养成分上跟足月儿妈妈所分泌的母乳是不同的，它更适合未成熟宝宝的生长所需。不过，若因某些特殊原因无法进行母乳喂养，那就应该给早产儿选用早产儿特制奶粉，这种奶粉在制备时已考虑到了早产儿的特点，并在某些营养素上给予了强化，较适合早产儿使用。另外，妈妈还可以在医生指导下，给宝宝服用铁剂来补血，并严格遵照医嘱服用。只是，铁剂不宜长时间服用，等宝宝再长大两个月可以吃辅食的时候，就要及时从食物中补充铁，那才是最安全的方案。

62.如何给宝宝吸鼻涕

小宝宝的鼻腔通道较为狭窄，而鼻腔的分泌物又比较多，很容易出现鼻涕。如果鼻涕没有及时得到处理，宝宝又吸入了空气中的尘埃和固体颗粒而让鼻涕变干，就很容易形成鼻屎，鼻屎越变越大的时候，就会堵塞鼻孔，导致呼吸困难了。

因此，一旦宝宝流鼻涕了，妈妈要赶快进行处理。如今，多数婴儿用品店都会出售吸鼻器，妈妈可以使用吸鼻器在宝宝的鼻涕还没变干时给他吸出鼻涕。此外，妈妈还可以用热毛巾先热敷一下宝宝的鼻子，这样宝宝就会打喷嚏而把鼻涕给带出来。当然，如果宝宝的鼻涕突然增多，那可能是受凉感冒了或感染了鼻黏膜的炎症，此时要及时带宝宝到医院就诊消炎。

63.如何为宝宝选择尿布

小宝宝的尿布和衣服是一样重要的，若尿布选择不当，会直接影响宝宝的健康，轻的可能引起"尿布疹"，重的甚至可能导致尿路感染或新生儿败血症。因此，给宝宝选择安全适合的尿布，是每个妈妈的必修课之一。

这个时期宝宝的尿布要求吸水性强、质地柔软、便于清洗。妈妈可以自己制作尿布，也可以购买。自己制作尿布时，要选用质地柔软、吸水性好的浅色棉布或旧床单、旧衣服等纯棉布料来制作。形状以正方形或长方形居多，正方形一般要裁成60厘米×60厘米，长方形则可裁成60厘米×40厘米。当然，这也不绝对，还是要根据宝宝的身体大小来调整。最好可以准备20~30块尿布，以方便更换和洗涤。

市面上的尿布多以纯棉或棉纱等为主要材料，质地柔软，颜色多以白色和米色为主。这样的棉尿布比自己制作的尿布更柔软，尤其是棉纱做成的尿布更受欢迎，不仅柔软且透气性好，能很好地保护宝宝的皮肤。

有些妈妈不喜欢用尿布，是因为洗起来太麻烦。其实，加一条"隔尿巾"问题就解决了。隔尿巾是一张可以一次性使用的、类似于纸尿裤上那一层无纺布的纸。使用的时候，可用它把宝宝的屁股和尿布隔开。隔尿巾能让尿液渗进尿布里，且隔开粪便。使用之后只要把隔尿巾扔掉再洗尿布就简单多了。

64.红屁股更严重怎么办

刚出生不久的婴儿患了尿布疹后，小屁股上会出现一些红色的小丘疹，形成"红屁股"。这是新生儿常见的一个问题，若能及时发现并改变护理方式，很快就会痊愈。但如果情况严重，则会出现皮肤糜烂破溃，脱皮流水。因此，如果婴儿出生不久出现了"红屁股"，妈妈一定要小心护理，以防情况严重。

① 臀部一定要保持干爽。新生儿臀红主要是因为婴儿臀部长期处于湿热状态而最终形成的，因此妈妈一定要注意让宝宝的屁股保持干爽，以免再次处于湿热状态而加重病情。

② 宝宝出现"红屁股"后，切忌不要用热水和肥皂清洗宝宝的臀部，因为热水和肥皂清洗会使宝宝的臀部皮肤因为受到新的刺激而变得更红，导致情况更严重。

③ 如果宝宝的臀部已经溃烂了，妈妈可以给其涂抹氧化锌油来帮助吸收水分并促进上皮组织的生长。另外，要注意在治疗的时候保护好宝宝的皮肤。这样，慢慢地，臀红现象就会消除了。

65.头部奶痂

宝宝刚出生的时候，皮肤表面有一层油脂，这是一种由皮肤和上皮细胞分泌物所形成的黄白色的物质。若宝宝出生后长时间不洗头，时间久了，这些分泌物就会和灰尘聚集在一起形成奶痂。

很多宝宝都会出现头部奶痂，多出现在前囟门周围，通常不疼不痒，摸上去有些油腻，颜色发黄。奶痂对宝宝的健康并没有特别明显的影响，且是一种暂时性的现象，多数都能痊愈。不过，奶痂虽能痊愈，但宝宝却可能会因痒、痛而烦躁，进而影响消化、吸收和睡眠。此外，较严重的头部奶痂还会耽误宝宝的疫苗接种。因此，出现奶痂后，妈妈还是要做好清理工作的。

用植物油清洗是清理奶痂最简便的方法。先将植物油（橄榄油、香油、花生油等）加热消毒放凉，以保证清洁。给宝宝清洗头部奶痂时，要先将冷却的植物油涂抹在奶痂的表面，停留1~2个小时，等到奶痂松软之后再用温水洗净头部的油污。

根据奶痂的轻重程度每天以此清洗，3~5天即可消失。清洗的时候，室温要保持在24~26℃，清洗后还要注意用干毛巾将宝宝头部擦干，以防止受凉。

切忌，不要急于一下子清除掉全部奶痂，要每天弄一点，慢慢弄净。万不可硬性给宝宝往下揭痂，那会损伤宝宝的皮肤，严重时甚至会引发出血感染。

66.奶秃

本月，宝宝可能会出现不同程度的奶秃。有些宝宝刚生下来时，有着满头黑亮浓密的头发，但满月过后就出现了脱发现象，头发变得稀疏发黄了。这时候，很多妈妈都会担心宝宝是否营养不良，或是缺乏某种营养了。其实，1~2个月的宝宝出现脱发现象，是生长过程中一种自然的生理现象，俗称奶秃。奶秃通常会随着宝宝月龄的增大、辅食的添加而逐渐消失，脱落的头发也会重新长出来。另外，宝宝胎儿期的头发跟妈妈孕期的营养也有关系，出生之后则与遗传、营养、身体状况等多种因素有关，如果父母双方有一方头发稀黄，那么宝宝的头发也可能会较稀较黄。

67.枕秃

对于枕秃，多数妈妈都知道是由于缺钙引起的，有些医务人员也会这样解释宝宝的枕秃，但实际上，就目前来看，因缺钙而引起枕秃的情况已经很少了，多数枕秃的形成跟宝宝的睡姿或枕头的材料有关。

通常，这么大的宝宝都是仰卧睡觉的，且比较爱出汗，一天中多数时间是在枕头上度过的。有些妈妈为了让宝宝有一个好的头型，就给宝宝睡过硬的枕头，甚至用黄豆、玉米粒来装枕头，这样就会让宝宝觉得不舒服，在枕头上磨来蹭去。时间久了，就会把枕后的头发磨掉而形成枕秃。因此，当宝宝出现枕秃后，妈妈不用先忙于补钙，而应该先找找这些方面的原因。

68.鼻根和手脚心发黄

这个月，有些宝宝会出现鼻根和手脚心发黄的现象，这是怎么回事呢？

实际上，宝宝手脚心和鼻根发黄通常有两种情况。一种是宝宝患上了新生儿黄疸。黄疸主要分两种：生理性黄疸和病理性黄疸。生理性黄疸多出现在脸部和前胸，严重时手心也会发黄，这是胆红素代谢异常引起的。病理性黄疸则有很多种，最常见的是母乳性黄疸，这种黄疸只要暂停一段时间的母乳就可恢复；此外，结石和肝、胆、胰肿瘤及其他炎症，也可能引起黄疸，这被称为肝后性黄疸。若怀疑宝宝是病理性黄疸，则最好去医院看一下。

另外一种引起宝宝鼻根、手脚心发黄的原因是，在给宝宝添加辅食的过程中，妈妈放入了过量的黄色食物，如胡萝卜、橘子、橙子等，这种情况又被称为"胡萝卜血症"。这样的宝宝，就容易出现鼻根和手脚心发黄现象，但眼睛的巩膜却还是蓝色的。这不是什么大事，暂停这些食物的添加，或者减少剂量，很快就会没事了。

69.宝宝为什么总用手抓脸

这么大的宝宝常常会用手抓脸，若宝宝指甲长的话，还会把自己的脸抓破。这是由这一时期宝宝的活动特点所造成的，解决办法就是把宝宝的指甲剪短并剪得圆滑。

一些妈妈为防止宝宝抓脸，专门给宝宝缝制了一双小手套，用松紧带束上手套口或用绳把口系上，以为这样就能避免宝宝用手抓脸。实际上，这种方法是不可取的。

试想，如果手套束得过紧，就会影响宝宝手部的血液循环，而手套里若有线头，就会缠住宝宝的小手指，造成手指缺血。如果出现了这些情况妈妈却没有发现，那么就会使宝宝手指出现坏死，形成终身的遗憾。此外，有些妈妈还会给宝宝穿袖子很长的衣服，这样虽能避免手指坏死的危险，但却同样会影响宝宝手的运动力，也不可取。

我们知道，手是宝宝成长发育中非常重要的一个器官，手部的运动不但有助于全身的运动发展，还有助于大脑发展。用手抓东西是宝宝的本能，也是让宝宝初步感受事物的基本动作。如果妈妈为阻止宝宝用手抓脸而让宝宝的手被手套束缚的话，就很不利于宝宝手部运动的发展，长久下去，还会影响宝宝运动能力的发展，甚至影响智力。

70.不要给宝宝用小毛毯

这个时期，很多妈妈会给宝宝盖或者铺一些颜色鲜艳、花色漂亮的小毛毯。其实，这是不太可取的。妈妈细心观察就会发现，这种小毛毯通常都是腈纶制品，有些甚至还是化纤制品，纯毛的毛毯非常少。而不管是纯毛的还是腈纶的毛毯，给宝宝盖都是不太合适的。

小毛毯上一般都会掉毛，那些掉落的绒毛落在床上，容易被宝宝吸入咽部，刺激呼吸道黏膜引发过敏反应。一些较大的飞毛还会成为异物，被宝宝吸到气道中。所以，妈妈应该尽量避免给宝宝使用这种小毛毯，而尽量用纯棉的小被子，更加安全实用。

71.洗澡后不宜马上喂奶

这个月，给宝宝洗澡之后，要先喂一点白开水，不要马上喂奶，这对宝宝的消化系统有好处。洗澡的时候，宝宝的外周血管会扩张开来，内脏的血液供应就相对减少，如果刚洗完澡就马上喂奶，会使其身体内的血液马上向着胃肠道转移，促使皮肤的血液减少，导致皮肤温度下降，宝宝感觉冷，甚至会发抖。而此时，消化道也无法马上准备充足的血液供应，吃下的奶就难以得到良好消化。因此，给宝宝洗澡之后，最好等10分钟后再喂奶，而不要马上喂奶。

72.保护好宝宝的头发

照料宝宝的过程中，很多妈妈也很担心宝宝的头发，担心头发太少了、太黄了，不知道该怎样清洗、怎样打理等。生活中，正确地保护宝宝的头发确实也是一项重要的工作。

首先，给宝宝洗头的时候，水温要保持在37~38℃，且要选择宝宝专用的洗发水。洗头时，要先用棉花塞住宝宝的耳朵，以防止水溅入；不要用手指挠宝宝的头皮，而要用整个手掌，轻轻地按摩头皮；不要剥掉宝宝头上的奶痂，可在前一天先在宝宝头部涂抹上适量的按摩油，等24小时后奶痂自动浮起，洗头时就会轻易脱落了。

通常，给宝宝洗头可以尽可能地频繁些，由于宝宝的生长发育速度加快，新陈代谢很旺盛，因此，6个月之前的宝宝要经常洗头。

给宝宝理发的时候，由于宝宝的颅骨柔软，发丝很细柔，理发推子稍有不慎就可能损伤头皮，引发感染。因此，3个月之内的宝宝最好不要理发。

另外，经常性地梳理头发能刺激头皮，促进局部的血液循环，加快头发的生长。但是，最好选用有弹性又柔软的橡胶梳子，以免损伤宝宝稚嫩的头皮。

73.夏天可以给宝宝用爽身粉吗

在炎热的夏天，宝宝往往会出很多汗，此时父母都喜欢给宝宝的颈部、腋窝等部位擦些爽身粉或痱子粉，以防宝宝生痱子。那么，这种做法妥当吗？

对此，医学专家表示，夏天给这个阶段的宝宝用爽身粉或痱子粉是不太合适的。首先，夏天宝宝易出汗，爽身粉或痱子粉遇湿后，会紧贴在宝宝的皮肤上，刺激皮肤，进而引起皮肤红肿或糜烂。其次，干燥的爽身粉才能起到润滑、减少摩擦的作用，而一旦湿了就起不到这个作用了，反而还会增大摩擦的机会，更容易磨损宝宝的皮肤。再者，有些宝宝本身就会对爽身粉中的一些成分过敏，冒然给宝宝使用爽身粉或者痱子粉，可能会引发宝宝的过敏反应。综合以上，父母还是尽量不要给宝宝用爽身粉或痱子粉，即便要用，也要尽量保证不被宝宝的汗液弄湿，以免失去效果。

74.大便具有个体差异性

这个月，母乳喂养的宝宝大便次数仍然比较多，不过每个宝宝却不尽相同，呈现出较明显的个体差异性。通常，有些排便多的宝宝一天可以排便6~7次，而排便少的宝宝一天只排便1~2次。从性质上来说，如果是母乳喂养的宝宝，大便则大多呈现黏稠的金黄色，可以带着奶瓣，也可以呈现绿色，这些都是正常现象。如果是奶粉喂养的宝宝，大便则大多呈现黄白色，有时候也呈现黄色。

75. 大便溏稀、发绿

宝宝出生，排尽胎便之后，开始吃母乳的宝宝大便将呈现黄色、均匀、糊状，且次数较多，每天4~5次。喝奶粉的宝宝大便则多发白成形，有时可见奶瓣，每天2~3次。不过，这个时期有些宝宝的大便则溏稀、发绿，中间混有白色疙瘩，且有时还会像打碎的鸡蛋一样不成形状。这种情况多出现在母乳喂养的宝宝身上，这其实是一种生理性腹泻。

患生理性腹泻的宝宝，大便呈黄绿色、较稀，甚至有小奶瓣和黏液，每日达6~7次。若此时宝宝精神状态很好，吃奶量正常，腹部不胀，不呕吐，大便中也没有过多的水分和水便分离，体重增长速度也正常，那么对这种腹泻妈妈就不需要担心。这种情况通常到宝宝开始合理添加辅食后就自然痊愈了。

不过，如果宝宝出现了吃奶间隔时间缩短、好像吃不饱的情况时，就表示可能母乳不足了。这时候先不要急着添加代乳食品，而要先监测几天宝宝的体重变化。若每日体重增加值少于20克或一周体重增加少于100克，再添加奶粉，同时观察宝宝的吃奶间隔时间是否延长，并继续监测体重。在这样的调节下若一周内体重增加超过了100克，就表明是母乳不足造成的大便溏稀、发绿。这可能是因为妈妈没有注意乳房的清洁或患了乳腺炎，宝宝吃奶时就会吃到带菌的乳汁，进而形成大便带脓血、患感染性腹泻。若大便常规检查异常，就要带宝宝上医院诊治了。

76. 小便少了说明宝宝缺水吗

其实，不同阶段的宝宝尿量和排尿次数是不同的。刚出生的头几天，由于吃得少，宝宝尿量一天只有4~5次。慢慢地排尿次数会迅速增多，一天可达20~30次，每次大约30毫升。

通常，前两个月的宝宝主要以液体食物为主，加上宝宝膀胱容量较小，因此每天排尿次数很多，正常小便次数每天约10次。不过，由于宝宝的个体差异以及饮水量、气温等因素的影响，其尿量和排尿次数都可能有较大的变化，比如夏天气温高易出汗，尿量就会适当减少，此时就需要给宝宝适当喂些白开水；再比如用奶粉喂养的宝宝就要比母乳喂养的宝宝额外补充更多的水分。

此外，若宝宝在排尿时哭闹并且看起来非常痛苦，妈妈就要警惕宝宝是否生病。

女宝宝如果尿液混浊，就有可能是尿道炎，要及时到医院化验尿常规；而男宝宝若排尿哭闹，要先观察尿道口是否发红，若发红可用高锰酸钾水浸泡阴茎几分钟，当然还可能是因为包皮过长了，具体原因最好由医生来诊断。

77.宝宝醒着的时间变长了

到了这个月，宝宝醒着的时间就相对变长了些，也就是睡眠时间较新生儿短一些，不再是吃饱了睡，睡醒了吃。不过，宝宝虽然不再是每天都处于睡觉的状态，但也只是稍微有了些变化，有了断断续续地醒着的时候。

通常，这个时期的宝宝每天睡18个小时左右，白天一般要睡3~4次，每次睡1.5~2个小时；晚上则要睡12个小时左右。而且，此时的宝宝在白天睡醒之后，还可以持续地活动1.5~2个小时了。妈妈可以趁此机会多和宝宝交流感情，促进亲子关系发展。

78.宽容对待"夜哭郎"

本月，一些宝宝很可能会变成"夜哭郎"。每到这个时期，妈妈都会万分焦急，一方面自己被宝宝吵得睡不好觉；另一方面也不知该如何让宝宝安静下来。

其实，对待"夜哭郎"，妈妈首先要做的就是排除宝宝是否患病或营养不足。若发现不是这些原因，那么不论宝宝是太过于依赖妈妈，还是睡觉睡得黑白颠倒了，都要尽力帮宝宝克服、改变这种状况，以免宝宝哭个没完。

对此，一些妈妈主张，此时不能尽力哄宝宝，以免惯坏他，只管让他尽情哭闹，等他哭得没力气了、哭够了，自然就不哭了。这是很不正确的做法。宝宝虽小，也有自己的情感，妈妈若这样无情地对待他，不仅无法纠正他哭啼的习惯，还会因此影响宝宝良好性情的发展，使宝宝将来变得孤僻、易怒。当然，对待宝宝的哭闹，妈妈不能过分哄，但也不能不管不问。妈妈应该尽量用母爱来安慰宝宝，轻轻跟他说话、拍拍他，这样宝宝才会感到安心，从而改变夜哭的习惯，也逐渐塑造出自己的好性格。

79.宝宝睡觉不踏实就是缺钙吗

到了这个月，有些宝宝睡觉可能没有以前踏实了，睡觉时不但会出现各种各样的表情动作，有时还会哭两声，甚至突然惊醒。其实，这是因为，随着宝宝看、听、嗅等感知能力的增强，他对外界的刺激感应更明显了，外界环境中任何微小的动静都可能被宝宝察觉到，继而表现为睡觉睡得不踏实。

此外，本月的宝宝开始会做梦了，这也容易让他在睡眠中出现躁动。不过，这些还都不会影响到宝宝的睡眠质量，毕竟他所有的动作都是在睡眠过程中进行的，也就是宝宝此时仍处于睡眠之中，这些躁动并无大碍。但是，如果宝宝在睡觉过程中突然惊醒、哭闹，妈妈就要轻轻地拍他几下，让他尽快地再次入睡。如果宝宝不停哭闹，妈妈就要仔细安慰一下，握着他的小手轻轻放到他的腹部摇一摇，此时处于迷糊状态的宝宝就会很快睡去。如果宝宝是晚上惊醒哭闹的话，要注意尽量不要开灯，也不要逗他玩、把他抱起来或摇晃他，如果越哭越厉害，则要仔细检查一下宝宝是不是饿了、尿了，或是有没有发烧等病兆等。总之，这个月宝宝睡觉不踏实，若是以上表现，那宝宝就不是缺钙了。

80.室内保持适宜的湿度

这个月的宝宝，对所处环境的要求依然比较高，室内的温度冬季宜保持在18℃，夏季宜保持在28℃，春秋两季保持自然温度即可。同时，室内温度不要忽高忽低，也不要让宝宝吹对流风，冬季要多开窗通风并让宝宝离开通风的房间。

除了温度外，湿度对宝宝的影响也很大。室内湿度会影响到宝宝的呼吸道健康，最好的室内湿度是40%~50%。如果湿度过低，宝宝的呼吸道黏膜就容易干燥，进而难以抵抗外界的细菌病毒，患呼吸道疾病的概率就会大大增加。尤其是感冒多发的春秋季节，妈妈更要充分重视室内的环境湿度，尽最大可能保护宝宝。

此外，保持室内湿度的同时，也要注意让爸爸戒烟。烟味会刺激到宝宝的呼吸系统，对健康造成危害。

81.应该如何给宝宝晒太阳

在宝宝周岁之内，不管春夏秋冬，妈妈都应该常抱着宝宝外出去晒太阳。这是因为，人体皮肤中含有一种维生素D源，它需要经过日光中紫外线的照射后，才会转变成维生素D，这才是人体中维生素D的主要来源。而维生素D能够促进身体吸收钙，预防佝偻病。

在带宝宝外出晒太阳的时候，要尽可能地暴露宝宝的皮肤，这样才能接收到紫外线。不要试图在室内晒太阳，因为玻璃会遮挡大部分的紫外线，隔着玻璃晒太阳是起不到应有的作用的。不过，在炎热的夏季，则不要让宝宝接受日光的直射，因为过于强烈的日光照射皮肤对人体是有害的，可适当地选择上午9：00~10：00和下午4：00~5：00的时刻，以避开阳光最强烈的时间段。寒冷的冬季，带宝宝外出要选择天气较好的中午，不过一定要注意保暖。

82.日光浴后要做好宝宝皮肤的保护工作

这个月的宝宝如果刚好赶在气温适宜的春季，很适合做日光浴。春天是进行户外活动的最好季节，最好每天带宝宝进行2个小时的日光浴，让宝宝接受充足的阳光照射，促使其皮肤中的维生素D制造工厂努力生产，以补充一个冬季造成的维生素D缺乏。不过，带宝宝做日光浴时，妈妈还要格外注意保护宝宝娇嫩的皮肤。

通常，这个时期带宝宝到户外时，一般不必戴遮阳帽，更不要用太阳镜。家里有条件的话，可以在院子或露台处给宝宝设个活动区，尽量不要带着宝宝在人流、车流密集的马路旁逛游，以防汽车尾气污染伤害到宝宝。

此外，虽说日光浴好处颇多，但也不可毫无节制地进行。通常，在宝宝刚开始做日光浴时，时间不宜过长，而且要避免阳光强烈的时间或正午时间，以免灼伤皮肤；也不能让阳光直射宝宝的头部，以免损伤宝宝的眼睛。如果是在室内给宝宝做日光浴的话，一开始最好不要长时间裸体做，一定要从脚底下到大腿、腹部、胸部直至全身，分段逐渐进行太阳照射，约一个月后再进展到30分钟的全身浴，且进行日光浴时必须打开窗户让太阳直接照射，不要隔着玻璃。而日光浴之后要用干毛巾给宝宝擦干汗迹，换件内衣，并及时补充果汁或白开水，以防口干缺水。如果此时宝宝正在患病，那就要暂停日光浴，以免阳光照射引起不良反应。

83.母乳喂养的妈妈仍然要限制饮食

对进行母乳喂养的妈妈来说，虽然本月已经出了月子，但妈妈还是要注意平常的饮食，不能"毫无节制"地大吃大喝，以免自己吃的食物通过乳汁送到宝宝嘴里，对宝宝造成不良影响。一般来讲，哺乳期妈妈最好不要吃以下食物：

①刺激性食物： 包括辛辣的调味料、辣椒、酒、咖啡等。少量的酒可促进乳汁分泌，但过量就会抑制乳汁分泌，也会影响子宫收缩，因此不宜多饮酒。咖啡会使人体的中枢神经兴奋，虽然目前还没有直接证据表明咖啡对婴儿有害，但对哺乳期妈妈来说，还是应该有所节制地饮用。

②油炸食物、脂肪高的食物： 此类食物不易消化且热量偏高，要酌量摄取。

③生冷食物： 若妈妈贪凉贪新鲜吃了生冷不易消化的食物，可能会导致宝宝腹泻。如果实在想吃，可以在给宝宝喂奶后吃，这样等下次喂奶时对宝宝的影响就不大了。

④香烟和烟草： 妈妈在喂奶期间仍然吸烟，尼古丁就会很快出现在乳汁中被宝宝吸收，而尼古丁对宝宝的呼吸道有不良影响。因此，哺乳期妈妈最好戒烟，并避免吸二手烟。

⑤药物： 对哺乳期的妈妈来说，虽然多数药物在一般剂量下，都不会影响到宝宝，但仍建议哺乳期妈妈不宜自行服药；就医时也要主动告诉医生自己正在哺乳，让医生开出适合服用的药物，并且选择持续时间较短的药物。

84.四季的护理要点

春季，妈妈最常犯的错误是，不舍得给宝宝脱衣服，也就是"春捂秋冻"，这是不利于宝宝身体健康的。通常，天气转暖后就应该及时给宝宝换装减铺盖，只给宝宝多穿一层单衣就可以了。此外春季有风，还要特别小心不要让宝宝患上呼吸道感染。

夏季蚊子猖獗，虽然这么大的宝宝较少患脑炎，但如果妈妈不小心把细菌通过乳汁传给了宝宝，就很容易引起宝宝发病。因此，夏季妈妈一定要注意防止自己被蚊虫叮咬。此外，如果宝宝被蚊子叮咬了，最好不要用风油精。宝宝的皮肤特别娇嫩，通透性很强，保护性较差，如果被抹上风油精，就很可能导致皮肤过敏。给宝宝驱蚊，最好可以准备一个小蚊帐或是用扇子扇风。另外，夏季天热，宝宝易脱水，一定要注意给宝宝补充水分。

秋季，本月宝宝对外界环境的适应力和自身调节能力还较差，因此在天气刚转凉时，要特别注意防止宝宝受凉。此外，这个时期宝宝的感冒咳嗽也很容易转为慢性咳嗽，更难护理，因此，一旦发现宝宝出现了感冒症状，要马上对症治疗。

冬季，1~2个月的宝宝动作并不大，还不会蹬被子，因此没必要让整个房间都太过暖和，一般室温保持在15~18℃就可以了。此外，如果天气晴好，阳光充足，妈妈也可以带宝宝到户外沐浴阳光。

选择合适的洗澡时间

85.营养需求

本月的宝宝正处于脑细胞发育的高峰期，因此在营养上除了要保证足够的母乳外，还要注意给妈妈添加一些健脑的食品，以保证母乳为宝宝的大脑发育提供足够的营养。常见的健脑的食品有：鱼、肉、蛋、牛奶、大豆制品、核桃、胡萝卜、芝麻、小米和水果等。

这个月，宝宝每日所需的热量大约是每千克体重100~120千卡，如果宝宝每日摄取的热量低于100千卡，则其体重增长就会缓慢或者落后；如果超过120千卡的话，则有可能造成肥胖。除热量之外，蛋白质、脂肪、矿物质、维生素的需求大都可以通过母乳摄入，此外，宝宝每天还需要300~400国际单位的维生素D。从本月开始，早产儿要开始补充铁剂和维生素E，铁剂为每日每千克2毫克，维生素E为每日25国际单位。

86.发育指标

这个月，宝宝的体重会继续增长，速度仍很迅速，平均每天增长40克，一周增长250克，整个月将增长0.9~1.25千克。男宝宝本月体重范围在5~8千克，平均为6.4千克；女宝宝体重范围是4.5~7.5千克，平均体重为5.8千克。

身高方面，本月男宝宝身高在57.3~65.5厘米之间，平均为61.4厘米；而女宝宝身高在55.6~64厘米之间，平均是59.8厘米。一般来讲，满两个月的宝宝身高可达到57厘米，到3个月时，身高约在60厘米左右。

本月男宝宝头围平均值是40.8厘米，女宝宝头围平均值是39.8厘米。但是头围的大小存在着个体差异，只要宝宝的头围与平均水平相差不大，妈妈就不用担心。

此时的宝宝前囟门平坦，张力不高，可看到与心跳频率一样的跳动。本月宝宝的囟门不会明显缩小，但个体差异很大，有些宝宝可达3厘米×3厘米，但也有些宝宝只有1厘米×1厘米。

87.母乳喂养

本月，如果母乳足够宝宝吃，宝宝吃奶的间隔时间会变长，以前一过3个小时就饿得哭闹的宝宝，此时就算过了4个小时，甚至过5个小时也不哭不闹，而晚上则可能延长到6~7个小时。妈妈终于可以睡个安稳觉了。

此时，妈妈千万不要因为喂奶时间到了就叫醒正在酣睡的宝宝。宝宝睡觉时对热量的需求减少，上一次吃进去的奶足够维持宝宝所需的热量。而且，如果宝宝体重增加而睡眠时间变长，就说明宝宝的胃开始存食了。若每隔3小时就把宝宝叫醒吃奶，就难以弄清楚宝宝的胃是否具备存食的能力了。

本月，若宝宝体重增加缓慢，到了吃奶时间也不啼哭，睡眠又好，就说明他的食量较小。对这样的宝宝，妈妈不能一次给他吃太多，要采取少食多餐的方法。只要宝宝吐出了奶头、把头扭过去，就不要给他吃了，等过2~3个小时后再喂。这样，虽然每次食量较正常情况少，但全天的食量仍不变，足以提供宝宝日常所需。

因为母乳难以控制食用量，所以对母乳喂养的宝宝，可每周用体重计测量体重来查看宝宝的发育情况。若每周宝宝体重增长超过250克，就可能是摄入热量过多了；若每周宝宝体重增长低于200克，就可能是摄入热量不足了。

88.人工喂养

本月宝宝的食欲若特别好，可以从原来的120~150毫升，增加到150~180毫升，有些甚至增加到200毫升以上，每隔4个小时就要喂一次。

不过，对食欲特别好的宝宝，也不能任由其"肆无忌惮"地吃，因为喝奶粉的宝宝很容易营养过剩。如果宝宝吃完奶后常吐奶、打嗝，并伴有腹胀、腹泻、大便过频（每天6~8次）且较稀，就说明可能吃撑了。当然，鉴于宝宝消化系统发育还不完全，很多在吃完奶后都会出现打嗝、吐奶现象，若吐得不多就是正常现象，但若每次都吐，且吐得相当多，就要及时就医检查了。这既可能是宝宝消化系统的问题，也可能是吃得过多、营养过剩造成的。

用奶粉喂养宝宝的妈妈要注意奶粉的保质期和保存方法。若奶粉包装袋或罐子有开裂、撒漏等现象，最好不要再给宝宝食用。

需要注意的是，一些宝宝可能会对奶粉中的某些成分过敏，如牛奶粉中的蛋白质等。一旦宝宝过敏，常会有吐奶、腹泻、胃疼甚至大便出血等症状。若出现这类情况，要尽快就医。

89.混合喂养

本月，如果妈妈发现并且确定宝宝吃不饱，就要在每天母乳较少的时候给宝宝加一次奶粉。开始可以先加150毫升试试看，若宝宝一次喝光仍不饱，下次就可加到180毫升；若宝宝吃不了，下次就适量减少一些。

按照这种方式添加5天后，若宝宝半夜不再哭了、平时不再闹人了，且每周体重增加也超过了200克，或每天体重增加超过了30克，就可以继续照此方式喂养。但若5天内宝宝的体重增加还是不到200克，那就要再增加一次牛奶。

这个月，吃惯母乳的宝宝可能还不接受硅胶奶嘴或奶粉，因此要尽量在宝宝肚子饿的时候加奶粉，或平时用奶瓶给宝宝喝点水，让宝宝早一点习惯奶瓶和奶粉的味道。此外，不要在宝宝吃过母乳之后马上加奶粉，而应该采用单独喂一次奶粉的方法。让宝宝吃完母乳后再去增加不足的部分并不好，因为跟母亲的乳头相比，宝宝显然讨厌较硬的硅胶奶嘴，再加上奶粉的味道与母乳不同，宝宝就会很不愿意吃。

不过，无论宝宝多么爱吃奶粉，也不要过量。因为奶粉比母乳要甜、要好吃一些，宝宝一旦喜欢上奶粉，就很容易不爱吃母乳了，这样母乳的分泌就会减少，进而也就不得不提前告别母乳喂养了。另外，奶粉也没有母乳易消化，容易增加宝宝的肠胃负担。

90.可以试着让宝宝接触硅胶奶嘴

这个时期，给人工喂养的宝宝选择奶嘴很重要，一个合适的奶嘴孔能让宝宝很愉快地喝奶。通常，奶嘴有橡胶、乳胶和硅胶的。目前，橡胶奶嘴已经过时，被淘汰了，最常见的奶嘴材料是乳胶和硅胶的。一般来说，乳胶奶嘴富有弹性，质感也很接近妈妈的乳头，但却非常容易老化。而跟乳胶奶嘴相比，硅胶奶嘴质地则比较硬，没有乳胶的异味，而且它不易老化，抗热、抗腐蚀性也比较好。具体到宝宝身上，要选择哪种质地的奶嘴，妈妈可以根据每个宝宝的实际情况来决定。如果宝宝不喜欢乳胶奶嘴，那么妈妈可以尝试着让宝宝接触硅胶奶嘴。

91.警惕喂养不当

本月，极个别的宝宝会因为食欲亢进、摄入过多热量而成为肥胖儿；而极个别的宝宝却会因为食欲低下、摄入热量不足而成为瘦小儿。这除了跟家族遗传有关外，还跟妈妈的喂养不当有关。

一般情况下，妈妈总是担心宝宝吃不饱，有时候，宝宝已经多次把奶头给吐了出来，但妈妈还是硬把奶头往宝宝嘴里塞。这样，宝宝就只能无奈地再吃两口，长久之后，宝宝就会形成以下3种趋势：

❶ 胃口被逐渐撑大，奶的摄入量逐渐增加，最终成为肥胖儿。

❷ 由于摄入奶量过多，宝宝的消化道无法负担如此大的工作量，就干脆罢工，随后宝宝的食量就开始反向下降，最终变成瘦小儿。

❸ 由于妈妈总强迫宝宝多吃奶，宝宝就会感觉不舒服，进而形成精神性厌食。这种情况虽然婴儿期不多见，但一旦形成，会严重影响宝宝的健康，要尽力避免。

总之，这个时期的妈妈最好不要强迫宝宝吃奶，通常宝宝吃饱后就会自动离开奶头，妈妈也就不要再给宝宝吃奶了。

92.如何判断宝宝是否吃饱了

判断宝宝是否吃饱，可以参看以下几个方面：

1 宝宝吃奶的次数非常频繁，常常一个半到3个小时就要吃一次，平均每天都要吃奶8~12次。

2 宝宝的气色看起来非常好，显得健康、肌肤紧绷。随着月龄的增加，宝宝应该长胖了，身长和头围都在增加，看起来活泼可爱了。

3 观察宝宝的小便量，在开始喂奶3天后，通常宝宝每天都会尿湿6~8片尿布或者是5~6片纸尿裤。

4 观察大便的颜色。在出生后的最初几周，宝宝的大便颜色会从黑色逐渐变成绿色，而后再转为棕色。之后，到宝宝能吃到浓稠的奶后，大便就开始变得较黄了。通常，一两个月大的宝宝，若每天都能吃到足够的高热量奶水，那么每天都应该有2~3次或者更多次的黄色、稀软、粒状的大便。就算没有这么多，一天的大便次数也不应该少于1次。不过，有些宝宝满月之后可能会几天才来一次大便，每次量很多，但只要是稀软的大便就没问题。

5 妈妈注意自己乳房的感觉。喂奶前，乳房会肿胀，喂奶后，肿胀感减轻。

6 看宝宝的满意程度。吃奶后，宝宝心满意足地进入梦乡，就十有八九是吃饱了。

93.本月吐奶要警惕肠套叠

通常，多数宝宝到了这个月吐奶的情况就会有所好转，但依然有些宝宝会大口吐奶。宝宝之所以吐奶，一方面是因为喂得多了，一般食量大的宝宝更容易吐奶，且大便次数也增多，体重也增加得快。如果是这样，妈妈就要适当地减少宝宝的奶量，同时增加每天吃奶的次数，少食多餐，情况就会好转。另一方面是因为，喂宝宝吃完奶后，妈妈常常会马上就把宝宝放躺下，或给宝宝洗澡、逗宝宝玩、让宝宝情绪激动，这会引起宝宝吐奶。妈妈应该在给宝宝喂完奶后，拍完嗝再让宝宝躺下休息，也不要逗宝宝玩，而让宝宝保持安静，这样就不会吐奶了。

如果上面的方法试过之后，宝宝还是吐奶，那就要看看宝宝其他方面是否正常。若宝宝一切正常，没有异常表现，那就不用太担心。这种生理性的吐奶有时会持续到宝宝3个多月，少数甚至还会持续到5个月。如果宝宝吐出的奶流到了耳朵里，要马上用柔软的棉布擦拭干净，以免损伤宝宝的耳朵引起外耳炎。

这里尤其需要注意的是，若宝宝之前几个月里从来不吐奶，但这个月的某一天突然开始吐奶，就要想到发生肠套叠的可能。若宝宝吐奶的同时还排出果酱样的大便，就可以基本确定是肠套叠了。肠套叠属于婴儿急症，一旦出现就要及时带宝宝就医。

94.怎样给两个月的宝宝洗澡

两个月之后的宝宝，不再容易因为洗个澡就受凉生病了，因此洗澡时间也不用固定了，只要形成自己的规律就行。一般情况下，冬天不用给宝宝天天洗澡，可以在周末白天、室内阳光充足的时候给宝宝洗；天气较暖和的春秋季节，则应尽量将洗澡时间放在上午温度适宜、阳光充足的九十点钟；炎热的夏天，则要随时给宝宝洗个降温的热水澡。不过，无论什么时候给宝宝洗澡，时间都不能过长，一般15分钟即可。

正常发育的宝宝，此时的脐部已经完全长好了，脊椎也变得硬朗多了，妈妈可放心把他放在浴盆里洗。当然，由于此时洗澡顺利多了，妈妈也可把宝宝放在洗浴间里洗，只是要注意洗浴间的温度。

要注意的是，宝宝肚子饿时，或喂奶后30分钟以内要避免给宝宝洗澡。给宝宝洗澡前，要先调好浴室的温度，做好浴缸、浴盆的清洁，并把所有洗澡用品都放在身边，以免因拿东西而让宝宝受凉；洗澡水温最好在40℃以内，妈妈可用手背或手腕试温，感觉温温的即可；洗澡水不要太深，以坐着没过生殖器、躺着刚好露出肚脐为宜；注意不要把水弄到宝宝耳朵里，也不要把洗发水或肥皂弄到宝宝的眼睛里；女宝宝洗澡后，要用清水冲一下小便处；洗完后要马上用浴巾裹好宝宝，等宝宝身体干了再穿衣服。

95.宝宝一哭就是让人抱吗

这个时期，宝宝依然是个爱哭的淘气包，总是在妈妈不知缘由的时候就"哇哇"地哭起来。通常，面对小宝宝的啼哭，妈妈最经常做的就是马上把宝宝抱起来，拍一拍、哄一哄、摇一摇等，慢慢让宝宝安静下来。这样的做法是对的，但宝宝一哭就完全是让人抱吗？是不是还有别的意思呢？

答案是肯定的。通常，妈妈见到宝宝一哭就抱起来，哄过之后宝宝就不哭了，多数宝宝心理上缺少安慰，需要妈妈给自己安全感，是心理需求。而实际上，这个时期的宝宝哭闹，还有很多其他意思。出生不久的宝宝还不会说话，他们能表达自己意思的方法就是哭泣。因此，这时期的宝宝，一旦他饿了、冷了、热了、需要换尿布了、身体不舒服了，等等，他都会通过哭泣来告诉妈妈，以便妈妈可以及时帮他处理情况。这时候，宝宝的哭泣就不是要妈妈抱了，更多了层交流沟通、传情达意的作用。

因此，对待这个时期宝宝的啼哭，妈妈不要手忙脚乱，或者只是一个劲儿地抱着哄，而是应该仔细观察，分辨宝宝的实际需求，以给出最合适的处理方式，满足宝宝的要求。

96.男婴和女婴在护理上的差异

男婴和女婴身体构造的不同，导致了护理上的差异。

日常清洗时，男婴可能会出现鞘膜积液、包皮过长，或由于包皮藏匿污垢而引起龟头炎症。所以，给男婴清洗臀部时，要特别注意包皮处的清洗。清洗时，要轻轻把包皮向上翻起，使龟头暴露，然后用清水把存在包皮内的尿酸盐结晶清洗干净。如果想洗得更干净，可把包皮轻轻向后拉，感到有阻力时停止，然后把包皮里面的污垢洗掉并冲洗干净。

女婴的尿道和阴道口紧密相邻，不注意卫生就可能患上尿道口炎和阴道炎。所以，给女婴清洗尿道口和臀部时，一定要用流动的清水从上往下冲洗，这能有效地预防尿道和阴道炎。给女婴擦肛门时也必须从前向后擦，也就是从外阴部向着肛门处擦洗，否则易导致肛门口的大肠杆菌污染尿道和阴道口而引发炎症。

给男婴换尿布时，先把尿布在宝宝的阴茎处停留几秒钟，以免打开尿布的瞬间宝宝尿得到处都是。之后，先用纸巾把粪便擦拭干净，再用柔软的毛巾蘸上温水，仔细擦拭宝宝的小肚子、皮肤、大腿、睾丸、会阴和阴茎部分。最后举起宝宝的双腿，擦拭肛门、屁股后换上干净尿布。女给婴换尿布时，先用纸巾把粪便擦拭干净，再用柔软的毛巾蘸上温水，擦拭宝宝的小肚子、皮肤、大腿、外阴部，后用毛巾包起屁股以免着凉。接着，举起宝宝的双腿，擦拭肛门和屁股后换上干净尿布。

97.如何为宝宝清洁、护理皮肤

处于生长发育时期的宝宝，皮肤中真皮的皮脂腺还未发育成熟，皮肤还很娇气敏感，很容易受刺激感染，所以妈妈一定要小心呵护。

宝宝的皮肤比成年人要薄很多，皮肤中的胶原纤维比较少，缺乏弹性，因此很容易被外界事物渗透和摩擦受损。若妈妈用粗糙的毛巾给宝宝擦皮肤，就很容易弄伤皮肤，还会使皮肤变粗糙、老化。所以，给宝宝用的擦身或洗脸毛巾一定要质地柔软，尤其是冬天。

此外，宝宝皮肤细腻、脆弱，衣服，特别是贴身衣服一定要用料柔软。妈妈可以给宝宝挑选吸收性好、透气性好的棉布或棉毛织品的衣服。冬天时，可给宝宝准备一件厚度合适的，松软、暖和的小棉袄，方便宝宝穿脱。

干燥的秋冬时节，妈妈要给宝宝使用含有天然滋养成分的护肤产品，以便让宝宝的皮肤形成一个保护膜，保护肌肤。给宝宝选购护肤品时，要尽量选择那些不含香料、酒精、无刺激、能较好保持皮肤水分平衡的润肤霜。另外，妈妈跟宝宝接触的时间较多，因此最好和宝宝使用同一种润肤霜。如果使用润肤霜之后，宝宝的皮肤出现了过敏反应，如皮肤发红等，就要立即停止使用。

98.如何给宝宝选择贴身保姆

对父母来说，给宝宝找一个贴身保姆非常重要，但同时这也是很麻烦的事，若找的人不合适，就得频繁更换，对宝宝很不好。通常，宝宝都会对照顾自己的人有一个适应期，若频繁更换保姆，会让宝宝内心缺乏安全感，变得焦躁不安、睡眠不踏实等。所以，选择一个合适的保姆至关重要。

父母应该注意，给宝宝选保姆时一定要慎重。通常，当保姆的大多是没有做过妈妈的小姑娘，用这样的保姆看护宝宝往往比较冒险。小保姆没有带宝宝的经验，也没有做过妈妈，会给主人带来很大的麻烦。

最好的保姆人选，通常是已经做了妈妈，年龄在45岁以下，至少高中以上文化程度的城里人，最好之前从事过保姆行业，并有幸福家庭的。这样的人会知道怎么看管照顾宝宝，避免宝宝发生一些危险事故，让家长更安心地把宝宝交给她。

99.鼻塞的处理

非疾病性鼻塞是不需要治疗的，妈妈可以用吸鼻器帮宝宝清理鼻道。但如果宝宝眉弓或者脸颊上有小红疹，或者眉弓上有像头皮样的东西，就表明宝宝是"渗出体质"，也叫作"泥膏体质"，这样的宝宝往往较胖，且常常腹泻。与此同时，这样的宝宝还很容易出现鼻塞现象。另外，如果妈妈有鼻塞史，那宝宝的鼻塞就带有家族倾向了。

我们知道，婴儿鼻腔比较狭窄，鼻黏膜血管丰富，很容易受外界因素刺激，出现鼻黏膜水肿、渗出，鼻涕增加等症状。进而出现鼻痂，阻塞鼻孔，出现呼吸困难。

对此，解决办法就是要保持室内空气新鲜，温度、湿度适宜，以便让婴儿逐渐适应自然，接受新鲜的空气，减少室内的尘埃密度。妈妈可以每天用软布做成捻子，轻轻捻动带出宝宝的鼻内分泌物。不过，对于有鼻黏膜水肿的宝宝，这样并不能改善鼻塞的症状，不过妈妈也不用着急，这种现象慢慢就会好了，一般不会超过一个月。

100.不要用太软的婴儿枕头

本月宝宝已经开始学着抬头了，脊柱颈段也会出现向前的生理弯曲。因此，为了维持宝宝的生理弯曲，保持体位的舒适，妈妈要开始给宝宝配备婴儿枕了。只是，这婴儿枕该如何选择呢？

通常，好的婴儿枕头必须要有适合的承托力、合适的高度和好的填充材料；高度最好在3~4厘米间，且能根据宝宝的发育状况随时调整枕头高度；枕头长度最好跟宝宝的肩部同宽；枕头质地要柔软、轻便、透气、吸湿性好。有条件的话，妈妈可以用草籽、灯芯草、蒲绒、珍珠棉、蚕沙等作为婴儿枕的填充物，或用传统的荞麦皮做填充物。注意，最好不要用泡沫或腈纶做填充物，也尽量避免使用太软的纤维棉做填充物，因为过软的枕头难以承受宝宝头部的重量，极易造成窒息。

当然，过软的婴儿枕头不好，过硬的也不好。宝宝的颅骨很软，囟门和颅骨缝都还没有完全闭合，若此时就给他使用质地过硬的枕头，极容易造成头骨变形，也可能导致宝宝脸形明显不对称，影响外貌。

这个阶段的宝宝新陈代谢旺盛，头部出汗很多，睡觉时很容易把枕头浸湿，汗液和头皮屑容易粘在枕心上滋生微生物，最终诱发颜面湿疹和头皮感染。因此，婴儿的枕芯要经常在太阳下晾晒，且每年更换一次枕心，枕套和枕巾要常洗常换。

101.玩具的选择

我们知道，玩具是宝宝最好的玩伴，孩子的世界是少不了玩具的。那么，作为孩子的妈妈，该如何给孩子选玩具呢？

首先，要保证玩具具有安全性。挑选玩具时要重点关注玩具的材料并仔细询问可能含有的微量物质，同时要保证这些物质含量都在国家标准范围内，不会影响宝宝的健康。另外，选玩具时要观察玩具的接口处是否光滑、玩具的造型是否圆滑，尽量不要挑选棱角明显的玩具，以免弄伤宝宝。为保证玩具的安全性，妈妈最好选有保证的知名品牌。

其次，玩具还要适合宝宝的年龄。宝宝不同阶段需要发展的能力是不一样的，因此妈妈要根据当前阶段宝宝对玩具的需求来为宝宝选玩具，且还要根据宝宝的年龄增长改变玩具类型。

3个月的宝宝，清醒的时间明显增多，感觉能力也得到了进一步发展，且视觉调节能力增强，较远和较近的物体都能看清。另外，宝宝的听力也有了进一步提高，能初步分辨来自不同方位的声音，被抱起来的时候头部也能够竖起并转动自如了，还会发出"a""e"等语音。因此，此时妈妈可以根据宝宝的身心发育情况选择一些造型优美、色彩鲜艳的玩具来促进宝宝视觉的发展，如彩色脸谱，大的彩色气球等；再选择一些能发出声音的铃铛、彩棒来提升宝宝的听力。

102.如何避免宝宝患上"空调病"

炎热的夏天，空调几乎是家家户户的必需品，但对有宝宝的家庭来说，夏季最要紧的就是要预防宝宝患上空调病。

人的皮肤在高温环境下，血管、汗腺都会自动敞开，当温度突然降低时，就会引起血管收缩、汗腺孔闭合、交感神经兴奋，内脏血管随之也收缩。再加上空调环境往往是门窗紧闭、空气不流通、氧气稀薄，因此宝宝会出现皮肤干燥、鼻塞、咽喉痛、胃肠不适胀气、大便溏稀、食欲不振等空调病症状。

因此，为防止宝宝患上空调病，家长在开空调时不能让宝宝直接在风口下吹风，更不能让宝宝在空调下睡觉；开空调时要用毛巾被或小毛巾盖住宝宝的肚子和膝关节，保护好最容易受冷空气刺激的部位；空调的温度不宜过低，与室外的温差最好不要超过5℃；不要长时间开空调，开4～6个小时就应该关上空调，打开窗户让空气流通一下。

103.便秘的对策

便秘时，宝宝干硬的粪便会刺激肛门，产生疼痛和不适感。与此同时，大便长时间存留在体内还会使毒素淤积，影响到宝宝正常的新陈代谢。那么，如何让便秘宝宝积存的大便顺利排出体外呢？以下几种方法妈妈不妨尝试下：

① **按摩法**：按摩可加快宝宝肠道的蠕动，有助于消化，进而促进排便。具体做法是：手掌向下，平放在宝宝脐部，按照顺时针方向轻轻推揉宝宝的脐部。

② **肥皂条、甘油栓或开塞露法**：利用肥皂水、甘油或开塞露的润滑作用，刺激宝宝肠道蠕动，从而利于排便。使用肥皂条时，要将肥皂削成长约3厘米、铅笔粗细的圆锥形，先用少许水将肥皂条润湿，再将其缓缓插入宝宝肛门内。使用甘油栓时，要将圆锥形甘油栓的包装纸打开，缓缓塞入宝宝肛门，之后轻轻按压肛门，尽量多待片刻，以便甘油栓充分融化。使用开塞露时，要将其尖端封口剪开，管口处若有毛刺一定要修理光滑，并先挤出少许药液滑润管口，以免刺伤宝宝肛门。使用时，要让宝宝侧卧，将开塞露管口插入肛门内，轻轻挤压塑料囊使药液射入其中，然后拔出开塞露空壳。

若以上方法都无法解决宝宝便秘，妈妈就要及时带宝宝到医院就诊了。

104.带宝宝呼吸新鲜空气

为了宝宝的健康，妈妈应该多让宝宝接触户外的新鲜空气。如果宝宝的健康检查显示发育良好，从本月开始，妈妈就可带着宝宝到户外接受新鲜空气了。我们知道，新鲜空气中的含氧量很高，而宝宝单位体重所需的氧气量是远远超过成年人的，因此让宝宝多呼吸新鲜空气，可以满足其对氧气的需要，促进身体的新陈代谢，保证其健康发育。

刚开始带宝宝进行室外活动的时候，要选择无风、气候适宜、室内外温差相对较小的时段，妈妈可以先开窗5分钟，让宝宝呼吸外面的空气，每天1次。等宝宝慢慢习惯后再带宝宝到外面走走，从开始的每次几分钟逐渐增加到每次十几分钟，从每天的1次活动增加到2~3次，之后，再随着宝宝年龄的增大而不断增加。

外出的具体时间，夏季可以适当延长早、晚在户外的时间，中午11:00~下午3:00最好不要去户外。冬季则可以适当缩短午睡的时间，利用阳光充足、室外温度较高的下午时间带宝宝到户外玩耍。

105.户外活动要注意安全

两个月之后，宝宝的抬头能力有了明显进步，视觉和听觉也变得更加灵敏，对户外活动充满了兴趣。如果此时抱着宝宝外出，他就会兴奋不已。不过，户外活动虽然能让宝宝充分享受新鲜空气和和煦的阳光，继而起到锻炼皮肤和呼吸道黏膜的作用。但户外活动也不只是把宝宝抱出家门那样简单，带宝宝进行户外活动时，妈妈也要注意以下安全事项：

❶ 这个时期外出应该让宝宝乘坐卧式婴儿车，道路不平时要把宝宝抱出来，以免颠簸震伤宝宝的大脑。

❷ 虽说宝宝的头已经能够保持直立一段时间，但妈妈抱着宝宝活动时不要让宝宝的头长时间直立，最多不能超过20分钟。抱宝宝时最好采用这样的姿势：让宝宝面朝前，背靠在妈妈的胸腹部上；妈妈一手托住宝宝的臀部，另一手环绕在宝宝腰部。这样的抱法不但安全，而且有助于宝宝开阔视野。当然，一段时间后也要变换一下姿势，一方面妈妈可以活动下手臂；另一方面也能促进宝宝的血液循环。

❸ 户外活动时要尽量避开人口密集的地方，如商场、电影院等。这些地方通风不好，人员复杂，难免会有病人以及感染细菌的人。宝宝的抵抗力较低，容易被感染。

❹ 户外活动之后要及时给宝宝补充水分，并且最好选择温开水。

106.宝宝开始会耍脾气了

本月的宝宝学会耍脾气了。妈妈有时会发现，宝宝会突然无缘无故地哭闹，怎么哄都哄不住，奶也不吃，抱着也不行，就像有针扎着他似的，无论怎么都不安稳，什么法子都不行了。此时，多数妈妈都会以为宝宝是不舒服了，大概是得了什么急症，要马上就医。于是，一遇见孩子像这样的哭闹不止，妈妈就马上风风火火地送宝宝去医院，并对医生说宝宝如何如何哭闹，如何如何不听话。不过，让妈妈感到奇怪和不解的是，往往一到了医院，见到了医生，宝宝马上就不闹了，甚至在医生给宝宝检查身体时，宝宝还会对着医生笑。这让妈妈很不理解，当然也有点生气。

其实，宝宝这种突然哭闹不止的反应，就是发脾气的表现，妈妈不需要大惊小怪。对付这样的宝宝，最好是可以换个人哄宝宝，妈妈可以让爸爸抱着宝宝转一转，使宝宝安静下来，或家里的其他亲人抱着宝宝等，也能让宝宝静下来。当然，如果家里只有妈妈一个人，那么，妈妈则可以把宝宝抱到外面去，给他换一个环境，让他逐渐安静下来。

107.警惕意外摔伤

专家指出，意外伤害是儿童时期最严重的健康威胁。研究资料也显示，约有52%的儿童意外伤害发生在家庭中。对这个时期的宝宝来说，最可能发生的意外就是摔伤。

到了这个月，宝宝的小手和小脚都能较自由地乱动了。醒着躺在床上的时候，宝宝常常会手舞足蹈，乱动乱蹬，稍不留神就可能翻下床去摔伤。要防止这种摔伤，妈妈首先要保证婴儿床的护栏够高，且最好在床周围的地板上铺上泡沫塑料垫，以防宝宝从床上掉下来摔伤。另外，要保证地板的干净整洁，以免不注意的尖锐物品刺伤宝宝或者有其他难以预料的危险存在。还有最重要的一点是，在宝宝躺在床上玩耍时，妈妈不要离得太远，要保证可以随时注意到宝宝的动向，以免出现意外。

108.防止意外窒息

其实，除了摔伤，这个时期的宝宝还很容易出现另外一种严重的意外伤害，就是窒息。

窒息是1~3个月的宝宝较为常见的意外事故，常常由以下几个原因造成：

给宝宝喂奶时，妈妈打瞌睡或干脆睡着了，乳房堵住了宝宝的口鼻发生窒息；

宝宝跟妈妈合睡，或妈妈把宝宝搂在怀里睡，妈妈熟睡后误用手臂或被子捂住了宝宝的脸部；

用奶瓶给躺着的宝宝喂奶后，妈妈离开时宝宝发生了吐奶，奶液或奶块呛到气管中引发了窒息；

带宝宝外出时，把宝宝包得过于严实而发生窒息；

宝宝在床上手脚乱蹬时，从仰卧变为俯卧时导致自己的口鼻被床上的被褥给堵住；

在给爱吐奶的宝宝使用塑料围嘴时，围嘴倒卷上去遮住了宝宝的口鼻。

根据以上几个原因，妈妈在照料宝宝，尤其是喂奶和带宝宝睡觉时，一定要注意护理好宝宝，千万不要因为一时大意疏忽而酿成恶劣后果。

109.四季的护理要点

春天是抱着宝宝进行户外活动的好时节，不过，此时带宝宝外出一定要注意气温的变化。通常，若天气晴朗无风，可以抱着宝宝出去走走；若风沙较大，就尽量不要抱宝宝出去；若还未停止供暖，最好也不要带宝宝出去，以防室内外温差大让宝宝着凉。此外，春季多发流行性感冒，抱宝宝外出要尽量远离人群，尤其是已感冒人群。

夏季天气炎热，湿度大，宝宝很容易长痱子，尤其是较胖的宝宝。对此，妈妈要勤给宝宝洗澡，保持皮肤清洁干燥。此外，要保持室内通风凉爽，并及时为宝宝擦汗更换衣服。另外，夏季还要注意防蚊虫叮咬，最好可以给宝宝用蚊帐驱蚊。此外，宝宝的餐具要做好清洗消毒工作。

秋天气候适宜，宝宝最不容易患病，因此妈妈要趁机训练宝宝的耐寒能力，帮宝宝增强呼吸道抵抗力，使宝宝平安度过婴儿肺炎的高发期。注意不要在天气刚刚转凉时就把宝宝捂得太严实，这会削弱宝宝呼吸道对寒冷空气的耐受性，使宝宝更易患呼吸道感染疾病，抵抗力也较差。秋季最好带宝宝多到户外走走，接受阳光照射。

冬天是婴儿肺炎的高发季，妈妈要注意防范。对本月的宝宝来说，室内最适宜温度应保持在18℃左右，温度过高会致使室内空气干燥，而过低又容易使宝宝着凉。北方用暖气取暖的家庭要注意调节室内湿度，而南方用空调取暖的家庭则要注意不要把空调温度调得过高，一般18~20℃为宜。

母乳仍然是宝宝的最佳选择

110.营养需求

3~4个月的宝宝除了需要蛋白质、脂肪、碳水化合物等营养素外，还需要一定的矿物质补充，矿物质中的钙、铁、锌、碘对婴儿生长发育非常重要。

新生儿体内没有锌的储备，而母乳和牛乳都可满足婴儿对锌的需要，本月的婴儿锌的需要量为每天约3毫克。初乳中的含锌量很高，约是成熟乳的3~5倍。母乳中锌的生物利用率可达到59.2％，牛乳的则为43％~53.9％。

足月宝宝体内贮存的铁约为300毫克，可满足婴儿4~6个月对铁的需要，因此本月的纯母乳喂养婴儿不需要额外补充铁。母乳中铁含量较低，每1000毫升含铁约1毫克，但母乳铁的利用率高达49％，所以母乳喂养的婴儿患缺铁性贫血的概率要低于人工喂养的婴儿。此外，早产儿或低出生体重儿体内铁的储备不足，要及时补充。人工喂养的婴儿则要选择强化铁奶粉。

这个月的宝宝每日需碘量约为40微克，通常，无论是母乳喂养还是人工喂养的婴儿，都不需要额外补充碘。这是因为，营养良好的妈妈摄入适量的碘时，每1000毫升乳汁中就可提供约200微克的碘，而牛乳一般碘含量为每升80微克，都可以给宝宝提供较为充足的碘。

111.发育指标

这个月的宝宝，体重的增速比前3个月要缓慢一些，满3个月的男宝宝体重范围大约在6.0~7.7千克之间，而女宝宝的体重大约在5.0~7.0千克之间。

本月男宝宝的身高范围在55.8~66.4厘米之间，女宝宝身高则在54.6~64.5厘米之间。这个月宝宝的身高增长速度开始放缓，一个月大约可以增长2厘米。

男宝宝本月的头围平均值是43厘米，女宝宝的是40.9厘米，从4个月到宝宝半岁，头围平均每个月会增加1~1.4厘米。

这个月宝宝的后囟门即将闭合，前囟门的对边连线在1.0～2.5厘米之间不等，头占整个身体的比重依然很大。若此时宝宝的前囟门对边连线大于3.0厘米，或小于0.5厘米，妈妈就要带宝宝去医院检查是否有异，以防止宝宝缺钙使囟门难以闭合或钙过量使囟门提前闭合。

112.母乳喂养

吃母乳的宝宝，本月中喂奶的次数是有规律的。胃里能存食的宝宝，除了夜里，一般每天可喂5次，每次间隔4小时，加上深夜的1次，共6次。一般来讲，食量小的婴儿只吃母乳就足够了，但若10天体重增加不足200克，或每天体重增加不足20克，就提示可能是母乳不足了，要增加果汁和牛奶，或视情况添加适量辅食。

只吃母乳的婴儿，就算母乳不足，也不愿吃额外添加的奶粉。因此如果宝宝吃母乳吃到了3个月后再喝奶粉的话，刚开始往往很困难。

如果宝宝夜里因肚子饿而哭闹时妈妈给加奶粉，宝宝可能就会拒绝奶嘴，就算妈妈把胶皮奶嘴硬塞到宝宝嘴里，宝宝也只会看着奶瓶啼哭，或含着奶嘴却不吃。如果在此之前宝宝的情况一直很好，那么此时仅喂母乳也无妨，只是可能会对体重增加有所影响，但影响并不大。如果母乳非常少，宝宝的肚子真的很饿，就会慢慢开始喝奶粉了。

母乳喂养的宝宝本月不管是"稀便"，还是两天一次大便，都是很正常的情况。因为母乳喂养并不像人工喂养那样均衡，乳量可能忽多忽少，再加上妈妈的饮食因素，如吃了生冷食物等，都会影响到宝宝的大便。

113.人工喂养

人工喂养宝宝本月的食量差别很大，能吃的宝宝每天吃1000毫升奶粉似乎还不够，而食量小的宝宝每天仅吃500~600毫升就足够了。这个时候，妈妈没有必要严格按照书上或奶粉包装上的标注量喂养宝宝，任何强迫喂养的方式都会造成宝宝厌食。

当然，太能吃的宝宝一定要警惕过胖症。过胖除了使人体脂肪组织增加外，还会加重心脏的负担。此外，由于脂肪组织增加，宝宝的动作发育就会变得迟缓，站立也较晚。因此无论如何，每天给宝宝的奶量最好不要超过1000毫升。

本月，人工喂养的宝宝会出现突然拒绝奶粉的现象。不过，这种暂时的厌食并不是病，而是因为以前吃的奶量太多，加重了宝宝肾脏、肝脏的负担，宝宝的身体对此进行了自我调节和自我防卫，表现出来就是这种拒绝行为。妈妈们对此无须担心，只要宝宝每天还能吃100~200毫升的奶粉，体重也增长，就不会饿坏。给宝宝一个调整阶段，让他的肝脏、肾脏和消化系统都得到充分的休息，等功能逐渐恢复后，宝宝就会继续喝奶粉了。

114.混合喂养

如果在本月之前宝宝一直吃母乳，从本月开始由于母乳不足而添加奶粉混合喂养的话，宝宝可能一开始很不喜欢喝奶粉。对此，妈妈千万不要用断母乳的方式硬给宝宝加奶粉，而是要循序渐进，给宝宝一个适应的过程。

刚开始添加奶粉时，妈妈可先在第1天吃奶时喂宝宝1次奶粉，大约150毫升，如果宝宝吃剩下20毫升就说明宝宝食量较小，第2天就适当减少奶粉的量。如果宝宝一次就把150毫升奶粉都吃光了，那么从第2天起若1天喂5次，每次喂180毫升，若1天喂6次，每次则要喂150毫升。若这样喂还是不够，就可以增加喂奶的次数，不过要尽量给予母乳，因为母乳此时仍是宝宝的最佳食品。

当然，若宝宝表现得非常抗拒奶粉，那么只要宝宝的体重还在增长，就应继续坚持母乳喂养。总之，妈妈要多试一些办法来让宝宝适应。这样，不久宝宝就会适应混合喂养了。

有一些宝宝，由于奶嘴口大方便吸吮，加上奶粉比母乳更甜，因此就喜欢上奶粉而不喜欢母乳了。对此，妈妈最好是尽量给母乳，少给奶粉。之前一直进行混合喂养的宝宝，或许到了本月就逐渐不爱吃奶粉了，这是正常现象。对此，妈妈可试着换个牌子的奶粉喂宝宝，或将奶粉冲稀一点，再或者直接换个小口的奶嘴。多尝试一些办法，宝宝就会适应混合喂养了。

115.母乳仍然是宝宝的最佳选择

我们知道，母乳中含有大脑发育所需的最重要的物质，是其他任何代乳品都不具备的，比如天然的DHA等，它们对婴儿大脑的发育非常重要。此外，母乳还能提供给宝宝免疫因子，这些活性的物质在其他任何配方奶中都不可能找得到，它不但能让宝宝少生病，还能帮助宝宝的大脑发育。而在这个月，母乳依然是宝宝的最佳选择，母乳中提供的营养素仍旧可以满足宝宝的所有需求。

116.如何判断奶水足不足

要判断妈妈奶水是否不充足了，可以参照这些标准：首先是在哺乳的时候，宝宝含住乳头后久久不放，此时若执意拉开，宝宝就会哭个不停；其次是宝宝1天之内吃奶次数达到了10次，但还有饥饿的表现；最后，一段时间之内，宝宝的体重增加比较缓慢，低于了标准范围。如果出现了这些现象，那就表明妈妈的奶水不足了。

一旦发现奶水不足，妈妈千万不要随意地判断原因或者相信一些偏方，而是应该请教医生或者是有经验的婆婆、母亲。多数认为"没有奶"的母亲其实并不是真正的母乳不足，所以应该及时查找原因，排除障碍，并且采取积极有效的催奶办法，仓促或者轻易地放弃母乳喂养是不正确的。此外，乳汁的供应是可以恢复的，但需要经过几个星期才能完全恢复，在这期间，妈妈必须采取"补授法"。

117.不要为了硬加牛奶给宝宝断母乳

一些食量较大的宝宝，这个月可能会出现母乳不足的情况。如果母乳不足，就可以每天加两次奶粉。不过要注意，一定不要无限制地加下去，这会影响宝宝对母乳的吮吸，使母乳量进一步减少。要知道，母乳仍然是这个时期宝宝的最佳食品。添加奶粉时，要一顿一顿地添加，而不要一顿奶又是母乳，又是奶粉的。

或许妈妈还会遇到添加奶粉困难的情况，不过只要宝宝的体重还在增长，就要继续进行母乳喂养，千万不能因为硬要宝宝喝奶粉而断了母乳。

118.牛奶过敏的表现

有时，一些刚喝完牛奶的宝宝会出现哭闹、烦躁、难以安静或蜷曲双腿等牛奶过敏的症状。研究表明，牛奶蛋白中的β-乳球蛋白是引起过敏反应的主要物质。牛奶过敏不但会使宝宝出现肠绞痛样反应，还会引起鼻炎、呕吐、湿疹、腹泻等症，严重时甚至造成宝宝发育不良或出血性腹泻。

通常，牛奶过敏分为牛奶完整蛋白过敏和消化后的牛奶蛋白过敏。若宝宝吃奶后4个小时内出现了上述症状，就是牛奶完整蛋白过敏；若在4~7小时出现上述症状，就是对消化后的牛奶蛋白过敏。

一般来说，出生后就开始用纯母乳喂养的宝宝两岁之前很少会对牛奶过敏，但若发现宝宝牛奶过敏，就要尽量采取母乳喂养。若母乳不足，可改用羊奶或大豆配方奶喂养，并尽早添加辅食。若过敏情况不严重，可采用稀释脱敏的方法，即：先给宝宝饮用极少量的稀释配方牛奶，在一杯温开水中先加1/30的牛奶，饮用后观察数小时，若宝宝无不适症状，则可改加1/20的牛奶、1/15的牛奶，以此类推，直到宝宝接受全牛奶。注意，每次加牛奶的间隔时间要以宝宝能适应为度，不要太快。

119.突然厌奶怎么办

这个月里，一些妈妈会碰到这样的情况：原来总是一鼓作气吃奶的宝宝，竟突然吃吃停停，甚至只吃几口就不吃了。这是怎么回事呢？

其实，对此现象妈妈也不用担心，宝宝厌奶肯定是有原因的，妈妈只要细心观察，找出原因，再有针对性地进行处理就可以了。通常，宝宝厌奶的原因很多。妈妈如果喜欢用肥皂水清洗乳房，清洁后皮肤不但又干又硬且有一股肥皂味，宝宝就会难以接受。这时候，妈妈只要用温开水清洗乳头和乳晕，洗掉肥皂味就可以了。另外，还有些宝宝，好奇心很强，只要周围有些许声音都会停止吃奶，似乎被其他事情吸引住了。不过，这样的宝宝不用太担心，过一会儿他就会自己转回来继续吃奶了。此外，奶嘴的设计不当、奶瓶放置不当也会引起宝宝厌奶。

对妈妈来说，以下方式有助于改善宝宝的厌奶情况：

① 喂奶时要尽量选个安静的环境，避免宝宝因听到声音而转移注意力。

② 要留意奶嘴的设计。若奶嘴口径大小不合适，宝宝无法顺利吮吸就会厌奶，妈妈要及时更换奶嘴。通常，把奶嘴倒过来，若奶水呈滴水状陆续滴出就是合适的。

③ 不要随意更换奶粉。随意换奶粉，宝宝会因不适应而厌奶。妈妈最好循序渐进地换奶粉，每天添加半勺，逐渐增多。

120.本月的宝宝还不需辅食

这个月，宝宝仍然能够从母乳中获得身体所需的营养，每天每千克所需的热量大约为110千卡左右。

这个月宝宝对碳水化合物的吸收消化能力还是比较差的，而对奶的吸收消化能力则较强，对蛋白质、矿物质、脂肪、维生素等营养成分的需求都可从乳类中获得。因此，本月宝宝是不需要添加辅食的。

121.控制热量的摄入

通常，这个月宝宝的体重差异会比较明显，也比较容易产生肥胖儿。当然，对母乳喂养的宝宝来说，这个月的体重通常跟上个月相比没有太大变化，但对人工喂养的宝宝来说，有些宝宝的体重增长则可能比上一个月大很多。

这个月，人工喂养的宝宝在吃奶量上会表现出较大的差异，那些吃得多的宝宝一次就可以吃下200毫升的配方奶，但那些吃得少的宝宝则可能只吃120毫升。因此，如果父母没有有意识地控制食量大宝宝的进食，任其摄入大量热量的话，这些宝宝就很可能成为肥胖儿。当然，如果宝宝在这个时候就出现了肥胖症状，对其以后的喂养和健康都是十分不利的，因此父母一定要控制宝宝的热量摄入，尽量喂养得当。

122.宝宝生病时该如何喂药

出生1~2天后的宝宝就已经会分辨味道了，通常他喜欢甜的东西，对苦、辣、涩等味道很厌恶。因此，给生病的宝宝喂药时，宝宝往往哭闹不止，极度地不配合。有什么办法能让宝宝顺利吃药呢？妈妈们不妨参考以下方法。

❶ 先要消除宝宝的恐惧心理。妈妈可以让宝宝先看着自己吃点药，并且作出好吃的表情，告诉宝宝不用害怕，以此消除宝宝对药物的恐惧感。

❷ 给宝宝喂药时，最好抱着宝宝，采取半卧的位置，以防药物呛入宝宝的气管内。另外，若宝宝不愿意吃药，妈妈可以扶着宝宝的头部，用拇指和食指轻轻捏起宝宝的双颊，让宝宝张开嘴，然后用匙贴着宝宝的嘴角，压住舌面，让药液慢慢从舌头边流进去，直到药液全部流完后再拿出匙。

③ 若宝宝因为药味太苦或太强烈而不愿吃药，妈妈可以采用一些不会影响药效，但可以让宝宝安心吃药的方法，如在药中加一些果汁或糖浆等。不过，注意尽量不要在药中加牛奶，因为牛奶会降低许多药物的药效。

123.如何给宝宝选择背袋

三四个月的宝宝脖子可以挺立了，头也能竖直了，此时可以使用背袋了。在背袋中时，宝宝一直是竖直的，视野比横躺位置时要开阔得多，对其视力和认知力的发展大有好处。那么，宝宝背袋该怎么选呢？

1. 背袋一定要和年龄相符合。月龄过小的宝宝是不适宜用背袋的，因其颈部肌肉尚未发育好，头也不能竖直，用背袋容易发生危险。此外，每个背袋的说明书上都有承受体重范围的说明，月龄过大、体重超限的宝宝也是不能使用的，否则容易出意外。

2. 背袋上一般有很多扣环，父母要注意检查，确定每个扣环和接缝都很牢固。背袋的肩带应该宽一些，长度可随意调整。最好可以选择胸前有环扣、易于打结的背袋，这样可以采用前抱式，更加安全。此外，背袋的脱卸应该比较方便，便于妈妈可以随时背起，随时放下，面罩也应该方便脱卸，便于经常清洗。

3. 由于背袋的表面是直接与宝宝的皮肤接触的，因此一定要选择天然的面料，肩带也要柔软透气，背袋上所有的着力点都要有护垫，要不然宝宝就可能因为过敏或皮肤被摩擦而出现皮肤疾病。

4. 背袋最重要的作用就是帮助妈妈托住宝宝，而不是绑住宝宝。因此在试背的时候一定要先观察宝宝的四肢是否舒展，不能太紧，以免宝宝无法自由活动。

124.生理性腹泻难以避免

腹泻是婴幼儿最常见的消化道综合征，在整个育儿过程中，没有发生过腹泻的宝宝是不多见的。

通常，三四个月的宝宝，正处于母乳不足的时期。这时候，宝宝通常由纯母乳喂养改为母乳和配方奶混合喂养。有些职场妈妈为了重新进入职场，会让宝宝进入半断奶期，而有些妈妈由于外出工作，也不再规律地喂养宝宝了……这些变化，都会给宝宝的胃肠道带来挑战。而胃肠道要适应这些变化，就必然会出现调整过程中的紊乱。在这个过程中，宝宝就容易出现腹泻，不过，这种婴儿在食物改变过程中出现的腹泻，属于正常的生理过程，也就是生理性腹泻。

生理性腹泻不是疾病，它和生理性溢乳、生理性贫血等是一样的概念，是不需要治疗的。通常，母乳喂养的宝宝大便会不成形，一天要大便7~8次，有时候还会发绿，水分较多，但肠道没有致病菌感染，也没有病毒感染等症状，这就属于生理性腹泻。对此，妈妈千万不要乱给宝宝用药，特别是不要服用抗生素。妈妈可以根据宝宝具体的食物改变，采取相应策略应对生理性腹泻，如若是母乳不足，添加配方奶引起的腹泻，则可更换其他品牌的配方奶。

125.宝宝开始夜啼

夜啼在宝宝的各个月龄中都会发生，有些较早的大约出生2~3周后就开始了，不过多数有夜啼习惯的宝宝都是从这个月突然开始的。一旦宝宝开始夜啼，往往就会哭个没完，且面部涨得通红，一开始往往把妈妈吓一跳，认为是生病的表现。

当然，有些夜啼确实是一种不好的习惯，也有些就是某些疾病的信号。如果宝宝某天突然发生夜啼，妈妈就要检查看宝宝有无其他异常症状。若宝宝不发烧，就可知不是中耳炎、淋巴结炎之类的炎症；若宝宝连续不断地哭，就知道不是肠套叠，因为患肠套叠的宝宝哭法与夜啼不一样，一般是每隔5分钟左右哭一阵，且一吃奶就吐。

通常来说，对好哄的宝宝，妈妈只需在他夜啼时把他抱起来轻轻晃两下，或轻轻拍拍、抚摸几下背部，他就可以沉沉睡去；而较难哄的宝宝可能怎么抱着、哄着都不管用，此时妈妈不妨把他放到婴儿车里走几圈，他就能停止哭闹了。面对夜啼的宝宝，妈妈一定要有充分的耐心和信心，相信随着宝宝慢慢长大，这种麻烦就会消失。

有时候，白天宝宝也会"干号"几声，或许是在任性发脾气，但只要大人不理睬，不久他就会自动停止，但宝宝在夜里哭闹时，就不能这样不理不睬了，那样会加重宝宝的消极情绪。用爱抚来缓解宝宝的焦虑和孤独，是对付夜啼唯一有效的办法，爸爸妈妈一定要以充分的耐心和良好的情绪来安抚宝宝。

126.不要在半夜陪宝宝玩

很多妈妈都很关心宝宝的睡眠，都希望宝宝有香甜高质量的睡眠。但总有些宝宝会在晚上惊醒过来，让妈妈担心。造成宝宝夜里醒来的原因多种多样，最重要的应对方法是，妈妈应该在宝宝醒来后，想办法让宝宝再次进入梦乡，以免耽误了宝宝的睡眠时间。

但是，很多时候，面对夜里醒来的宝宝，一些妈妈往往会跟宝宝玩耍起来，之后再哄宝宝睡觉。其实，这是一种非常不可取的做法，因为这样不但会耽误妈妈自己的休息，难以保证第二天的工作状态，还会扰乱孩子的睡眠规律，让宝宝难以养成合理的作息时间。

如果宝宝总容易在半夜醒来，妈妈不妨"对症下药"，根据宝宝的实际情况来调整宝宝的睡眠状况。

❶ 白天过于兴奋。如果宝宝白天玩耍得过于兴奋，那么晚上进入深度睡眠的速度就会很慢，半夜时分孩子可能还没睡熟，就很容易被吵醒。对这样的孩子，妈妈应该在白天有意识地增加他的活动量，让他玩得疲劳一些，并尽量让其入睡前安静下来，以营造良好的睡眠氛围。

❷ 睡前不要给宝宝吃得过饱或过少，那样易导致胃肠不适或饥饿而影响睡眠。

❸ 对半夜易醒来的宝宝，若吃母乳后就能睡着，可适当给宝宝吃些母乳，让其尽快入睡。

127.囟门大就是佝偻病吗

这个月，宝宝的后囟门早已闭合了，前囟门对边的连线大约在1.0~2.5厘米之间不等。如果前囟门对边连线大于3.0厘米，或者小于0.5厘米，那就应该请医生来看看是否有异常情况。通常，前囟门过大可见于脑积水和佝偻病，前囟门过小则可见于狭颅症、小头畸形、石骨症等。

佝偻病是婴儿时期常见的一种全身性疾病，其表现症状之一即是：前囟门特大、闭合延迟。而通常，囟门的检查一般要靠医生，但医生有时候也会忽略一些因素，那就是，有些婴儿的囟门会呈现假性闭合的样子，也就是说从外观上看囟门似乎是闭合了，实际上那只是因为头皮的张力较大，而颅骨缝还没有闭合。因此，在医生误诊婴儿囟门闭合的情况下，一些妈妈一看到自家宝宝囟门较大，就认为是佝偻病而马上开始盲目补钙的行为是应该避免的。

128.给宝宝穿的衣服要确保他活动自如

对这个月的宝宝来说，无论多冷的季节，都不要用手套或者过长的袖口禁锢宝宝的双手活动，也不要用被子把宝宝紧紧地包起来，让宝宝无法活动。要知道，限制宝宝的肢体活动，会阻碍宝宝正常运动能力的发展，而婴儿的运动能力发展跟智力发展是紧密相连的。

此时，如果妈妈是把宝宝放在睡袋里睡觉，一定要选择宽大的睡袋，并且睡觉时不要把睡袋的帽子戴在宝宝的头上，更不要把帽子前面的抽带拉紧，这样会影响宝宝的头部运动。

此外，带宝宝外出的时候，给宝宝准备的衣服也要尽量保证他可以活动自如，最好不要把跟衣服相连的帽子戴在宝宝头上。如果要戴帽子，也最好是单独戴，这样便于宝宝自由活动头部。

129.不要给宝宝蒙纱巾

我们知道，北方地区风沙很大，家里有宝宝的妈妈若要带宝宝外出，一定要尽量避开这样的天气，若一定要带宝宝外出，也最好给宝宝戴一个口罩。这时候，有些妈妈就想，既然可以戴口罩，那是否也可以给宝宝脸上罩一块纱巾呢，这样风沙就不会吹进宝宝眼睛里面了。这个方法看起来很好，其实对宝宝来说却是有害无益的。

首先，尼龙的纱巾很薄，透气性较差，会影响宝宝的呼吸。若宝宝肺活量较小，则很可能会导致宝宝呼吸困难，严重时甚至造成大脑缺氧。

其次，若给宝宝戴上纱巾出游，纱巾会阻挡住阳光中紫外线的照射，这样易让体内维生素D的生成量减少，从而影响宝宝对钙质的吸收，让宝宝的出游成果大打折扣。

再次，罩在宝宝头上的纱巾表面看来是挡住了风沙侵害，实际上它也是大量尘埃和细菌的聚集地。由于纱巾多数是化纤类制品，空气中的脏东西很容易粘在上面，若不经常清洗，反而会成为宝宝呼吸道感染的罪魁祸首。另外，这种材质的纱巾还可能会引起宝宝面部瘙痒和红肿等过敏反应。

最后，许多纱巾并不是白色或无色的，往往带有很多图案，颜色各异，这些图案紧挨着宝宝的眼睛，会影响宝宝的视觉发育。

130.如何防治尿布疹

新生儿皮肤非常娇嫩，若臀部长期处于潮湿环境中，就会出现红色的小疹子、发痒的肿块，皮肤也因此变得粗糙，这其实就是常说的"尿布疹"。

尿布疹的外观表现并不相同，有些宝宝只是长一些红点，有些则会出现肿块，并分散到肚子和大腿上。若妈妈发现宝宝穿尿布的地方看上去发红、肿胀或发热，那就表示他可能出"尿布疹"了。

宝宝患上尿布疹的原因多是由于尿布使用不合理，或护理不当。要预防尿布疹，最好的方法就是保证宝宝的小屁股时刻干爽，日常护理时着重注意以下几点：

① 纸尿裤和尿布的选择。要选择品质好、质量合格、大小合适的纸尿裤或尿布纸，并保证使用方法正确；尿布一定要选柔软、纯棉质地的浅色布料，不要用质地粗糙或深色的尿布。

② 换尿布。更换尿布要及时以便保证宝宝臀部的干爽；换尿布时要注意清洗宝宝的臀部，洗完之后尽量不要用毛巾来回擦拭，而应该用毛巾吸干水分。

③ 清洗尿布。漂洗尿布一定要用热水漂洗干净，可以在第一次漂洗时加入一点儿醋，以消除碱性刺激物。注意不要用含有芳香成分的洗涤剂清洗棉质尿布，更不要使用柔顺剂，这些东西可能引起宝宝皮肤过敏。

131.可以进行日光浴

日光浴就是让太阳光直接照射身体。当宝宝习惯了外面的空气之后，就可以开始让宝宝接受日光浴了。通常，日光浴可以让宝宝的血液循环更通畅，并且增加钙质和维生素D，使骨头、牙齿和肌肉更加结实，此外还可以满足宝宝手脚都想要自由活动的欲望，进一步地增进睡眠和食欲。

其实，从宝宝出生1个月后就可以开始进行日光浴了，不过由于直射阳光的刺激还相当强，因此不能让宝宝突然裸体地长时间照射，而应该循序渐进。通常，在有阳光直射的室内，可以先从脚开始，过4~5天宝宝习惯了之后，到膝盖再照4~5天，之后再到大腿，再来4~5天的间隔，后逐渐到腹部、胸部直到全身日光浴。

通常，局部的日光浴大约要经过1个月后才可以接着进行每天30分钟左右的全身照射。夏天紫外线较强，就算在室内散射的光线也很充足，就没有必要再做日光浴。而在太阳较少的冬天，则要注意保持日光浴。

132.仍不需要训练尿便

这个月，训练宝宝的尿便还是太早了。不过，对那些喜欢让妈妈把尿的宝宝，也可以把一把。如果宝宝不喜欢，一把就打挺，或者越把越不尿，放下就尿，而妈妈却非要把他不可，就容易伤害宝宝的自尊心，影响以后适当月龄的尿便训练。

与此同时，这个月有些宝宝的大便次数是每天1~2次，妈妈可以根据这个时间每天把一把。不过要注意，千万不要长时间地把宝宝大便，以免宝宝的肛门一直处于用力状态，增加脱肛的危险。

此时，如果妈妈听说别人家的宝宝已经能够把尿便了，或者已经很少洗尿布了，再或者已经很能节省一次性尿布了等，都不要着急，也不要相互比较，那是没有实际意义的。

133.警惕洗澡的意外

本月的宝宝，洗澡时不再是可以随意摆布的"小人儿"了，开始淘气，并有了自己的兴趣和要求。例如，他会兴奋地用小手拨水玩，或者对妈妈的强制要求表示反对等。这个月的宝宝，皮肤变得滑溜溜的，不像以前那样好抱了，一不留神就会从妈妈手里滑出去，掉到洗澡盆里或磕到盆沿上，造成摔伤。尤其是给宝宝打婴儿肥皂和浴液的时候，宝宝全身更滑了，很容易就滑下来，妈妈要格外注意。此外，这个月宝宝洗澡用的小盆或许要换成大一点的盆了，而大盆较大，水可能洗着洗着就凉了，妈妈要及时往盆里加热水，以免宝宝着凉。加热水时切忌不要直接加进去，以免烫伤宝宝，最好可以先把宝宝抱出来，加完热水后再把宝宝放进去。

洗完澡后，妈妈要马上把澡盆或浴缸中的水全部放掉，不能让宝宝单独留在澡盆中。此外，带宝宝外出游泳或到有水池的地方玩耍时，也切忌不要让宝宝靠近水边，一定要有大人在旁边看护，以免发生意外。

134.疫苗接种时宝宝病了怎么办

如果宝宝到了预防接种的时间，正好患病了怎么办呢？

一般情况下，如果宝宝仅仅是轻微的感冒，且体温正常，就不需要服用药物，尤其是抗生素，可以按时接种，且接种后1~2周不能吃抗生素类药物。但如果必须使用，则要向预防接种的医生说明，看是否还需要补种。另外，如果是发热或者是感冒的情况较严重，必须得使用药物，那就可以暂缓接种，把时间向后推迟，直到病情稳定为止。如果这个过程中服用了抗生素，则要在停止使用后1周才能接种。

135.某种疫苗推迟了，以后接种都要顺延吗

如果向后推迟了某种疫苗接种，则以后的接种可以顺延着向后推迟，不过只需要向后推迟那个被推迟的疫苗，其他的疫苗还是可以继续按照接种的时间进行正常接种的。此外，如果刚好和某种疫苗碰到了一起，那么是否可以同时接种，预防接种的医生通常会根据相碰的疫苗的种类，来判断是否可以同时接种，还是间隔一段时间再接种。具体间隔多长时间，先接种哪一种，也要由预防接种的医生根据具体的情况来决定。

136.药物会影响预防接种效果吗

通常，从原则上来讲，药物对预防接种的效果是有影响的，预防接种时期所有的药物都不应该使用，因为都可能或多或少地产生影响。不过，在所有的药物中，抗生素对预防接种疫苗的影响是最大的。此外，如果是口服疫苗，那么微生态制剂对接种疫苗的影响也不小。还需要注意的是，在给宝宝接种疫苗的前后2周内，最好不要给宝宝使用任何药物。

还有一些情况需要注意，如果刚接种完疫苗就生病了，可能会降低疫苗的效果，但不会因此丧失免疫效果，因此是不需要补种的。另外，若刚接种完疫苗就吃药了，也会对效果有一定影响，但也不需要补种。

137.接种疫苗后发热正常吗

如果宝宝在接种疫苗之后发热了，那么首先要弄清楚是不是疾病引起的发热。疾病可能是接种之前就感染上的，也可能是接种之后才感染上的。如果确实是疾病所致，检查则可见阳性体征，如咽部充血、扁桃体增大充血化脓、咳嗽、流涕等症。此外，疫苗所致的发热没有任何的症状和体征，如果宝宝既有疫苗的反应，同时也有感冒发热，症状就往往比较严重，体温也比较高。通常，接种后多长时间发热，跟接种的疫苗种类有关，且这种疫苗接种后出现的发热一般不需要治疗，就会自行消退了。

138.四季的护理要点

三四个月大的宝宝头部已能够挺直了，赶上风和日丽的天气，妈妈就可以带着宝宝多到户外感受大自然。春天气温适宜，妈妈可以每天上、下午带宝宝各活动1个小时左右，出去时最好把宝宝抱起来，让他多看看四周的环境。若太阳较强烈，可给宝宝戴上一顶有檐的小布帽，以遮挡阳光的照射。春季较容易过敏，对母乳喂养的宝宝来说，妈妈要注意少吃海鲜、辛辣等可能引起过敏的食物。此外，春季气候不太稳定，妈妈要注意及时给宝宝增减衣物。

夏天宝宝睡觉时若不肯盖被子、不老实，妈妈可把小薄毛巾被搭在宝宝的肚子上，避免肚子着凉。清早时分可以带宝宝外出兜风，在室内时要预防宝宝患上空调病。

秋天就算天气转凉，也要坚持每天1~2个小时的户外运动，以增强宝宝的耐寒能力和呼吸道抵抗病毒侵袭的能力，为宝宝安然过冬作准备。另外，天气转凉之时不要急着给宝宝添衣服，这样容易增加宝宝冬季呼吸道感染的概率。秋季还要注意防止小儿腹泻，最好能以母乳喂养，并注意饮食卫生，防止病从口入。

冬天，宝宝睡觉时也不宜盖太厚，否则会降低宝宝对环境的适应力和对疾病的抵抗力。另外，不要因天气冷就把宝宝闷在家里，这样不利于宝宝增强抵抗力。但在带宝宝出去时，要特别保护好手脚，以免冻伤。还要注意的是，宝宝穿的袜子口不要太紧，以免影响腿部的血液循环而出现冻伤。

喂养变得复杂起来

139.营养需求

4个月之后，宝宝的消化器官发育逐渐完善，此时宝宝的活动量增加，消耗的热量也增多，因此此时宝宝的喂养比4个月前更为复杂。这时候宝宝的体重已增至出生时的2倍。此时的宝宝可通过咀嚼食物来训练咀嚼能力，单是否要添加辅食，要根据每个宝宝的不同区别对待 。

添加辅助食品，不但可以为婴儿的生长发育补充各种必需营养素，还能减少婴儿对母乳的依恋，为断奶作准备。因此，不论是母乳喂养、混合喂养还是人工喂养，都可适当地添加一些辅助食品。辅助食品要根据婴儿的消化情况来定，可从少到多，由细到粗，由稀到稠，由一种到多种。每添加一种新的食品，都要注意婴儿的消化反应，一旦出现腹泻等不良症状，要立即停止添加。等宝宝身体恢复正常后，再从小量开始添加。此时宝宝的胃肠适应能力逐渐增强，神经系统和肌肉控制等发育都已比较成熟，已出现正常的吞咽动作了；而宝宝唾液腺的发育也逐渐完善，随着唾液分泌的增加，唾液淀粉酶的活性也会增强，能较好地消化淀粉类的食物了。为满足宝宝生长发育的需要，妈妈此时可给宝宝添加一些稀粥、米糊等淀粉食物，并慢慢培养宝宝吃半流质食物的习惯。

140.发育指标

到了这个月，宝宝变得越发可爱，五官"长开"了，脸色变得红润光滑，开始显现出活泼、可爱的体态，此外宝宝的各种能力也大幅度提高，还经常会出现一些让妈妈惊喜的"新本领"。

男宝宝本月身高值范围是58.3~69.1厘米，女宝宝身高值范围是56.9~67.1厘米。这个月宝宝平均可长高2厘米。不过，宝宝身高的个体差异受到多方面影响，并会随着年龄的增大而逐渐变得明显。一般来讲，3岁以前宝宝身高更多受种族、性别影响，3岁以后则更多地受遗传因素的影响。

本月宝宝的体重增长速度开始下降。4个月以前，宝宝每月平均体重会增加0.9~1.25千克；从第4个月开始，宝宝平均每月的体重增加0.45~0.75千克。满4个月男宝宝的体重是6.3~8.5千克，女宝宝的体重是5.8~7.5千克。

从本月开始，宝宝头围增长速度也开始放慢，平均每月可增长1厘米。男宝宝头围是40.6~45.4厘米，平均43厘米；女宝宝头围是39.7~44.5厘米，平均42.1厘米。此外，本月宝宝的囟门可能会有所减小，也可能没什么变化。

141.母乳喂养

4~5个月的宝宝只要吃母乳吃得很好，体重增加正常，平均每天能增加15~20克，就可以继续母乳喂养。

母乳充足的话，本月添加辅食的主要目的就是刺激宝宝的味觉反应，让宝宝逐渐建立起吃母乳外其他食物的习惯，为半断乳和出牙吃固体食物作准备，同时促使宝宝咀嚼肌的发育，锻炼吞咽能力。

若本月母乳越来越少，宝宝常常因饥饿而啼哭，就可以先加一次配方奶；若宝宝10天内体重只增加了大约100克，那就要加两次配方奶。若宝宝每天需要添加的奶量都在150毫升，就要继续添加下去；若每天的添加量都不到150毫升，那就说明母乳还能供给宝宝每日所需热量，不必急于每天定时给宝宝加配方奶。

在给以前只吃母乳的宝宝第一次添加配方奶时，要记得调配得比奶粉瓶上标明的比例稍稀一些，且不要在牛奶里放糖，也不要在吃完母乳后接着就加配方奶，而要在母乳下奶不好时单独加一次配方奶。若宝宝吃得很好，一周后就可增大配方奶的浓度。

本月，如果母乳下奶不好，宝宝发脾气，就会用牙咬妈妈的乳头。因此，当宝宝根本不吃代替母乳的配方奶时，可适当添加辅助食品，以减少他咬乳头的机会。

142.人工喂养

人工喂养的宝宝本月的吃奶量不会有太大的变化，妈妈不要想当然地认为宝宝长大了，所需的能量和营养都增加了，所以给他喝更多的牛奶。实际上，宝宝成长和运动所消耗的能量是可以通过糖分或其他营养物质来补充的。

通常，食量较小的宝宝这个月吃得仍然较少，每天最多也就能吃600~800毫升，只要他运动正常、夜里睡眠很好、精神愉快，就证明发育良好，就算体重平均每天只增加15克，对他的成长也没有任何妨碍。妈妈不能强迫着宝宝每天非得吃够1000毫升，否则会引起宝宝厌食、消化不良，更不要因为宝宝吃得少就担心他缺锌、缺钙等而大补特补。宝宝需要多少能量、饱了与否，他自己是很清楚的，妈妈只要顺其自然就好了。

143.混合喂养

混合喂养的宝宝，若本月出现了厌食牛奶的现象，可以多给宝宝添加必要的辅助食品。通常，喝配方奶的宝宝大便比吃母乳的宝宝大便更加干燥，也更容易便秘，但并不是说喝配方奶会让宝宝"上火"。之所以喝配方奶的宝宝大便次数较少而且干燥，是因为配方奶尤其是非配方奶中蛋白质的含量比母乳要高1倍左右，磷的含量也比母乳高数倍，而过多的蛋白质和磷就会使肠道的pH偏高呈碱性，由此导致宝宝大便比较干结。这其实是一种正常现象，妈妈不用太过担心，对大便干结明显的宝宝，可以在两顿奶间加喂一次白开水，以起到辅助消化的作用。

144.根据实际情况决定是否添加辅食

具体到喂养宝宝的问题上，世界卫生组织曾经建议，6个月之前的宝宝最好采用纯母乳喂养，且母乳喂养的时间可以持续到宝宝两岁以上。对于辅食添加，世卫组织的建议是从宝宝6个月开始。

其实，关于这个问题，美国儿科医师学会曾经在2005年专门修改了母乳喂养指南，将添加辅食的时间从原来的4个月更改为6个月。由此可看出，辅食添加绝不是什么"宜早不宜晚"的，而6个月开始添加辅食，也绝不是要机械地按照时间来添加，而是要根据宝宝的实际情况，看宝宝是否已经准备好了。

通常，妈妈们都认为妈妈的母乳足够满足6个月以内孩子的所有营养需要了，而且，多数宝宝在出生6个月之后也开始接受辅食。但实际上，就算你的宝宝已经6个月了还未添加辅食，也并不意味着宝宝出问题了，辅食一定要根据宝宝的具体情况来添加，不用严格参照别人的标准。

其实，现在许多发达国家在宣传提倡母乳喂养时，都会严格遵照这条指南，而在我国卫生部门制定的母婴健康基本知识与技能上面也明确地写出：纯母乳喂养应该是6个月。

145.为宝宝添加辅食的原则

给宝宝添加辅食时，要遵守以下原则：

① 跟宝宝月龄相适应。添加辅食，是帮宝宝进行食物品种转移的过程，让宝宝的主食从乳类慢慢过渡到以谷类为主的过程。因此，一定要按宝宝月龄的大小和实际需求来添加。

② 吸收难易有序。辅食添加要从最易被宝宝吸收、接受的食物开始，添加一种辅食后，观察几天，若有不适症状马上停止，几天后再试。若宝宝一开始就拒吃辅食，也不要勉强，可等几天再给宝宝吃，让其慢慢适应。

③ 循序渐进。辅食添加一定要从少到多，从稀到稠，从细到粗，从软到硬，跟宝宝的消化、吞咽、咀嚼能力相适应。

④ 患病期间不添加。宝宝患某些疾病时，最好不要添加新的辅食，以免宝宝消化不了，增加身体的负担。

⑤ 出现不良反应要停止添加。添加辅食后，一旦宝宝出现腹泻或便里有较多黏液的现象，要立即暂停添加，等宝宝恢复正常后再重新添加，数量和种类都要比原来少，之后再逐渐增加。

⑥ 不要强求宝宝。如果宝宝不想吃某种辅食，妈妈千万不要强迫宝宝进食，而是要遵从宝宝的个性，给宝宝营造一个快乐和谐的进食环境。

⑦ 灵活掌握。妈妈给宝宝添加辅食时，添加的品种和数量都不要过分拘泥于书本，而应根据宝宝的自身情况及时添加或删减某种食品，保证宝宝的健康成长。

146.辅食添加的顺序

给宝宝添加辅食也是有一定顺序的，若妈妈不懂而乱添加，不但自己会手忙脚乱，还会影响宝宝的身体健康。

从种类上来讲：要按照"谷类—蔬菜—水果—动物"的顺序来添加。先要给宝宝添加谷类食物并适当地加入含铁的营养素，其次要添加蔬菜汁或者蔬菜泥，然后是水果汁或水果泥，最后才添加动物性的食物，如肉泥、蛋泥等。

宝宝生长发育需要大量蛋白质，此时妈妈要注意给宝宝添加动物性的食物。动物性食物的添加顺序为：蛋黄泥、鱼肉泥、全蛋（如蒸蛋羹）、肉末，虽说蛋黄里含有铁质，妈妈还是要给宝宝添加适量米粉来补充铁质，此外，不要给6个月前的宝宝添加肉类辅食。

从数量来讲：应按照由少到多的顺序，一开始少量喂给宝宝并细心观察是否有不良反应，若无异常，就可以逐渐增加辅食的量。

从质地来讲：应按照流质（如米汤、菜汁、果汁等）—半流质（如米糊、菜泥、肉泥、鱼泥、蛋黄泥等）—固体（如软饭、烂面条等）的顺序。

从时间来讲：建议宝宝6个月开始添加半流质食物，7~9个月时可由半流质食物逐渐过渡到可咀嚼的软固体食物，10~12个月时，多数宝宝可逐渐转为以固体食物为主的辅食。

147.给宝宝加配方奶要慎重

这个月，母乳渐渐不足了，此时可以先给宝宝添加一次配方奶，不过，添加配方奶也是要慎重的。通常，添加配方奶后，若宝宝每天都需要添加150毫升以上，那就可以继续添加，但若添加配方奶量一天还不到150毫升，就说明母乳还能够提供宝宝所需的热量，也就不需要按时添加配方奶了。有些妈妈为了以后能让宝宝喝配方奶，就先添加配方奶的做法是没有必要的。

不过，这个月的宝宝仍有可能厌恶配方奶，若妈妈不喜欢配方奶的味道，宝宝就会更加不喜欢。此时逼着宝宝喝配方奶是不对的，会影响宝宝进食的愿望，进而更加厌恶配方奶。

148.尽量不用半成品辅食

这个月，若母乳不足，宝宝又不爱吃配方奶，那就只能给宝宝添加辅食了。通常，一天可以先给宝宝添加20~30克的米粉，观察宝宝的大便情况，若拉稀就要减量或者停掉，或者换成米汤。目前，市场上有很多婴儿吃的半成品辅食。不过，给4~5个月大的宝宝添加半成品辅食并不是最好的选择，最好的其实是妈妈自己制作的辅食。不过，如果妈妈实在没有时间，那就等到下个月或者宝宝半岁之后再给他添加这些半成品辅食。这个月龄的宝宝还是要用奶来喂养，这是相对安全的，如果添加辅食不当，就很可能导致宝宝腹泻，也达不到提供营养的目的，是很不值得的。

149.夏季不为宝宝加辅食

有些妈妈面对一个问题很为难：宝宝到了断奶的月龄，但是却正逢夏天，酷热难当，能不能给宝宝断奶呢？其实，断奶是一个缓慢的适应过程，不能仓促行事，一定要有计划地进行。专家指出，给宝宝断奶尽量要避开夏季，最好选春、秋两季。

这是因为，夏天气温高，湿度大，病菌繁殖迅速，宝宝很容易患上肠道传染病，如痢疾、伤寒等。而母乳中含有大量的抗体，可以大大增强宝宝的抵抗力，减少宝宝患肠道传染病的概率。此外，夏季宝宝易感冒发烧，严重时还会出现抽风现象，但母乳喂养的宝宝就很少出现这种情况。

还有一点，炎炎夏日，正常成人可通过神经系统来调节皮肤，让身体多出汗来适应天气。但婴儿的神经系统调节功能还未完善，很容易发生暑热伤身情况，出现脱水症及中暑等现象。此时，神奇的母乳能够增强宝宝神经系统的调节功能，减少病症发生。

当然，夏天人们的味蕾敏感程度也会减弱，常常会食而无味，此时宝宝也会出现食欲减退现象。若在此时断奶，给宝宝添加辅食，宝宝可能很难接受，而夏季清淡的饮食也不能满足宝宝生长发育的需要。所以，给宝宝断奶添加辅食，夏天是不适合的。

150.注意餐具的卫生

开始给宝宝添加辅食后，妈妈可以给宝宝准备一套属于他自己的餐具，并注意做好餐具的清洁工作。

跟大人相比，宝宝更易感染肠道类疾病，若餐具的材质决定其无法进行高温消毒，那么附着在餐具上的油垢就无法及时去除，会衍生出大量病菌。因此，为了保证婴儿的餐具卫生，妈妈尽量不要选择那些不易清洁的婴儿餐具。

妈妈要记得，每次宝宝吃完东西后，所有的餐具都要及时清洗消毒，不能搁置太久，以免细菌滋生。清洗餐具时最好逐个地清洗，而不要泡在一起或者和大人刚吃过饭的餐具一起洗。

清洁餐具时，可用一些温和的洗涤剂或婴儿专用洗涤剂洗，洗净后用清水冲洗掉洗涤剂，并确保餐具上没有残余的洗涤剂，以免残留物损害宝宝健康。清洁完毕后，再用热水冲一下，不必用抹布擦干，因为抹布也是细菌传播的一条途径。

洗净晾干的餐具要放在严密的储物柜里，以防蟑螂、蚊蝇叮咬。所有的餐具都要定期消毒，可以使用家庭消毒柜，或直接放在锅里进行蒸汽消毒，或用微波炉进行微波消毒等。用微波炉消毒时，尽量不要把空餐具放在里面空烧，那样餐具容易变形。可以在餐具里加点水，或是在清洗干净后不用抹布擦掉水，直接放进微波炉加热消毒即可。

151.出现呛奶窒息怎么办

新生儿及婴幼儿的神经系统发育还不完善，很容易出现会厌不能充分闭合盖住气管的情况，呛奶就是这种情况的主要表现。通常，婴儿在吐奶时，当会厌运动失灵，奶汁就会误入气管，这就形成了"呛奶"。这时，由于婴儿自己无法把呛入呼吸道的奶咳出来，就会发生呼吸道堵塞而出现呼吸困难，也就是"呛奶窒息"。呛奶窒息的婴儿常见症状是脸色青紫、全身抽动、吐出奶液或泡沫等。

生活中，若宝宝发生了呛奶窒息，妈妈可用以下方法来缓解：

❶ **体位引流**：让宝宝俯卧在妈妈或抢救者的腿上，上身前倾45°~60°，这样有利于将气管内的奶引流出来。

❷ **清除口咽异物**：妈妈可以打开自己的自动吸乳器，把软管插到宝宝的口腔咽部，将溢出的奶汁和呕吐物吸出来；若没有吸乳器，妈妈则可以将缠纱布的手指伸入宝宝口腔，直至咽部，将溢出的奶汁吸出。

❸ **辅助呼气**：若孩子的情况比较严重，妈妈应该将双手拢在宝宝的上腹部，冲击性向上挤压，促使腹压增高，让呛进气管的奶喷出来；当手放松时，宝宝可回吸部分氧气，这样反复进行数次直至宝宝呼吸正常即可。

152.正确判断宝宝睡觉出汗的原因

这个月，有些宝宝睡觉时，特别是在深度睡眠的时候，出汗很多，妈妈对此表示疑惑和担忧，但实际上，宝宝睡觉出汗是很常见的。

这个时期，由于宝宝白天活动量大，新陈代谢旺盛，神经系统也处于很高的兴奋状态。一旦他们晚上入睡很晚，由于神经系统的功能还不完善，旺盛的新陈代谢和兴奋的神经还不能降下来，于是，大量的热能就以出汗的方式在短时间内释放了出来，导致宝宝晚上睡觉出很多汗。

另外，宝宝体温调节机制也还不完善，天气炎热、室温过高、穿衣服过多或者被子盖得太厚等原因，也会导致宝宝出汗较多。

但是，如果宝宝出汗过多，则可能意味着什么地方出问题了。缺钙就是宝宝睡觉出汗的一个原因。如果是缺钙导致的宝宝汗多，他同时还会出现睡觉不踏实的现象。另外，先天性心脏病也会导致出汗较多，妈妈要特别注意。

在正确判断宝宝出汗多的基础上，妈妈要及时做好宝宝的护理工作，以免让宝宝因出汗多而受到某些伤害。

153.哭闹表示有了更多的欲求

到了这个月，宝宝间的个体差异更加明显了。那些爱哭的宝宝可能更加爱哭了，因为他懂得更多了，喜、怒、哀、乐都会有所表示，且感觉也更加灵敏了，一不高兴就会大哭，而一高兴就会大笑。与此同时，不爱哭的宝宝可能仍然很乖，会玩耍的宝宝则不再那么闹人了。

这个时期，宝宝用哭来表达消极意思的时刻少了，相反却会有意地闹人了。如果妈妈不让他拿什么，他就会用哭来抗议；一下子看不到妈妈了，他也会哭起来；醒了没人跟他玩耍，更会哭个不停。此时宝宝的哭声有了更多的意义，妈妈不要还是把宝宝的哭声仅仅当作他饿了、渴了、尿了、拉了的信号。如果妈妈不理解宝宝此时更有欲求的哭，总是忽略宝宝的哭，不愿意陪宝宝多玩耍，也不愿意多抱宝宝等，就会让宝宝变得烦躁不安和孤僻，长大了交往能力就会比较差。妈妈最好和宝宝多做亲子游戏，以促进宝宝身心的健康发展。

154.有些玩具要淘汰了

玩具是宝宝成长过程中不可缺少的伴侣，它可以帮助宝宝丰富对世界的认知、提高动手能力和其他各方面能力，促使宝宝不断进步。不过，妈妈在给宝宝玩玩具的时候，也要按照孩子发育的不同年龄来选择合适的玩具，不合适的玩具就可以扔掉了。要不然，给宝宝玩的玩具跟宝宝的月龄不相配，就无法起到开发智力的作用。

通常，妈妈在给孩子玩具的时候，要坚持与时俱进的原则，根据孩子每一阶段的能力特色来选择合适的，如在宝宝刚出生两个月内，各方面发育还不是很成熟，且只对红色敏感，妈妈就可以给宝宝选择一些大红的气球挂在床头，或贴一些红色的花朵在墙上；在宝宝3~5个月时，其大动作能力和精细动作能力有了一定程度的发展，且对声音有了一定的敏感性，妈妈可以为宝宝选择一些摇铃或其他带响的小玩具，让其握在手里玩耍；随着年龄的增长，宝宝会在每一阶段表现出不同的特性，妈妈一定要根据这些特点，为宝宝选择合适的玩具并且适时地淘汰一些过时的玩具。

155.避免宝宝吞入异物

这个月，宝宝很喜欢把抓在手里的东西放进嘴里，几乎所有他能抓到、捡到的小东西他都会放进嘴里，如不小心掉落在地的花生米、瓜子、纽扣、硬币、玩具零件或塑料袋等，或是宝宝的玩具、小物品等。这些或者有意或者无意掉落的小零件，很容易被宝宝直接吞进口中，造成危害。因此，妈妈一定要尽可能地看护好宝宝，避免宝宝误吞食了这些东西。

当然，如果宝宝真的误食了异物，妈妈也不要惊慌，而要镇定下来想办法应对。通常来讲，一旦发现宝宝误食了异物，妈妈可以先用一只手捏住宝宝的腰部，另一只手伸进他嘴里把东西掏出来。若宝宝已经将异物吞了进去，妈妈可以刺激宝宝的咽部，促使他尽快吐出来。如果在这个时候宝宝出现了呼吸困难，妈妈就要赶紧带宝宝去看医生，尽快取出气管内的异物，以免发生危险。

156.如何为宝宝挑选衣服

这个时期，婴儿身体调节体温的功能还未完善，妈妈应该随时根据天气变化给宝宝换上合适的衣服。夏天天气炎热的时候，给宝宝穿个背心再裹个尿布就可以了。冬天天冷的时候，则可以给宝宝穿一件背心，一套紧身睡衣和一件薄的开襟羊毛衫。如果气温突然有了变化，或者准备带宝宝出门，则最好作好给宝宝加减衣服的准备。

判断宝宝是否该加减衣服，妈妈可以用手摸摸宝宝的后颈，如果后颈很凉，就是需要加衣服了。不过，如果是宝宝的手脚温度比其他部位要低，妈妈不用担心，这是比较正常的现象。而想要检查宝宝是否感觉太热了，可以摸摸他的肚子或者胸脯，如果这些部位温度较高，就要给宝宝脱去一件衣服。

平常生活中，妈妈最好给宝宝选择一些柔软、有弹性、可机洗的纤维类衣服，当然棉质的最合适。选购衣服的时候，也要以穿脱方便为主，以方便宝宝穿脱更换。

157.让宝宝远离宠物

如今，很多家庭喜欢养宠物，小猫、小狗之类的小宠物很招大人喜欢，也很招孩子喜欢。但是，妈妈应该知道的是，宠物也会给家里的宝宝带来危险。

一般情况下，由于宠物身上携带有一些病毒、寄生虫等，很容易使那些自身防护能力差、抵抗力弱的宝宝受到感染而生病。此外，有时候宠物还会无意地伤害到宝宝，例如咬伤、抓伤宝宝等，这样就更危险了。考虑到这些，有宝宝的家庭还是尽量不要养宠物，如果原来有宠物，可以先把宠物放在别人家一段时间，等宝宝长大些，身体抵抗力足够强了，再带回来。还需要注意的是，除了家中的宠物，带宝宝外出时，也要避免宝宝接触宠物，以免发生危险。

158.提高宝宝的抗寒能力

冬天，宝宝很容易因日夜温差较大受凉而患上感冒，那么，怎样增强宝宝的抗寒能力，提高宝宝的免疫力呢？

下面这些生活小方法，父母们不妨试一下。

1.干布摩擦锻炼：每天早起后，先用毛巾在宝宝的胸、腹、腰、背、四肢向着心脏的方向转圈摩擦10多次，以增进宝宝身体的血液循环并增强宝宝皮肤对外界环境冷热的适应能力。注意，毛巾或干布要质地柔软，以免擦伤宝宝。

2.冷锻炼：给宝宝一些冷刺激可促进宝宝新陈代谢，增强心肺的活动功能，从而供给身体热量。通常，冬天是冷锻炼的最佳时机，父母可以采用三种方法给宝宝进行冷锻炼。

首先，是冷空气浴。在天气暖和的日子里，给宝宝少穿衣服，去室外接受冷空气的刺激。此时，气温与体温的差别越大，刺激就越强，对身体的影响就越明显。一般每天进行1次，每次3分钟，逐渐适应后可适当延长时间。其次，给宝宝用冷水擦身体。用冷水给宝宝洗手、洗脸，适应后再用冷水给宝宝擦洗上肢和颈部，逐渐扩展到全身。

159.湿疹不退怎么办

婴儿期的宝宝，湿疹多见于1~5个月内，且多出现在头部和面部。多数之前有湿疹的宝宝到了快5个月时，湿疹症状都会减轻并完全自愈，但仍有些宝宝的湿疹还较为顽固。

到这个月湿疹仍然不退的宝宝多为渗出体质，也称泥膏型体质，通常较胖、皮肤细白薄、较爱出汗、头发稀黄，喉咙里还总发出呼噜呼噜的痰音。这样的宝宝一旦感冒，就很可能合并喘息性气管炎，且非常容易过敏。平日常吃的鱼、虾、鸡蛋会招致过敏、发生湿疹，穿用的化纤衣被、肥皂、玩具、护肤品及外界的紫外线等都可能使湿疹长期不愈。有些宝宝治疗后，看着痊愈了，但若不祛除诱因，很可能会复发。

对这类宝宝，若是母乳喂养，妈妈就要少吃鱼虾等易过敏的食物及辛辣刺激的食物，多吃水果蔬菜；若是人工喂养，就要及早添加辅食，把牛奶量减下来，并尽量给予配方奶而不要吃鲜牛奶，同时注意补充维生素。此时暂时不要添加蛋黄，尽量等8个月后再添加，若蛋黄不耐受就要坚决停掉。另外，1岁之前都不要给宝宝喝黄豆浆，否则会加重湿疹或使湿疹复发。

为尽早治愈湿疹及提防湿疹的反复发作，妈妈要加强患湿疹宝宝的皮肤护理。洗脸时要用温水，不用刺激性大的肥皂。选用外用涂膏时，一定要遵医嘱使用止痒、不含激素的药膏。如果湿疹严重、发生合并感染时，就要及时就诊。

160.晚上尽量不给宝宝换尿布

这个月，晚上睡觉时，一些宝宝睡得非常安稳，一晚上都不用换尿布，也不吃奶，这样妈妈和宝宝都能得到较好的休息。这种情况下，妈妈完全没有必要半夜故意把宝宝弄醒给宝宝换尿布、把尿或者喂奶，以免打扰了宝宝的睡眠。不过，若宝宝因为没有及时换尿布而导致臀部潮湿引发了臀部糜烂，甚至出现了尿布疹，妈妈就要在夜里给宝宝换一次尿布了。如果一给宝宝换尿布他就哭闹不止，无法再次入睡，妈妈就尽量不给宝宝换，而选择在睡觉之前在宝宝的臀部涂抹些防止臀部糜烂的软膏，防止臀部糜烂加重。

本月开始添加一些辅食的宝宝，大便会有些许的变化，或许会呈现墨绿色或黄褐色，甚至还会带着奶瓣、次数增多、发稀等。这些都是正常的状态，妈妈不用担心，若宝宝出现了少许的便秘，妈妈则可以给宝宝添加较多的胡萝卜泥、菜泥等，以改善便秘现状。

161.警惕可能发生的危险

这个月，宝宝最可能发生的事故还是从床上掉下来。随着宝宝学会翻身及脚蹬被子的力气增强，一不留神他就会从床上掉到地上。要防止这种情况，妈妈最好在地上铺睡毯或地毯。

此外，不要把任何金属器具如暖水瓶、电熨斗等，及任何有危险的物品如剪刀、水果刀等放到宝宝的旁边，以免宝宝乱抓乱碰被伤到；也不要在宝宝身边放任何能塞到嘴里的小物件，以免宝宝误吞而卡住喉咙，尤其是婴儿玩具上的小零件。

如果放在枕边上的塑料袋被风吹到了宝宝的脸上，4个月大的宝宝就会哭叫着提示大人注意了，但还不能自己把它推开。若此时身边没有大人，就很可能发生窒息危险。

夏天若点蚊香，一定要将其放在离宝宝较远的地方。较常见的事故是，为防止宝宝被蚊虫咬，妈妈在宝宝睡觉的时候，把点着的蚊香放在了宝宝的小床或凉席旁边。这样宝宝一翻身，手就会碰到蚊香被烫伤。

4个月的宝宝，脖子已经可以完全挺立了，妈妈可以用婴儿车带宝宝外出了。平常，要注意养成严格检查婴儿车的习惯，以防半路上车轴断了摔伤宝宝。虽说这个月宝宝由于俯卧而出现窒息的情况极少见，但妈妈也要注意，尽量避免让宝宝采取俯卧姿势睡觉。

162.四季的护理要点

春天可以多带宝宝外出活动，但外出活动要注意不要让宝宝挨雨淋，以免感冒。此外，户外充足的阳光会让宝宝体内产生较多的骨化醇，促使钙向骨转移，造成血钙水平短时的降低，宝宝因此会出现睡眠不安、易受惊甚至手足抽搐等低血钙症状。这时，妈妈只要给宝宝补充一定量的钙剂，如每日补10毫升的葡萄糖酸钙，连服5~7天就可缓解了。

夏天宝宝的食欲可能会减退，可试着把牛奶放凉一点再给宝宝吃，若宝宝吃得很好，就照此坚持下去；若宝宝出现了肠胃不适症状，就要调整回去。还可给食欲不振的宝宝多喂些温开水和果汁，刺激食欲增长。夏季宝宝睡觉时尽量不开空调，也不要让电风扇直接对着宝宝吹，最好可以采用摇风扇，让宝宝接受自然风。

秋季当天气转凉后，给宝宝的辅食可以一次做够1天的量。秋季是腹泻的高发季节，妈妈还是要注意防止宝宝受凉，特别要防止疲劳后着凉，因为疲劳会使身体免疫力下降。发生腹泻的宝宝若有食欲，要继续喂养，母乳喂养的宝宝仍喂母乳，人工喂养的宝宝，则应给予去乳糖的奶粉，或1/2稀释奶。

多数妈妈在冬季都喜欢抱着宝宝在阳台上晒太阳，不过由于玻璃的阻挡，宝宝很难接受紫外线的照射而摄入足量的维生素D。所以，还是应该适当给宝宝补充维生素D，每天400国际单位即可。冬季室内温度以18~22℃为宜，湿度则最好控制在45%~55%。此外，在室内时，不要给宝宝穿太多衣服。

训练宝宝的吞咽能力

163.营养需求

5~6个月大的宝宝，身体迅速成长，需要的营养也越来越多。为了孩子的健康，妈妈要尽量坚持母乳喂养到6个月。若条件不允许，则可以给宝宝添加辅食，每天母乳喂养3次，添加辅食两次。

虽说宝宝已开始添加辅食，但绝不能忽视奶类的摄入。此时宝宝的身体生长迅速，要格外注意补充钙质，避免因缺钙而影响骨骼发育。此外，因为奶中含有丰富的钙，若宝宝每天都可以摄入足够的奶，就不用担心缺钙了。6个月之后的宝宝对铁的需求量相对较多，因为新生儿从母体获得的铁通常只能保证宝宝4~6个月的使用，因此妈妈要注意给6个月后的宝宝补充铁元素。

这个月的宝宝处于出牙的时期，妈妈可以给孩子准备一些固体食物如面包干、饼干等让宝宝练习咀嚼，磨磨牙床，以促进牙齿生长。这时候宝宝的生长发育迅速，妈妈还要注意给宝宝补充维生素和矿物质。

妈妈可以给宝宝每天吃两次淀粉类辅食。由于迅速成长期的宝宝可能因生长过快或饮食不均衡而发生贫血，所以，妈妈要意识到合理膳食的重要性，并及时给孩子添加辅食。

164.发育指标

这个月，宝宝的体格进一步发育，神经系统变得越来越成熟。有些宝宝已经开始长乳牙了，最先长出的乳牙通常是下面的两颗中切牙，也就是下门牙。

男宝宝本月的身高值大约在60.5～71.3厘米之间，女宝宝的身高值则在58.9～69.3厘米之间，本月宝宝大概能长高2厘米。需要注意的是，宝宝的身高并不单纯是喂养的问题，还跟遗传因素有着密切关系，妈妈不必为了让宝宝长个儿而增加过多的营养导致营养过剩。

满5个月男宝宝的体重范围在6.9～8.8千克之间，女宝宝体重则在6.3～8.1千克之间。本月内大约会增长0.45～0.75千克，食量大、食欲好的宝宝体重增长则可能比上个月大。

这个时期，男宝宝的头围平均为43.9厘米，女宝宝头围平均是42.9厘米。这个时期，宝宝的前囟门尚未闭合，但却在逐渐缩小，尺寸大约为0.5～1.5厘米。

165.母乳喂养

5个月以前一直用纯母乳喂养的宝宝，大多数在这个月也开始想吃辅食了，尤其是看到大人吃饭时，他往往会伸出双手或吧嗒着嘴唇表示自己也想吃了。因此，从这个月开始，妈妈可以作好添加辅食的准备了。

具体来说，如果前5个月妈妈的下奶量一直很好、足够宝宝所需，从这个月开始奶量却不足的话，就可以加一次牛奶了。一开始加牛奶时宝宝可能会拒绝奶瓶，此时可以改用小勺来喂。若宝宝拒绝喝牛奶，就多给些辅食加快半断奶的速度，以补充宝宝身体所需的能量。若宝宝肚子饿，那么是不会拒绝辅食的。

另外，若本月母乳量仍然很好，也应该给宝宝增加些辅食。这不仅仅是因为宝宝此时需要的营养量更多了，需要更多的食物来源作补充，更是为了让宝宝适应母乳以外的其他食物，为以后的断奶作准备。还有一点就是，让宝宝吃辅食有助于锻炼其咀嚼和吞咽能力。

166.人工喂养

到了这个月，给宝宝吃的牛奶量每天应控制在1000毫升以内，食量大一些的宝宝此时如果不管不顾地任由他吃，就会长得过胖。所以，对于爱吃牛奶的宝宝，妈妈应该每隔10天就称1次体重，若10天的体重增加保持在150～200克之间，就是正常的，若超过了200克就要加以控制了，若增加量到了300克以上，则就可以认为宝宝正在成为肥胖儿，要严格控制饮食了。

其实，最好的调节饮食量的方法就是利用辅食，妈妈可以让宝宝多吃一些果泥、菜泥，不过要注意慎喂米、面类的辅食，否则仍有过胖的危险。

167.混合喂养

混合喂养的宝宝在5~6个月时，就算吃再多的牛奶也不会感到厌倦，只是要警惕那些食量过大的宝宝，以免不知不觉间就成了"肥胖儿"。

食量大的宝宝要控制饮食，而食量较小的宝宝则可以早一些进行半断奶并加快半断奶的速度。对食量小的宝宝来说，妈妈不必严格按照食谱上的食用量来喂，只需要给宝宝吃能吃下的量就可以了。通常来讲，不太爱吃牛奶的宝宝，辅食吃的可能也不是很多。不过，这种吃多吃少的状况也是因人而异的，有些宝宝天生的食量就比较小，只要他的身体各项指标发育都正常，妈妈就不用担心。

168.吃奶的时候不要打扰宝宝

这段时期，有些宝宝会出现一个"厌奶"期，原因多种多样，多是因为此时宝宝的活动能力增强了，可以趴着、翻身、用手够玩具或者握着玩具了，这些活动让他目不暇接，乐不思蜀，也就不太愿意老老实实地吃奶了。当然，此时有些宝宝也马上要长牙了，吃奶的时候容易牙疼，因此也不会好好地吃奶。而上班妈妈无法时刻照料宝宝，也会导致宝宝一见到妈妈就兴奋万分，往往无法安心吃奶。

为让宝宝好好吃奶，保证营养补充，妈妈一定要注意，喂宝宝吃奶的时候不要打扰他。通常，这时期的宝宝很容易被外界的一些声音转移注意力，停止吃奶而表现得异常兴奋。因此，若宝宝看到妈妈来喂奶的时候非常兴奋，妈妈就可以先跟他玩一会儿消耗掉精力，然后再让他安安静静地吃奶。而在吃奶过程中，妈妈也尽量找一个安静隐秘的地方，以免宝宝被打扰到，当然，妈妈自己最好也不要逗宝宝，而要让他专心吃奶。

169.这个月蛋黄是最好的补铁剂

到了这个月，宝宝体内的铁储备已经快要耗尽了，再加上母乳和牛奶中的铁也很难提供宝宝成长发育所需。因此，从本月开始，妈妈要重点开始给宝宝添加富含铁质的辅食了，以免宝宝出现贫血。一般来讲，最适合这个月龄的宝宝辅食还是蛋黄，因为蛋黄中的含铁量非常丰富且很利于吸收。

简单一点来讲，这个月妈妈可以开始给宝宝吃1/4个蛋黄，如果宝宝吃得很好的话，那么从下个月开始就可以把蛋黄的添加量增加到每天1/2个。如果宝宝吃完后消化很好，同时又表现出了铁不足的明显倾向，那就可以慢慢地过渡到给他吃一个蛋黄。

若宝宝有缺铁倾向，妈妈是可以从宝宝的表征中看出来的。通常缺铁的宝宝嘴唇、口腔黏膜、眼睑、甲床和手掌都发白，精神十分萎靡，对周围环境的反应力较差，会出现食欲不振、恶心、呕吐、腹泻、腹胀或便秘等症状，严重的还会有异食癖，如吃纸、煤渣等。

170.给宝宝喝点鲜果汁

这个月，可以吃些辅食的宝宝可以喝些鲜果汁了。给宝宝喂果汁的最理想时间是在吃奶后1个小时左右，因为此时宝宝胃里的奶量已基本排空，属半饥饿状态，较容易接受其他的食物。本月可以每天给宝宝喂2~3次果汁，每次15~20毫升，一定要加水稀释着喂，一开始不能喂纯果汁。

给宝宝选果汁时，一定要选择当季的、生产地距离较近的新鲜成熟水果。例如，春天可用橘子、苹果、草莓；夏天可用西红柿、西瓜、水蜜桃；秋天可用葡萄、梨、苹果；冬天可用苹果和橘子。此外，所选的水果还要与宝宝的体质、身体状况相宜，如舌苔厚、便秘、体质偏热的宝宝，最好吃寒凉性水果，如梨、西瓜等，以便败火等。

给宝宝喝的果汁一定要在家亲自榨，不要选择外面现成的果汁饮料，因为包装好的饮料含有糖、防腐剂和其他不利于宝宝健康的物质。在家榨果汁时，要先洗净双手和相关的餐具，然后把水果洗净去皮后切成小块，用榨汁机压榨之后用纱布将里面的渣子筛出后再给宝宝喂食。若家里没有榨汁机，可直接把切成小块的水果放到碗里捣碎，之后用汤匙背挤压果汁或用消毒纱布挤出果汁。

刚开始给宝宝喂果汁时不要直接喂纯果汁，可以在果汁里加同等分量的水；尽量用小勺喂，从小半勺喂起，慢慢增加到10毫升、20毫升、30毫升，随时观察宝宝的消化情况，及时调整喂法。

171.添加辅食不要影响母乳喂养

纯母乳喂养的宝宝这个月之所以也要增添辅食，是因为只喂母乳的话可能会导致宝宝铁摄取不足。宝宝出生后4个月之内母乳中的铁含量较多，而宝宝自身又还储存着从母体中带来的铁，因此正常情况下不存在铁不足的问题。但从宝宝5个月之后，他体内储存的铁分就越来越少，因此必须及时添加辅食，以补充身体对铁的需求。

不过，就算是添加辅食，这个月也尽量不要影响母乳喂养，尤其是母乳还比较充足时。这是因为，这个时候宝宝辅食的食入量还比较少，还有些宝宝还不是特别爱吃辅食。如果为了让宝宝吃辅食而不给母乳，是很不对的，因为母乳对这个月龄的宝宝来说，仍然是最好的食品。另外，如果宝宝不爱吃辅食，妈妈为了让他屈服而任由他饿着，想等他饿到无计可施时再去吃辅食的话，不但会影响宝宝对辅食的兴趣，还会影响宝宝正常的生长发育和心理发育，容易导致宝宝烦躁不安。

172.学会辨别宝宝需要辅食的信号

许多有经验的妈妈都会知道，宝宝什么时候需要辅食是不能看钟表的，而只能看宝宝自己。当然，宝宝确实"不负所望"，正如他会让妈妈知道他何时饿了、饱了、不想吃奶了一样，他也会告诉妈妈，他什么时候作好准备可以接受辅食了。那么，当宝宝准备好开始吃辅食时，他会给妈妈一些什么信号呢？

半岁左右的宝宝开始抓东西往嘴里送了。此时，一些宝宝会伸手抓妈妈正要吃的东西，不过这通常都只是好奇心在作祟，并不是他已经作好了吃辅食的准备。通常，宝宝作好接受辅食的准备时，舌和嘴的肌肉已经发育到能将食物从舌尖传送到口腔的后部了。此外，宝宝还必须能协调这种传送和吞咽的动作，与此同时，他还开始制造更多口水，为消化食物作准备。

接近添加辅食的阶段时，一些宝宝会显示出更多的哺乳需求。不过，若宝宝此时还远不到6个月大，那就很可能不是添加辅食的信号，而只是"猛长期"母乳需求量的增加。当然，有些妈妈听说某些研究表明，添加辅食的宝宝更容易睡一整夜。实际上，这只是刚好宝宝那个时候开始整夜睡觉了，与添加辅食没有必然的联系。

173.每新加一类辅食时要留意宝宝的反应

其实，给宝宝添加辅食的尝试就是一个学习的过程。妈妈不要一开始就想把宝宝的肚子填得满满的。第一次给宝宝添加辅食时，妈妈可以仅仅尝试1/4匙，之后再慢慢加量。当然，这一切都要随着宝宝自己的节奏来。

妈妈应该记住，在宝宝极度饥饿的时候是没有心情尝试任何新食物的。在添加辅食的最初几周，妈妈可以只在哺乳之后尝试喂辅食。两个最合适的时间是上午9~10点和下午3~4点。

添加辅食时，一定要注意，一次只尝试一种新食物，且至少一周后再添加另一种。开始时每次只尝试1/4匙，一天一到两次，之后每次都稍微增加一点分量。虽然说大一点的宝宝不像小宝宝那样易过敏，但还是有可能过敏的，若某种食物似乎引起了某些过敏反应，如皮疹、流鼻涕、屁股痛等，那么就要先停止食用这种食物一周，之后再进行尝试。不过，若尝试两三次后都是相同的反应，那么在6个月之内都不要再给宝宝吃这种食物。

174.宝宝不吃辅食怎么办

一般来讲，混合喂养或人工喂养的宝宝都能够高高兴兴地吃辅食，只有母乳喂养的宝宝，除了母乳外似乎不愿意吃任何东西。所以，很多妈妈开始担心，害怕宝宝长此下去会无法断奶，进而营养不良。

其实，宝宝一直不吃辅食、无法断奶的情况是不存在的，吃辅食是早晚的问题，也不是说辅食添加晚一些的宝宝就会营养不良。宝宝不吃辅食的原因有很多，可能是妈妈的乳汁足够他日常所需了，也可能是他暂时无法适应除母乳外的其他食物的味道，还可能是他习惯了妈妈的乳头而无法接受其他的餐具。无论不爱吃辅食的宝宝到底是哪一种原因，妈妈都无法确切知道，只有宝宝自己才知道。

这个月，对不爱吃辅食的宝宝，妈妈要重点添加含铁丰富的辅食，其他类型的辅食则可先不添加，等下个月再说。下个月或者不久后，等妈妈的乳汁无法满足宝宝生长发育需要了，宝宝自然就会开始吃辅食了，因此，妈妈只要耐心等待、多尝试几次就可以了。

175.如何训练宝宝吞咽和咀嚼的能力

6个月大的宝宝，可以有意识地给他添加一些半固体食物了。当然，这时候，也要着重训练宝宝的咀嚼吞咽能力了。

通常，吸吮是宝宝的本能，但要学会咬一块食物，咀嚼之后吞咽下去，就需要进行后天的培养和练习了。此时，由于宝宝还不会咀嚼和吞咽食物，因此当妈妈用小勺子给宝宝喂半固体的食物时，一开始几乎所有的宝宝都会用舌头把食物顶出来或直接吐出来，甚至吞咽时还会出现哽噎的现象。不过，只要妈妈有意识地训练宝宝，经过一个阶段的训练，宝宝就会逐步克服以上种种，形成与吞咽的动作协同相关的条件性反射了。不过，在进行咀嚼、吞咽训练时，不同的宝宝通常会有不同的适应心理素质，有些宝宝数次试喂之后很快就会适应，但也有些宝宝可能需要1~2个月的时间才能学会。对此，妈妈一定要有耐心，细心教导宝宝学习咀嚼和吞咽，并且不拿自家宝宝跟别的宝宝比。

176.选择易穿脱的衣服

这个月宝宝所穿的衣服，一定要舒适、宽大、柔软、安全、容易穿脱。由于这个月的宝宝生长发育比较迅速，不但活动量比以前有了明显增加，且活动范围和幅度都比以前大大增强了。因此，妈妈在给宝宝准备衣服时，一定要以宽松为主，款式设计务必要宽松些并容易穿脱，此外还要保证好的吸水性和透气性。五六个月大的宝宝，感觉更加灵敏了，如果穿的衣服不舒服，就会哭闹起来。如果衣服整体设计过紧，就会影响宝宝的正常发育；而若领口或袖口过紧，就会影响宝宝的正常活动和呼吸；如果衣服的袖子或裤腿过长，则会妨碍宝宝的手脚活动。

此外，这个月宝宝的口水增多了，再加上开始喂辅食，常会把衣服弄湿弄脏，因此换衣服的频率比以前多了。因此，这个月妈妈一定要给宝宝多准备几套衣服，并且方便穿脱、易于换洗。这样，即便衣服脏得快，也能很快清洗。另外，这个年龄的宝宝有时候还不能有意识地控制自己的活动，经常会把较小的东西拿到手里并放进嘴里。因此，给宝宝的衣服尽量不要带扣子或有其他的小饰物，以免被宝宝误食造成窒息。

177.什么样的睡姿才科学

这个月的宝宝，有些会趴着睡，这让妈妈很担忧。那么，这个时期宝宝趴着睡觉安全吗？什么样的睡姿才是最科学的呢？

其实，这个时期喜欢趴着睡的宝宝，多数是感觉这样子睡觉比较舒服，而婴儿也不大可能整个晚上都趴着睡，他可能仰卧或者侧卧一会儿，再俯卧一会儿，总之就是不断变换睡姿。当然，如果是3个月之前的宝宝，最安全的睡姿就是仰卧位，而趴着睡则有堵塞口鼻引起窒息的危险。但到了这个月，宝宝已经可以自由地转动头部和颈部了，就算是俯卧着睡他也能够把头给转过来，脸朝向一边，而不是把脸埋在床上或者是枕头上，当然也就不会发生窒息。对此，妈妈是可以消除担忧的。

此外，趴着睡对宝宝的身体发育也有好处。趴着睡觉，胃容物不易流到食道及口中，反而会蠕动到小肠中，有利于胃的蠕动及消化，而且可以使宝宝受抬头挺胸的带动、锻炼颈部、胸部、背部及四肢等大肌肉群，有利于翻身和爬行训练。

总之，对这个时期的宝宝来说，什么样的睡姿才科学并不太重要，只要宝宝觉得舒服，没有不良表现，妈妈就不用太担心。

178.为什么宝宝的睡眠变少了

到了这个月，一些细心的妈妈会发现，宝宝的睡眠竟然减少了。这是怎么回事呢？

其实，5~6个月大的宝宝究竟白天应该睡多少、晚上应该睡多少、一天应该睡几觉等，都没有统一的标准。睡眠好的宝宝，这个月晚上应该可以连续睡上10个小时，一直睡到天亮。所以说，宝宝白天睡眠的时间就开始减少了，往往是上午睡一觉，约1~2个小时，下午再睡一觉，约2~3个小时。除此之外，有些宝宝晚饭前还会睡上1~2个小时，这样的话，晚上宝宝就可能会晚一点儿睡觉，如可能会到10点再睡。不过，若是宝宝超过了10点还不睡觉，很多妈妈就会担心。实际上，10点之后宝宝再睡，并没有什么大不了，宝宝通常都会一觉睡到早上7~8点钟，甚至8~9点钟，他自己调节的睡眠时间足够了。

当然，如果宝宝晚上睡得太晚，就会影响大人的休息。因此，晚饭前妈妈最好不要让宝宝睡觉，妈妈可以和宝宝做一些有趣的小游戏或其他有趣的事情，把宝宝的瞌睡赶走。

179.本月夜啼可能是受到了惊吓

5个月之后才出现夜啼的宝宝并不少见，但妈妈有时会发现，宝宝的夜啼跟之前几个月似乎不太一样了，既不像是饿了，也不像是睡不好觉。而如果排除了这些因素，那么宝宝这个时期的夜啼就有可能是受到了惊吓。

在医院打完了针的宝宝，常常会在夜里哭闹，此时就可能是宝宝受到了噩梦的惊吓。或许宝宝看到了一些令人害怕的画面，但又无法对人说出这种遭遇，因此万分恐惧。神经敏感的宝宝常常会遭受这样的苦难。对此，妈妈要做的，其实是给宝宝足够的安全感。在宝宝易夜啼的日子里，妈妈可以经常抱着宝宝，把宝宝的脸贴在心口，轻轻地对他说话等。这样，宝宝的夜啼就会慢慢减少，进而消失了。实际上，这种因惊吓而表现出的夜啼本身就会自行消失，它往往在持续1~2个月之后，就会像被宝宝淡忘了一样自然消失了。因此，妈妈对此也不必太过担心。

180.正确对待宝宝的摇晃行为

摇头、撞头或者摇晃身体的行为多发生在6~8个月的宝宝身上，4个月的宝宝有时也会出现，但多以摇头为主。这些动作的实施都很有规律性，一旦宝宝听到有节奏的音乐，就会马上出现这些行为。而这种现象也多发于发育正常的宝宝，是一种自我刺激的反应，多数在宝宝4岁之前就会消失，是不需要治疗的。当宝宝撞头时可能会用头撞击床板或墙壁，但不会造成损伤，妈妈不必惊慌害怕。

另外，当宝宝身体疲乏或受到批评、遇到挫折时，也会出现这些摇晃行为。而当宝宝的情感受到伤害，例如跟妈妈分离、身体受到了虐待，其摇晃身体、摇头、撞头的情况就会更频繁出现。当然，妈妈还要注意的是，一些智力低下或者患孤独症的宝宝也会出现这种行为，因此一定要细心观察，仔细分清。

181.宝宝开始流口水

本月开始，宝宝有了大量的口水，几乎如潺潺泉水一样不断涌出来，稍一忘记擦拭，衣服就会湿一片。其实，这种口水并不是什么太大问题，但若清洁不当则很容易感染其他的疾病，因此妈妈一定要注意。

其实，从宝宝出生时起，随着其身体的发育，唾液腺的发育也就开始了。新生儿时期宝宝的唾液还不发达，流口水可以湿润口腔黏膜，因此口水量并不多。等宝宝长到3~4个月时，由于饮食中逐渐补充了含有淀粉等营养物的食物，唾液腺就会因受到这些食物的刺激而增加唾液分泌量。另外，宝宝的口腔比较小，吞咽反射的动作还不是特别健全，还不会用吞咽动作来调节口水，于是就形成了严重的"流口水"现象。

妈妈要经常帮宝宝擦拭不小心流出来的口水，并经常让宝宝的脸部、颈部保持干燥，避免诱发湿疹。擦拭时，动作要轻柔，并尽量避免用含有香精的湿巾给宝宝擦拭，以免刺激皮肤。给宝宝擦口水的手帕，最好质地柔软且是棉布质地，同时还要经常洗烫。平常，妈妈可以给宝宝围上围嘴，以免口水弄脏了衣服，并常用温水洗干净口水流到的部位，之后再涂上油脂，以保护皮肤。对口水流得非常严重或局部已出现疹子或已糜烂的宝宝，最好带去看医生。

182.帮宝宝做口腔清洁

宝宝刚出生的时候，乳牙的牙胚就已经发育好了，存在于颌骨内，并且开始进行乳牙的发育了。通常，多数宝宝会在6~7个月时萌出第一对乳牙，因此，这个月，妈妈就要提前做好宝宝口腔的清洁工作，给宝宝安全顺利地出牙打好基础。

首先，出牙会让宝宝觉得很不舒服，此时妈妈可以用手指轻轻按摩宝宝红肿的牙肉，可以戴上指套或用湿润的纱布缠在手指上帮宝宝按摩牙龈，还可以将牙胶冰镇后给宝宝磨牙用。这样，不但可以帮宝宝缓解出牙时的不适，还有助于促进乳牙的萌出。

其次，由于出牙初期只长前牙，妈妈可以用指套牙刷轻轻地刷刷宝宝牙齿的表面，或者用干净的纱布为宝宝清洁小乳牙，且在每次给宝宝吃完辅食后，都要加喂几口白开水，以冲洗口中食物的残渣。等宝宝的乳牙长齐之后，则应该及时地教宝宝刷牙，并注意选择小头、软毛的牙刷，以免伤害宝宝的牙龈。

183.别给宝宝盖得太厚

很多老辈的人，甚至很多妈妈都认为，宝宝身体弱、怕冷，睡觉应该盖厚一点。其实，在宝宝睡觉的时候，给宝宝盖太厚的被子的行为是不太可取的。

4个月之后的宝宝正处在生长发育的旺盛期，新陈代谢非常快，代谢率很高，而且比较怕热，再加上宝宝的神经调节能力还不太成熟，特别容易出汗，因此被子盖得太厚并不是好事。如果被子盖得太厚，宝宝不但会感觉不舒服，睡不安稳，呼吸受到影响而不顺畅，而且会因为想呼吸得更顺畅些而踢开被子，从而造成夜里长时间盖不到被子而着凉的情况。所以说，妈妈不想让宝宝着凉的初衷往往会因给宝宝盖得太厚而导致宝宝受凉了，因此，给宝宝稍微少盖一些，并且把宝宝裹好，宝宝才能睡得更好。

184.尽量不要和宝宝一起睡

这个月，宝宝每天大约都要睡14~16个小时，白天可睡2次，上午和下午各一次，每次2个小时左右；夜里一般能睡10个小时左右，傍晚不睡觉的宝宝到晚上八九点就入睡了，且能一直睡到第二天早上七八点。若宝宝半夜尿布湿了，只要宝宝睡得香，妈妈就不用马上给他更换。

另外，妈妈需要注意的是，这个月尽量不要再和宝宝一起睡觉了，要给宝宝准备自己的小床让他自己睡了。这是因为，如果妈妈很喜欢紧紧地搂着宝宝睡觉，那么被搂着的宝宝就无法呼吸到足够的新鲜空气，吸入更多的却是妈妈呼出的废气，这对他的生长发育和健康都是很不利的，而且这样亲密地贴着睡觉，宝宝还可能传染到妈妈的疾患。此外，搂着宝宝睡还会限制宝宝的活动空间，让宝宝难以自由地伸展四肢，长期如此就会导致其血液循环和生长发育都受到负面影响。因此，为了宝宝的健康着想，这个月妈妈最好不要和宝宝一起睡，让他在自己的小床上独立入睡才是最好的，这样还能培养他独自入睡的好习惯。

185.防止腹泻误判

这个月开始添加辅食了，因此宝宝的大便可能会变稀、发绿，且次数增多，并带一些奶瓣。不过，这并不是婴儿腹泻，不需要服药，妈妈也不用紧张。

如果宝宝大便的次数一天超过了8次，且水分较多，看着确实很不正常，妈妈也不要给宝宝自行服用治腹泻的药物，而是要带宝宝去医院化验大便，确定是否被感染。

如果检查过后没有细菌感染性肠炎，则不需要吃抗生素，否则不仅腹泻治不好，还会破坏肠道内环境，使腹泻加重。

此外，若怀疑宝宝患了病毒性肠炎，要注意给宝宝补充丢失的水和电解质。但若是新添加的辅食导致了宝宝消化不良，则要吃一些助消化的药物，并且暂停添加那种辅食。

总之，这个时期宝宝的大便变化很容易引起腹泻误判，妈妈一定要多注意。

186.把尿打挺怎么办

这个月，如果宝宝出现把尿打挺、放下就尿的现象是很正常的。如果妈妈因此而频繁地训练宝宝的大小便，一来没什么意义，二来还会增添宝宝的烦躁感。而且，如果总是给宝宝把尿，会使宝宝建立起排尿的非主观意识反射，只要大人一把，哪怕宝宝的膀胱并没有充盈到要排尿的程度，他也同样会排尿，长久下去就会造成宝宝尿频。

其实，如果妈妈可以观察到宝宝要大便的话，就可以马上给他坐便盆，但若无法准确判断，就不要长时间地把着宝宝，这样很容易造成宝宝能力的衰退。总之，这个月的宝宝还没有到必须进行尿便的规律训练的时候，把尿打挺、放下就尿的情况如果要找原因，也不是宝宝的问题，而是妈妈的问题。

187.闹夜怎么办

这个月，宝宝闹夜的比较多，不过却并不是因为什么疾病，而是在闹着玩儿。闹觉、闹着要抱、闹着要到户外去、闹着要吃妈妈的奶头、闹打针等，总之就是闹闹闹。通常，只有当以前从来不闹的宝宝此时突然在夜里大声哭闹，或闹的方式很反常，才可能是某些疾病所致，当然本月最常见的病因仍是肠套叠。

这个月的宝宝已形成了一定的睡眠习惯，要调整这个睡眠习惯，还需要循序渐进。通常，若宝宝夜里醒来哭闹了，妈妈可以用柔和的、很轻的语调跟他说话，让他感到安全和关心。此时，若宝宝表现出想去房间外，妈妈最好不要满足他，因为若每次都满足宝宝不合理的要求，就会让宝宝形成习惯而很难调整了。所以说，对闹夜的宝宝，处理方式一定要慎重，因为有过1~2次后，这种处理方法就可能变成他的习惯。

不过，常常宝宝一哭，妈妈就先紧张起来，新妈妈尤其如此。而大人的紧张、烦恼、生气和抱怨却只能加剧宝宝闹夜的程度，让他越闹越凶，且持续更长时间。因此，面对宝宝闹夜，大人最好从始至终保持镇静，并用温柔的抚摸和轻声的话语使宝宝逐渐放松，进而使其平静下来。

188.宝宝还不会翻身怎么办

有些宝宝在3~4个月时就会翻身了，满5个月后就能翻身自如了，能从仰卧位翻到侧卧位，再从侧卧位翻身到仰卧位。若宝宝到了快6个月时还不会翻身，那么首先就要考虑到护理问题。若宝宝的这个月刚好是冬天，那就有可能是因为穿得多导致宝宝负重过重而影响活动，难以翻身；若宝宝在新生儿时期用了蜡烛包，盖被子时两边被枕头压着，也会阻碍自由活动而造成翻身较晚；还有就是家人没有对宝宝进行翻身的训练或训练次数不够。

若宝宝还不会翻身，这个月要加强翻身训练，且训练前要给宝宝穿少一点。训练过程很简单，妈妈可以从教宝宝右侧翻身开始，将宝宝的头偏向右边，然后一手托住宝宝的左肩，一手托住宝宝的臀部，轻轻施力使其自然右卧。当宝宝学会从俯卧转向右侧卧后，妈妈可以进一步训练宝宝从右侧卧转向俯卧：一只手托住宝宝的前胸，另一只手轻推宝宝的背部，令其俯卧。若宝宝俯卧时右侧上肢压在了身下，就轻轻地帮他抽出来。呈俯卧位的宝宝头部会主动抬起来，此时就可以趁势让宝宝用双手或前臂撑起前胸。这样训练几次，宝宝就能翻身自如了。若训练了多次宝宝还是不会翻身，那就要带宝宝去医院作检查了。

189.本月可能出现的意外

这个月的宝宝身体很有劲儿了，且活动范围越来越广，经常能翻过大半个身子，因此从床上掉下来的危险更大。所以，这时候在床上用被子之类的东西作防护已经不行了，若把宝宝放在大床上，旁边一定要有人看着，另外最好在床下铺上毛毯或地毯，以免宝宝直接摔到地板上。

另外，由于本月宝宝手部活动越来越灵巧，且看到什么都要往嘴里送。因此，当宝宝在床上时，无论他是睡觉还是醒着，妈妈都要把周围整理干净，尤其是那些可能被宝宝吞咽的危险物品，如别针、纽扣、缝衣针、硬币等，千万不要放在宝宝身边，以免宝宝抓到。

还有一点，这个月宝宝无论看什么都会摸一摸，因此千万不要把药品、洗涤用品等物放在宝宝能抓到、摸到的地方，以防误食中毒。更不要把盛好的热粥、米糊、菜汤等放在宝宝能摸到的地方，以免烫伤宝宝。天气暖和的时候，很多妈妈都会用婴儿车推着宝宝到室外玩耍，此时也要格外注意安全。

190.四季的护理要点

本月的宝宝在春季里适合多进行户外活动，同时减少维生素D补充量而补钙。具体来说，每天维生素D的补充量可减到300国际单位，夏天要进一步减为200国际单位，同时还要给宝宝补充钙剂，最合适的方式是口服1~2周的钙剂。户外活动增多会使宝宝呼吸道分泌物增多，妈妈要注意多给宝宝喝水，且不能乱用抗生素。此外，春季是流行性疾病的多发季，妈妈要避免带宝宝到人多的场合，更不要和患有流行疾病的人接触。

夏季最容易患肠道感染性疾病，因此给宝宝制作辅食时，一定要注意餐具的卫生和辅食材料的新鲜，不要给宝宝吃剩下的奶和辅食，一次喝不完的牛奶、果汁等不要留到下次再给宝宝喝，也不要给宝宝喝隔夜的白开水。此外，冰箱里的熟食储藏时间不能超过72小时，且食用前一定要加热。为防止宝宝臀红长痱子，白天可不给宝宝戴尿布，只给他穿小兜肚，护住小肚子就可以了。

秋天天气转凉，户外活动时间最好放在中午前后，此外还要注意防止蚊子的叮咬，因为秋天的蚊子咬人更厉害。

冬天若带宝宝外出，要特别小心不要冻伤宝宝，若发现宝宝的小脚被冻红了，要立即朝着心脏的方向按摩，以免出现冻伤。此时宝宝活动能力提高了，因此加湿器、暖炉等设备要放到宝宝够不到的地方，避免发生危险。

辅食的添加要适当

191.营养需求

半岁多的宝宝正处于积极进食的状态。由于之前已经进行过咀嚼吞咽方面的练习，因此这个月的宝宝已经有了对辅食的感知，面对辅食不再是一无所知的状态，而是可以清晰地感觉出小勺子里的食物和奶嘴里的食物是不同的。因此，这个月，父母就要有意识地给宝宝进行添加辅食的练习了。

本月，父母要尽可能地使宝宝适应各种各样口味的食物，另外，还要增加蛋白质、铁、淀粉类和含有免疫物质的食品的摄取量。蛋白质方面，父母应该增加容易消化和被吸收的鸡蛋黄，也可以选择鱼肉蔬菜营养米粉等含有特殊配方的米粉，这种米粉中的动植物蛋白含量科学准确，非常适合宝宝补充蛋白质。而在补铁方面，父母可以适当地给宝宝选择一些补铁类米粉。

192.发育指标

满半岁的宝宝身体发育开始变得平缓。本月男宝宝平均身高为62.4～73.2厘米，女宝宝为60.6～71.2厘米，宝宝本月平均会增高2厘米；男宝宝体重平均为7.4～9.8千克，女宝宝为6.8～9.0千克，本月可增长0.45~0.75千克；男宝宝头围平均是44.9厘米，女宝宝的头围平均值是43.9厘米，这个月平均可增长1厘米。

本月，宝宝的囟门和上个月差别不大，还不会闭合，但已经很小了，多数在0.5～1.5厘米之间，也有的已出现"假闭合"现象，外表看着似乎闭合了，但通过X射线检查后其实并未闭合。不过，若为了弄清前囟门是否闭合而给宝宝作X射线检查是没必要的，且X射线检查对宝宝也是有弊无利。若宝宝的头围发育正常，没有其他异常体征，没有贫血；也没有摄入过量的维生素D和钙质，妈妈就不必担心宝宝的前囟门提前闭合。因为此时多数宝宝的前囟门都是膜性闭合，而不是真正的前囟门闭合。

若上个月内宝宝的两颗下门牙还未长出，本月多数会长出来。发育快的宝宝本月初也许就已经长出了两颗上门牙，发育较慢的也许这个月才刚刚出牙，也许依然还没出牙。不过，出牙的早晚个体差异很大，妈妈不必过于担心。

193.母乳充足的话可以继续喂母乳

这个月，若妈妈的母乳分泌依然很好，且妈妈还不时感觉到奶胀，甚至有时候还会向外喷奶，那就可以放心地继续坚持给宝宝喂母乳。只要在不减少宝宝吃母乳次数的基础上，适当地给宝宝再添加一些辅食就可以了，只要宝宝想吃母乳，就要满足他给他吃，不能因为给宝宝添加了辅食就浪费了母乳。

另外，如果宝宝晚上醒来后仍然要吃母乳，并且哭闹不止，妈妈也不要因为已经开始添加辅食且进入半断奶期了，就有意给宝宝减少母乳量。此时只要宝宝想吃，妈妈还是要一如既往地给宝宝喂母乳，以免宝宝不乐意而变成"夜哭郎"。

194.正式为宝宝添加辅食

到了本月，不管宝宝之前是纯母乳喂养还是喝配方奶，都要开始添加辅食了。这个时期的宝宝对乳类之外的食物已经有了较好的消化能力，且也表现出了想吃辅食的愿望，再加上此时宝宝也需要更多的营养，因此就应该正式给他添加辅食，进行半断奶，为1岁后由吃奶转变为吃饭作好准备。

虽说配方奶是按照宝宝各月龄阶段成长发育所需营养量配比的，可以满足宝宝的营养需求，但也不能一直吃到1岁以后直接转为喂辅食。一定要给宝宝的肠胃一个从奶类到饭菜类食物过渡的适应时间，这样才能保证宝宝更健康地成长。

通常，早产宝宝们需要摄取更多的营养物质来赶上健康足月宝宝的生长发育水平，因此要更早一点添加辅食。同时，给早产儿的辅食也要保证所需营养物质的合理搭配。

此时，若宝宝对某种辅食表现得很抗拒，喂到嘴里就吐出来，或用舌尖把它顶出来，或用小手把饭勺打翻、把脸扭向一边的话，就表示他可能不爱吃这种辅食。此时妈妈不要强迫宝宝吃，那种趁着宝宝张嘴大哭赶紧喂进一勺的方法更是不可取，最好的方法是先暂停喂这种辅食，几天后再试着喂一次，若连喂两三次宝宝都不吃，那就先不要喂这种辅食了，很可能宝宝真的不爱吃。

195.宝宝的主食仍以乳类为主

这个月，宝宝开始了半断乳期，有些妈妈会因此以为宝宝的主食已经不是乳类了。其实，这种想法是不对的。虽说宝宝开始添加了辅食，进入了半断乳期，但是宝宝身体获取营养的主要来源还是母乳或者是牛乳，辅食只是起到了补充部分营养素不足的作用，而且这时候培养宝宝吃乳类以外的食物，也是为了让宝宝将来顺利地过渡到以饭菜为主的饮食阶段。因此，此时辅食并不能作为宝宝的主食，乳类依然是最重要的。

这个时期宝宝的喂养可以采取一天喂两次辅食，吃3次母乳，晚上再喂两次母乳。如果一天喂两次辅食后，宝宝就只吃一两次母乳了，晚上也不吃母乳，此时就不要再喂两次辅食了，可改为一天一次，以保证乳类的喂养。

196.注意含铁食物的添加

铁是机体内血红蛋白的重要组成成分，也是转运二氧化碳的载体，主要参与氧的转运、交换和组织呼吸。缺铁会引起宝宝贫血、生长发育迟缓、疲倦无力。足月出生的宝宝体内约有300毫克的铁储备，随着出生后迅速的生长发育，6个月后从母乳中获得的铁元素已不能满足机体生长发育的需要了，一定要及时补充才行。

通常，动物类食物中的血红素铁比存在于植物类食物中的非血红素铁更易被人体吸收。动物肝脏和蛋黄中铁的含量都很高，是宝宝较好的补铁来源。而植物中的非血红素铁需要通过维生素C的还原，才能被身体吸收。一些含草酸盐的蔬菜、某些食品添加剂或锌摄入量过多都会抑制铁的吸收，而且，铁的含量高也会抑制锌的含量，因此，给宝宝补铁时也要相应地补锌。

维生素C不但能帮宝宝建立起强大的免疫系统，还能促进铁的吸收，也有利于提高骨密度。但是维生素C很容易被氧化，食物存放时间越长，维生素C的含量就越少。平常可多给宝宝食用水果泥等富含维生素C的食物。此外，污染的空气、油炸食品等也会抑制维生素C的摄入，为了宝宝健康，妈妈一定要给宝宝一个安全卫生的成长环境。

197.渐渐向固态食物过渡

研究表明，过早在宝宝辅食中加入固体食物并不好，因为宝宝的消化系统发育不健全，消化酶含量很低，还不足以消化固体食物。若宝宝吃下太多的固体食物，消化系统就会出现不适症状。而经过了之前几个月的流食训练，到这个月，宝宝已经可以开始尝试固体食物了。这个时期，妈妈要加紧培养，让宝宝逐渐从流质食物向固体食物过渡。

专家表示，最先添加的固体食物应该是大米和麦片等谷物。在添加谷物几周之后，若宝宝无异常反应，就可以继续给宝宝添加适量的水果、蔬菜、蛋黄和肉类。妈妈要注意晚一点给宝宝添加豆类食物，因为豆类食物容易引起宝宝过敏。此外，在加入一种新食物后妈妈要细心观察宝宝是否对该食物过敏，若吃完后宝宝出现了腹泻、呕吐甚至脸上和身上出现皮疹，那就可能是过敏了。

喂食宝宝谷类的过程，要从米汤开始，逐渐到米粉、米糊，再往后就是稀粥、稠粥、软饭，最后才是正常饭。喂食宝宝水果的过程，要从最开始的过滤后的鲜果汁，到不过滤的纯果汁，再到用勺刮的水果泥，之后是水果块，最后就让宝宝自己拿着整个水果吃。喂食宝宝蔬菜的过程，要先从过滤后的菜汁开始，到菜汤，到菜泥，再到碎菜。喂食宝宝肉蛋类的过程要从蛋黄开始，到整个鸡蛋，到肉泥，最后是碎肉。

198.慎重对待市场上的婴儿辅食

给宝宝添加辅食时，面对市场上的婴儿辅食，妈妈该如何选择呢？

专家提醒，妈妈要谨慎对待目前市场上的婴儿辅食。市场上现在卖有很多宝宝吃的半成品辅食，如鱼肉松等，给六七个月大的宝宝吃这些半成品并不是最好的选择，妈妈自己做的辅食才是最好的。对宝宝来说，如果辅食添加不当，就可能出现腹泻或过敏反应，不但无法吸收营养，还会损害健康，是很不划算的。

专家还指出，妈妈们特别要注意食物污染对儿童健康的危害，尤其是亚硝酸盐、黄曲霉毒素、农药及铅、汞、镉等重金属。医学分析发现，食物中的硝酸盐进入人体后可转化成致癌物质亚硝酸盐；而黄曲霉毒素则会诱发肿瘤。食物中的残留农药若在人体中蓄积下来，轻者损害肝、脑、肾等器官，重者可致人中毒而丧命。因此，妈妈一定要注意食物污染对宝宝的危害。

在给宝宝选择食物时，妈妈一定要仔细挑选，尽量选那些无农药污染、无霉变、硝酸盐含量低、新鲜干净的食物。若不确定某种蔬菜是否有农药污染，可以用蔬菜清洗剂或小苏打浸泡后再用大量清水冲洗。其他诸如根茎类的蔬菜和水果，则要削皮后再食用。

199.如何制作肉泥和鱼泥

这个时期，等宝宝适应了谷类、水果、蔬菜等断奶的食物之后，就需要添加一些肉类的食物了。鱼、肉、蛋、猪肝、虾等肉类食物不但含有大量的蛋白质，还含有丰富的铁、钙等矿物质和微量元素，对宝宝的成长发育很有好处。不过，由于此时宝宝还无法咀嚼、磨碎这些肉类食物，消化功能也还未发育健全，因此需要将肉类食物制成泥糊状，以便于宝宝吞咽。通常，常见的泥糊状肉食有鱼泥、虾泥、猪肝泥、肉泥等，它们的制作方法如下：

鱼泥：首先将鱼洗净后清蒸10~15分钟，之后去皮、去骨、去刺；再之后将留下的鱼肉用匙压成泥状，就成鱼泥了。

虾泥：先将河虾或者是海虾仁剥出后洗干净，接着，用刀将虾仁剁碎或者放入食品粉碎机中绞碎，煮熟即可。

猪肝泥：先将猪肝洗干净后用刀剖开，用刀在剖面上慢慢地刮，将刮下的泥状物蒸熟之后研开即可。

肉泥：先将肉洗净之后剁细绞碎，之后将肉末煮烂成泥状即可。

200.哪些食物不宜添加

母乳喂哺4~6个月至1岁左右断奶之间的这6~8个月，是宝宝从吃奶到吃正常饭菜的过渡期。但因为宝宝的消化系统还很稚嫩，对食物非常挑剔，有很多食物暂时还不能出现在宝宝的餐桌上。在此，专家总结出了一些婴儿辅食的黑名单，妈妈们不妨作个参照。

通常，动物类食物富含铁质和蛋白质，被认为是很有营养的食物。但以下所列举的这几种食物，在辅食的最初阶段，最好不要给宝宝添加。

❶ 蛋清：鸡蛋清中的蛋白质分子较小，有时会通过肠壁直接进入血液，导致宝宝的机体对异体蛋白分子产生过敏反应。通常蛋清要到宝宝满1岁才能添加。

❷ 汞含量较高的鱼：汞主要是以甲基汞的有机形态积聚于食物链内的生物体中，尤其是鱼类，而甲基汞可能会影响人类神经系统的发育。选择鱼类时，要避免那些体型较大的鱼类或汞含量较高的鱼类。

❸ 含有草酸的蔬菜：蔬菜中含大量的维生素和矿物质，对宝宝的成长发育很有好处。但有些蔬菜含大量草酸，如菠菜、韭菜等。草酸在人体内不但不易吸收还会影响食物中钙的吸收，影响儿童牙齿和骨骼的发育。因此，这类蔬菜不宜过早出现在宝宝的辅食中。

201.不用按照食谱喂宝宝

在给宝宝添加辅食的时候，妈妈应该知道，辅食最重要的是添加，是锻炼宝宝吃的能力，而不是吃什么最好。因此，辅食食谱并不重要，妈妈总以为食谱最好，总是照着食谱给宝宝做辅食，累得满头大汗，这其实是一种喂养的误区，应该加以避免。妈妈应该知道，这个时期离断奶还有一段时间，在宝宝1岁之前的这段时间内，只需要让宝宝练习着吃辅食就行了，只要保证营养，吃什么都可以，不需要花太多心思和太多时间在种类上，更不需要严格按照食谱来喂养宝宝。

202.注意给宝宝补充白开水

纯净的白开水对宝宝的健康很重要，它可以立即进行新陈代谢、调节体温、输送养分及清洁身体内部的毒素，尤其是煮沸后自然冷却的凉开水非常容易透过细胞膜促进新陈代谢，增加血液中血红蛋白的含量，增进机体免疫功能，提高抗病能力。因此，每天给宝宝喝足够的白开水是很重要的，通常母乳喂养的宝宝，本月每天应喝30~80毫升的白开水，奶粉喂养的宝宝每天应喝100~150毫升白开水。

最简便的给宝宝喂水的方法就是把水灌进奶瓶让宝宝自己拿着喝。这个月大的宝宝对抓握东西很有兴趣，让他自己抓着奶瓶喝，也可以提高他对喝水的兴趣。只要喝水时大人在一旁看护，一般宝宝都不会出现呛水等情况。

这个月的宝宝口渴时还不太会表现，加上日常活动较多，因此最好的补水方案就是随时添加水分，尤其是炎热的夏天宝宝出汗多的时候，更要及时补足水分。如果水分不能及时补充，宝宝就会发生短暂或轻度的肌体缺水症状，还可能出现咽喉干燥疼痛、发声沙哑、周身无力等症状。妈妈可以采用一些巧办法培养宝宝爱喝水的习惯，如和宝宝玩"干杯"游戏等，宝宝都会很有兴趣。

203.宝宝总吃手要注意

其实，6个月之前宝宝吮吸手指是没问题的，但到了6个月之后，若宝宝还是"吃手"，或突然出现"吃手"现象，妈妈就要格外关注了。当然，对这个月龄宝宝"吃手"的问题，妈妈也不能一味强硬地禁止、干预，而应该从喂养环境和宝宝生长发育的阶段特点上找原因，并有针对性地解决。

通常，人工喂养的宝宝比母乳喂养的宝宝更爱吮吸手指，这大约是因为母乳喂养的宝宝有更长的吸吮时间，且是按需哺乳的；而人工喂养的宝宝吸吮时间稍短，且是按时哺乳的。想让宝宝改掉"吃"手指的毛病，最好的办法就是让他双手不空，有事可做，这样就能在不知不觉中，让他忘掉这个习惯，从而改掉这个毛病。平常，一旦发现宝宝"吃手"，妈妈就运用注意力转移法，在他"吃手"时把玩具递到他手里，或拉着他的小手挥动着玩一会儿，让他忘记"吃手"。切忌，不能大声训斥或打宝宝的手，也不能采用其他强制性和惩罚性的措施，更不要建议以吮吸橡胶奶头代替"吃手"，这样会影响宝宝牙齿的发育，形成"地包天"或"天包地"或乳牙不整齐。

不过，乳牙萌出会导致宝宝出现短时间的吮吸手指或啃手指现象，若这种现象只偶尔出现，妈妈就不需过多担心和干预，可以多给宝宝一些磨牙棒之类的东西，让宝宝告别"吃手"的小毛病。

204.宝宝开始认生了

一般来讲，出生后7~8个月时，多数宝宝都会有认生的表现，有些宝宝大约在6~7个月的时候就会表现出来，直到1岁之后才逐渐消失，而有些宝宝则可能要到2~3岁后才不会认生。

其实，宝宝认生的表现主要是对陌生人表现出一种害怕和回避反应，有些宝宝甚至会哭闹、挣扎和反抗。通常，内向、文静的宝宝比活泼好动的宝宝更易认生；平时总由某人专门抚育、依赖性很强的宝宝，认生反应较强烈；平时很少外出、接触人很少的宝宝更容易认生。

不过，宝宝认生是其成长过程中必经的阶段，主要与心理发育原因有关。出生后的前7～8个月，宝宝虽能够通过声音和气味辨别自己的家人，特别是妈妈，但还不能区分熟悉和陌生的概念，很多时候，只要有人照顾陪伴着就行了，宝宝并不在意这个人是谁，也就不会认生。但到了7～8个月之后，宝宝对熟悉人的印象会加深，并且会不自觉地将自己跟这些人建立联系，因此就会表现出特别依赖熟人，而对陌生人很抵触，也就是认生的反应。

205. 出牙的问题

从某天开始，如果妈妈突然发现宝宝吃奶时的表现跟以前不一样了，比如他有时会连续几分钟猛吸乳头或奶嘴，但一会儿又突然放开奶头，仿佛感到疼痛一样哭起来，如此反反复复；或者他一开始喜欢吃固体食物，但突然间食欲变差、咬到东西就不舒服等。这一切都说明了一个问题，宝宝可能要长牙了，这些现象一般是牙齿破龈而出时，吸吮奶头或进食时使牙床特别不适而表现出来的。

一般来讲，宝宝从大约6个月时就开始长牙，最早开始长的是下排的2颗小门牙，之后是上排的4颗牙齿，接着是下排的2颗侧门牙。2岁左右，宝宝的乳牙会全部长齐，上下各10颗，共20颗。而在牙齿还未出来之前，婴儿的牙龈会显得鼓鼓的，接着就出现牙龈发炎症状，牙龈的颜色也会变得红红的。此时，由于牙齿在努力从牙龈钻出的过程中难免会造成伤口，因此宝宝一般会出现不适感，有些较敏感的宝宝甚至可能出现轻微的发烧症状。

宝宝的牙齿长得整不整齐、美观与否一部分是由先天遗传因素决定的，也有一部分是后天环境因素决定的。有些宝宝喜欢吸吮手指，这就容易造成牙齿和嘴巴之间咬合不良，上排牙齿就可能会凸出来，类似龅牙。因此，为让宝宝有一口整齐漂亮的乳牙，妈妈应在日常生活中多纠正宝宝爱叼奶嘴、"吃手"等不良习惯。

206. 宝宝的口水更多了

长牙期间的小宝宝，多数口水都会增多，且流得满嘴满脸都是。这主要是因为在宝宝刚刚长牙齿的时候，小牙顶出牙龈向外长，引起了牙龈组织轻度肿胀不适，并且刺激到了牙龈上的神经，从而导致唾液腺分泌增加。再加上宝宝的吞咽功能不完善，分泌的口水当然只能流出来了。

不过，由于长牙期爱流口水是宝宝的正常现象，且这一现象会随着宝宝吞咽功能的完善而逐渐改善，妈妈并不需要担忧，只需要注意帮宝宝做好护理工作即可。

具体来讲，首先，妈妈要及时帮宝宝擦干口水，因为唾液中含有消化酶和其他物质，对皮肤有刺激作用，会造成皮肤发红，甚至糜烂、脱皮等。不过要注意，擦拭时不要用力太大，只需轻轻将口水擦干就可，以免弄伤宝宝娇嫩的皮肤。

其次，妈妈可以在宝宝的脖子上围一个小围嘴或手帕，以免流出的口水弄湿了衣服。围嘴和手帕的材质要尽量以质地柔软的棉布为主，且要经常洗烫。

再次，若宝宝因为流口水而出现嘴角发红现象，妈妈可以给他涂抹一点有收敛作用的药膏，以保护宝宝的皮肤，但若皮肤红肿现象较严重，甚至已溃烂了，就要及时带宝宝就医。

207.白天可以少让宝宝睡觉

从这个月开始，宝宝白天睡觉的时间减少了，玩的时间延长了。这样看来，妈妈本来可以把宝宝睡觉的时间都集中到晚上，让宝宝晚上早点睡，但实际上，宝宝晚上睡觉的时间也推迟了，有些宝宝甚至晚上10~11点的时候还没有睡意，且第二天早上起得也很晚。这是怎么回事呢？

其实，出现这种情况，其根本原因还是宝宝白天的活动不够，睡觉太多，以至于晚上没觉了。如果妈妈白天上班不在家，等晚上回来的时候，宝宝就更不舍得睡觉，而想要跟爸爸妈妈做游戏了，其睡眠的时间也就自然而然地往后推了。

不过，妈妈应该知道的是，晚上是生长激素分泌的高峰期，一旦错过了这个时期，可能就会导致宝宝的生长激素分泌减少，进而影响正常的生长发育。因此，妈妈尽量在白天多陪宝宝玩一会儿，或者做做户外运动什么的，以便到晚上8~9点钟的时候宝宝可以正常睡觉。但若是如此，宝宝还是晚上很晚才睡的话，妈妈也不要勉强，以免宝宝睡眠不足，影响发育。

208.很难找到夜啼的真正原因

到了这个月，原来夜啼的宝宝，也许不再哭了；而一直没有夜啼的宝宝，这个月则可能开始夜啼了；还有一些本来就夜啼的宝宝，这个月可能情况更加严重。总之，很难确定宝宝夜啼的真正原因，而有效的解决办法似乎也不容易找到。妈妈总觉得宝宝很辛苦，医生也同情这种状况，但却帮不上什么忙，毕竟宝宝什么病都没有。

那么，我们姑且把这些夜啼儿称为"高要求"的宝宝吧。这样，妈妈可能会因为是"高要求"宝宝的缘故，而自觉应该提供"高照顾"，心理会平衡许多，有了这种贴心的照顾，也许宝宝过不了多久就不再哭了。

此外，也许有人告诉过你，说对付夜啼宝宝的办法就是不理不睬，让他自己哭个够。其实，这是消极的办法，可能会让情况更糟糕。对夜啼的宝宝，妈妈就应该耐心承担起照顾宝宝的重任，并且避免家人间相互埋怨和吵架。要知道，也许正是夫妻间的争吵导致了宝宝的夜啼，就算不是，夫妻吵架也不利于宝宝夜啼的改善。因此，齐心协力照顾宝宝，彼此不埋怨，才是最佳的照顾夜啼宝宝的方案。

209.这个月的宝宝可以坐了

大多数宝宝在6个月的时候就能靠着支撑物坐立了，有些宝宝甚至已经能离开支撑物自己独坐一会儿了，只不过由于他们的肌肉发育还不成熟，坐的时候可能会摇摇晃晃的。而到了7个月的时候，多数宝宝基本上都能稳稳当当地坐着了，如果大人把他摆成坐直的姿势，他可以不需要用手支持而仍然保持坐姿。这其实是宝宝大动作能力发展的一个显著标志，也是宝宝成长的一大进步。

因此，在这个时期，妈妈应该多关注宝宝的成长发育，通过一些有意识的训练来不断提升其大动作的能力。例如，让宝宝练习独自坐立、加强对其翻身能力的训练等，或者给宝宝买一些有助于能力训练的玩具等。此外，妈妈若发现宝宝有发育迟缓的现象，要及时查找原因并对症解决，以免耽误了宝宝的智力发育。

210.宝宝还不能自主控制大小便

这个月，宝宝正常小便次数每天在10次上下，若是夏天出汗多时尿量会适当减少。如果前几个月妈妈已经开始有意识地训练宝宝的尿便条件反射了，那么这个月给宝宝把尿一般不会太困难，宝宝都能顺利排尿。但这时候妈妈也要注意一个问题，就是不要过于频繁地给宝宝把尿。

这其实是因为，此时的宝宝还不能自主地控制自己的尿便，就算妈妈把尿成功，也只能说明初步建立了一种条件反射，或是妈妈自己已经掌握了宝宝排尿便的信号。如果妈妈过于频繁地把尿，就会使宝宝的尿泡变得越来越小，最终给将来控制排尿造成困难，且还可能形成尿频问题。再有，过于频繁地把尿还会让宝宝觉得不舒服，进而出现哭闹、打挺儿等抗拒行为，这也很不利于他将来对尿便的控制。

总之，对本月的宝宝，训练尿便仍要顺其自然，掌握好火候，不可过度。若宝宝排尿时总是哭闹并表现痛苦，那么就要警惕是否出现了某些疾病。

211.宝宝一尿尿就哭闹

这个月，有些宝宝会出现一尿尿就哭闹的现象，让妈妈很纳闷。对此，专家提醒，如果是女宝宝，排尿时哭闹并且尿液看起来很浑浊，就要想到是患了尿道炎，要及时到医院去化验尿常规。如果男宝宝排尿时哭闹，则要看一看其尿道口是否发红，若发红，可以先用很淡的高锰酸钾水浸泡阴茎几分钟，而是否有包皮过长的问题，则要请医生来诊断。不过，小宝宝即便包皮过长，也不能轻易动手术，随着其年龄的增长，包皮可能就不过长了，若过早切除，则可能导致包皮过短而使龟头裸露在外。

212.防止宝宝从床上摔下来

这个阶段，宝宝的活动能力比以前明显增强了，且还十分好动，总喜欢在床上翻滚，妈妈稍不留意，宝宝就可能头朝下地摔下床。不过，一旦出现这种状况，妈妈千万不要惊慌，而要根据情况进行有效处理。

通常，宝宝头朝下摔下来会马上哭闹，妈妈此时要及时查看情况，观察宝宝的意识是否清醒，哪里受伤了，并马上对症处理。若宝宝摔下来后身体部位都没有出血迹象，只是头部或手部有个小肿包，要立刻用冷敷处理，若肿包较大或较红，则可先应急抹点香油，或用湿润的土豆片贴上止痛化瘀，之后再找相应药物治疗或带宝宝看医生。在此过程中，妈妈一定要注意多和宝宝说话，以转移其注意力，安抚情绪。

不过，如果宝宝出现了下面这些情况，妈妈最好马上带其就医：头部出血，有伤口；摔下来后意识不够清醒、半昏迷嗜睡；出现呕吐、爱睡觉、精神差、经常哭闹等；鼻部或耳内流血、流水等。此外，妈妈还要注意，宝宝摔下来之后，不管是否受伤，都要多观察几天，并尽量让其多休息，少活动，必要时还可带其到医院进行相关检查。

213.四季的护理要点

6个月后的宝宝每天最好可以进行2~3个小时的户外运动，不过要注意防范呼吸道感染疾病。春季里室内要经常通风，保持空气的流通，外出时最好能比在室内多加一件衣服，并且远离人多处和患感冒的人群。这个季节宝宝易患幼儿急疹、疱疹性咽颊炎、无名病毒疹等疹性疾病，因此妈妈要格外注意防病。

炎热的夏季宝宝食欲有所减退，此时妈妈不要强迫宝宝吃，以免造成积食。此外，冰箱并不是消毒柜，放在冰箱里过夜的食物尽量不要给宝宝吃。夏天天热，大人和宝宝的身体温度都很高，因此最好少抱宝宝。若宝宝暑热发烧了，妈妈要多给宝宝喝开水，洗个温水澡后放到凉爽无风的地方以便散热，千万不要把宝宝给捂起来。另外，此时的宝宝还不能吃冷饮，但可以每天给宝宝喝50~100毫升的常温酸奶以活跃胃肠机能，促进消化。

秋天由于天气转凉导致宝宝气管分泌物增多，容易积痰，早晚常常咳嗽。这实际上并不是感冒，也不是气管炎和肺炎，妈妈尽管照常带宝宝多到户外走走呼吸新鲜空气即可。另外，天气转凉后，宝宝食欲也开始变化了，此时要特别注意宝宝每天的饮食量，添加辅食时不要一次添加多种，以免造成宝宝积食。

半岁左右的宝宝冬天特别爱感冒，妈妈除了要保证室内适宜的温度（18~22℃）和湿度（40%~50%），在室内也不要给宝宝穿太多外，家人也要注意预防感冒。一旦家里有人感冒了，要尽量与宝宝隔离，跟宝宝接触时要洗净双手并戴上口罩，还要注意做好室内的通风消毒工作。

准备一些磨牙的小零食

214.营养需求

多数宝宝在8个月大时已经长出2~4颗牙齿了，此时的宝宝已具备了咀嚼机能，且活动量逐渐增大，对食物和营养元素的需求量明显增加，母乳内的营养已不能满足宝宝需求了，辅食的添加非常重要。在给宝宝添加辅食的同时，妈妈要逐渐减少喂奶的次数。满8个月的宝宝可以减少到每天只喂3次奶，但全天的总量不少于600毫升。当然，具体来说还是要根据宝宝的个体差异灵活掌握喂食量和喂奶量，以宝宝吃饱且能消化为度。

经过一段时间辅食的添加，宝宝会慢慢习惯一天两顿的辅食，餐后的摄乳量也会逐渐减少。这个时候，妈妈要逐渐使辅食多样化，宝宝每天的饮食应该包括谷类、奶类、肉类、蛋类、豆制品类、蔬菜水果类等，以保证给宝宝提供均衡的营养。

8个月后的宝宝可以适当吃一些小块状的食物，如饼干、水果片等，有助于强化咀嚼能力。妈妈还要注意辅食的营养及口味多样化，避免宝宝养成挑食的坏习惯。同时，这个时期妈妈可以让宝宝自己拿小饼干、小面包等吃，锻炼他自己吃饭的能力。

215.发育指标

这个月，宝宝不管是身高、体重还是头围，增长速度都逐渐变得缓慢了。

满7个月的男宝宝身高平均范围在64.1～74.8厘米之间，女宝宝身高平均范围在62.2～72.9厘米之间，本月宝宝可以增加1.0～1.5厘米；这个阶段男宝宝的体重大约在7.8~10.3千克之间，女宝宝的体重约在7.2~9.1千克之间，这个月的增长量约为0.22～0.37千克；本月男宝宝头围平均值是45厘米，女宝宝头围平均值是43.8厘米，这个月平均会增长0.6~0.7厘米。此外，宝宝的囟门较之上个月不会出现很大的变化。牙齿方面，通常情况下，这个月的宝宝会长出2~4颗乳牙。

216.给宝宝添加更为丰富的辅食

满7个月之后，就可以开始给宝宝大量增加泥状的食物了。不过，在增加辅食次数的同时，还要增加辅食的花样，以保证各种营养的平衡。

1 **主食：**要采用谷物类，如米粥、面条、薯类、面包、麦片粥、热点心以及各种婴幼儿营养米粉。

2 **蛋白质：**蛋黄、鸡肉、鱼、豆腐、干酪等，建议每天食用1~2次，最佳的搭配是一次进食动物蛋白，另一次则进食植物蛋白。

3 **蔬果类：**四季蔬菜可以包括白萝卜、胡萝卜、南瓜、黄瓜、西红柿、土豆、青菜等；四季的水果可以包括苹果、蜜橘、梨、桃、柿子等，还可以加一些海藻食物，如紫菜、裙带菜等。这个类型的辅食建议每天食用一次。

217.给宝宝准备些磨牙的小点心

出牙期宝宝的牙龈会很痒，总喜欢咬一些硬的东西来缓解这种不适感，以帮助他的小乳牙萌出。目前，市场上有很多专为婴儿设计的磨牙玩具，如牙胶、练齿器、固齿器等，但妈妈或许会发现，宝宝在用磨牙玩具磨牙时很不老实，总是咬一咬就随手扔到一边了，等他再想起来磨牙时，磨牙玩具上已沾满了口水和灰尘，擦拭很难保证卫生，次次消毒又太麻烦。面对这些，其实给宝宝准备磨牙的食物是最好的选择。

妈妈可以给宝宝准备一些磨牙的小点心，如手指饼干、面包干、烤馒头片等，让他自己拿着吃。开始的时候，宝宝往往是用唾液把食物泡软后再咽下去，几天之后他就会用牙龈磨碎食物并尝试咀嚼了，也就达到了磨牙的效果。此外，妈妈还可以把新鲜的苹果、黄瓜、胡萝卜或西芹等切成手指粗细的小长条给宝宝，这些食物清凉脆甜，还能给宝宝补充维生素，是磨牙的最佳选择。当然，妈妈还可以把买回来的地瓜干放在刚煮熟的米饭上面焖一焖，到又香又软时再给宝宝吃。磨牙饼干、手指饼干或其他长条形的饼干不但可以满足宝宝咬的欲望，还能让他练习自己拿着东西吃，真是一举两得。不过要注意的是，不要选择口味太重的小点心，以免破坏宝宝的味觉。

218.让宝宝自己拿勺吃饭

这个月，妈妈可以有意识地让宝宝自己拿勺子吃饭了，以便促进其手、眼、脑的协调发展，提升其生活的自理能力。

通常，为了达到鼓励和训练宝宝的目的，妈妈在吃饭的时候，可以一边用一个勺子喂宝宝吃饭，一边同时也给宝宝自己拿一个勺子，允许宝宝自己用勺子来吃饭。刚开始的时候，宝宝可能会分不清勺子的正反面或者拿不稳勺子或者用勺子乱捣，对此妈妈千万不要着急，要耐心地引导和帮助，不断鼓励宝宝学会自己动手。这样，一段时间的锻炼之后，宝宝就自然而然地掌握用勺子吃饭了。

219.训练宝宝吃一些蔬菜

蔬菜中所含的维生素、叶绿素和膳食纤维是其他食物无法替代的，但很多妈妈都反映自己的宝宝不爱吃蔬菜。那么，如何训练宝宝吃一些蔬菜呢？以下是一些让宝宝爱上吃蔬菜的方法。

若宝宝从小吃蔬菜很少，而偏爱吃肉，长大后就很可能难以接受蔬菜，此时妈妈就要多花些工夫来让宝宝爱吃蔬菜。

❶ 妈妈要给宝宝做好榜样，带头多吃蔬菜，并表现出很好吃的样子。不要在饭桌上议论自己爱吃什么，不爱吃什么，这些都很容易被宝宝模仿学习到，从而产生误导。要多向宝宝讲吃蔬菜的好处和不吃蔬菜的坏处，有意识地通过讲故事的形式让宝宝懂得，吃蔬菜能让身体更结实、更健康。

❷ 不要使用强硬手段。若宝宝只是不吃某几样蔬菜，妈妈不必太勉强，可以改变烹调方式、改变蔬菜的形状等诱使宝宝吃，或用其他蔬菜来代替，或许一段时间后宝宝自己就会喜欢这种蔬菜了。

❸ 注意改善蔬菜的烹调方法。给宝宝做的菜要尽量切得细一些、碎一些，便于咀嚼，同时注意色、香、味、形的搭配，以便增进宝宝食欲，还可以把蔬菜做成馅包在包子、饺子或小馅饼里给宝宝吃。

220.定期给宝宝称体重

这个月，妈妈要定期给宝宝称体重。通常，本月宝宝的体重有望增加0.22~0.37千克，月体重增长速度是逐渐缓慢了，但是宝宝的绝对体重值还在上升。根据婴儿体重百分位曲线图，连续监测体重要比偶尔一次的测量更有意义。这是因为，婴儿的体重并不是每个月均匀增长的，而是呈现跳跃式增长，存在很大的"补长"现象，只有连续定期地量才能跟踪宝宝体重增长的内在规律。

当然，体重增长也受到营养、护理方式、疾病等因素影响。夏天天热时，宝宝可能不爱喝奶，导致体重增长缓慢；秋天天凉后，宝宝食欲增加，体重可能增速又加快了。对此，妈妈应该科学喂养宝宝，既注意营养的供给，又注意护理的贴心，这样才能养出健康宝宝。

221.巧食苹果治疗小儿腹泻

苹果是大家常吃的水果，它里面所含的果胶和纤维素具有吸收细菌和毒素的作用，能抑制和消除细菌病毒，因此有助于止泻。另外，它所含的纤维和有机酸又可以刺激肠道使大便松软，有助于排便。除此之外，对7~8个月较易患腹泻的宝宝来说，苹果还有助于治疗腹泻。

对普通的小儿腹泻，可以先把苹果洗净，放入沸水中煮5~8分钟，剥皮后用勺子刮成泥，让宝宝每日服用3~4次，每次30~50克。

对因肠功能紊乱而产生的腹泻，可把一整个苹果切成8~9块，加入一大碗水，等苹果烂熟了，让宝宝连汤一起吃下去。

此外，对一些慢性腹泻、神经性结肠炎等，可用苹果粉15克趁宝宝空腹时服用，每天2~3次，效果也很好。

222.宝宝干呕的应对措施

这个月，宝宝有时会出现干呕现象，原因可能有很多。其一，可能跟出牙有关。其二，宝宝"吃手"时把手伸到嘴里，刺激到软腭也会发生干呕。其三，此时宝宝唾液腺分泌旺盛，唾液增加，而宝宝还无法很好地吞咽，仰卧时就可能会呛到气管里，出现干呕。当然，宝宝出牙会使口水增多，过多口水会流到咽部，在宝宝没来得及吞咽下去时就噎到了宝宝，这也会出现干呕。

虽然很多原因都能引起宝宝干呕，但只要干呕过后，宝宝没有其他异常症状，还是高兴地玩耍、吃饭等，那就不要紧。有些妈妈看到宝宝干呕，认为是消化不良了，胃口有毛病了，就马上给宝宝吃助消化的药物，这是没有必要的。

若宝宝一吃饭就干呕，妈妈就要先看宝宝是不是积食了。如果是积食，宝宝会出现恶心、呕吐、打酸嗝、手足发烧、皮肤发黄等症状。此时若观察宝宝的舌苔，会发现很厚，且颜色发白，同时还能闻到宝宝呼出的口气里有酸腐味。这个时候，妈妈就要先给宝宝吃一些助消化的药物、有消食作用的食疗膳食等，或给宝宝的腹部进行一些按摩，再或是停止给宝宝添加辅食，让宝宝"饿"上一两天，症状就会自然减轻。当然，若发现不是积食，就要马上带宝宝去就医。

223.不好好吃辅食怎么办

这个月的宝宝有些不喜欢吃粥，却爱吃米饭。但妈妈却不敢给宝宝喂米饭，怕噎着宝宝，认为宝宝还没有长牙，还不会咀嚼。其实，这样的担心是没有必要的，做烂一些的米饭是不会噎着宝宝的。若宝宝不爱喝粥爱吃米饭，那就给他吃米饭好了。

另外一些宝宝不爱吃蔬菜，这可能是之前几个月给了菜水或者菜汤吃，味道较为单调，此时不爱吃了。对此，妈妈不用太着急，可以先暂时停几天不喂蔬菜，过几天再喂，可能宝宝又接受了。

还有些宝宝这个月不爱吃蛋，对此，妈妈可以暂停一段时间的蛋类食物。不要担心这样宝宝的蛋白质摄入量会减少，肉类中的蛋白质也是很多的，给宝宝补充些肉类就可以了。另外，给宝宝做鸡蛋的方法也要不断变换，不要每天都喂鸡蛋羹、鸡蛋汤之类的，以免宝宝吃腻。

此时若宝宝喜欢吃面食，妈妈可以把肉或者蛋包在饺子和馄饨里给宝宝吃；还有些宝宝爱吃海产品，妈妈则可以多做些虾汤或者是鱼肉丸子给宝宝吃。

总之，妈妈应该记住一点，无论宝宝多爱吃的食物，吃多了也会吃腻。唯一让宝宝好好吃的方法，就是不断变换食物种类和做法，让宝宝不产生厌烦。

224.可能会咬妈妈的乳头

出牙的时候，宝宝的牙床肿胀，会有咬东西减痛的需要，因此开始喜欢咬妈妈的乳头，这是宝宝的正常生理反应，并不是什么大事。对此，妈妈平时可以给宝宝一些磨牙饼干或用冰镇过的固齿器，还可帮宝宝按摩下肿胀的牙龈。喂奶时，若宝宝已吃饱，就尽快让他离开乳房，并保持一定警觉心，若宝宝稍微将嘴巴松开，往乳头方向滑动，就要及时改变宝宝的姿势，避免乳头被咬。此外，最好不要让宝宝衔着乳头睡觉，以免睡梦中宝宝因牙龈肿胀而咬伤乳头。

宝宝第一次咬乳头时，多数妈妈由于没有心理准备常常反应强烈，可能会大喊大叫或拉出乳头，这势必会吓到宝宝，宝宝反而会将乳头咬得更紧。因此，在宝宝第一次咬疼妈妈时，妈妈一定要保持沉稳，可以将宝宝的头轻轻扣向你的乳房，堵住他的鼻子，这样他就会本能地松开嘴以便可以呼吸。如此几次后，宝宝就会明白，咬妈妈会让自己不舒服，也就不会再咬了。

对那些生来就咬乳头的宝宝，若只是肌肉张力亢进的话，妈妈可在喂奶前先给宝宝洗一个温水澡或轻轻按摩宝宝的四肢，用冷热水交替来擦宝宝的脸，并严格控制宝宝的衔乳姿势，用手指坚定地按下宝宝的下唇或下巴，阻止宝宝咬乳头。喂奶时，也要始终把手按在宝宝的下巴上，但若咬乳头的情况持续6～8周以上，就要带宝宝去看医生，看是否有神经性的天生缺陷。

225.秋季咳嗽别当病治

这个月刚好在秋天的宝宝，有时会出现持续性咳嗽现象，平时不怎么咳嗽的宝宝可能在夜里睡觉或早上起床后会连续咳嗽一阵子，若是夜里，还可能把晚上吃的牛奶都吐出来。不过，宝宝白天却十分正常，精神十足，食量也没有减退迹象。对此，如果是以前一直爱积痰咳的宝宝，妈妈通常不太担心，但若宝宝是刚刚出现的这种现象，妈妈就未免担心宝宝是不是生病了。

其实，婴儿期的这种咳嗽多半是由体质造成的，宝宝的喉咙和气管里也总是呼噜呼噜的，仿佛有痰一样。不过，只要宝宝平时不发烧、没有异常表现，进食和大便都正常，妈妈就不用担心，也没必要带宝宝去看医生，只要平时注意加强锻炼，多进行户外活动，改善体质，随着宝宝渐渐长大，这种情况就会好转。通常，婴儿时期的这种积痰、咳嗽很少会转成哮喘，但若妈妈把这样的宝宝当作病人治疗的话，倒很有可能让宝宝的体质衰弱、抵抗力下降，更容易招致疾病。

若宝宝在一段时间里咳嗽严重，但除了咳嗽外没任何不适症状，妈妈就应多给宝宝喂水，减少洗澡次数，以避免积痰加重。但若非洗不可，也尽量不要在晚上洗，最好下午洗。平时要多带宝宝进行室外运动，锻炼皮肤和气管的黏膜，从而减少积痰的分泌和缓解咳嗽。

226.宝宝眼睛的护理

眼睛是心灵的窗口，这个时期，妈妈还要做好宝宝眼睛的护理工作。

❶ 倒睫。宝宝眼睛出现倒睫情况很常见，这是由于宝宝脸庞较胖，鼻骨还未发育，眼皮脂肪较多，睑缘较厚，很容易使睫毛向内倒卷，形成倒睫。不过，宝宝的睫毛多数都很纤细柔软，再加上泪液分泌多且黏稠，因此多数倒睫不会对眼睛造成危害。随着宝宝年龄的增长，多数倒睫可以自行恢复正位。

❷ 沙眼。沙眼是衣原体引起的传染性眼病。若宝宝出现沙眼，则会在其眼内看到滤泡，宝宝会觉得眼痒。预防沙眼，首先要养成良好的卫生习惯，不要和大人混用脸盆、毛巾等物，不可用手经常揉眼。其次由于沙眼衣原体怕热，70℃就能杀死，因此可以定期用沸水对毛巾等进行消毒。治疗沙眼时，只要遵医嘱服用抗生素、使用眼药水或药膏，不久就可治愈。

❸ 揉眼睛。宝宝经常揉眼的原因很多，最常见的有两种，一是不良习惯，二是跟眼病引起的眼部不适有关。若宝宝在哭闹、玩耍、眼睛不适时喜欢揉眼睛，久而久之就会养成揉眼睛的坏习惯。对此，妈妈可以在宝宝哭闹或揉眼时就用柔软的毛巾给他擦净眼泪。若宝宝面部、眼部有汗水或尘污，也要及时擦干净，以减少宝宝揉眼的次数。

❹ 流泪。宝宝眼泪多的原因也很多，一是泪液分泌过多，无法及时流入鼻炎腔内；二是由于眼部有炎症或其他的眼病；三是泪道狭窄、泪道阻塞。如果妈妈发现宝宝经常泪流不止，就要及时带宝宝就医。

227.让宝宝早上迟醒一些

通常，宝宝清晨都会醒来得比较早，特别是夏天。这个时期，要想让宝宝迟一些醒来基本上是很困难的。一般来讲，就算晚上让宝宝迟一些睡觉，第二天他仍然会在同一时间醒来。对此，最好的办法就是关掉房间里所有的灯，拉上窗帘，让房间看上去暗一些。另外，妈妈还可以每天早上6点之前给宝宝喂食，并且在喂的时候像晚上喂食那样保持安静状态。或者还可以在宝宝的婴儿床上放两个玩具，一旦早上宝宝醒过来了就能一眼看到玩具，然后自己玩耍几十分钟。趁着宝宝玩耍的这段时间，妈妈就可以多睡上一会儿。

228.不要强行给宝宝把尿

这个月的宝宝还离不开尿布，小便的次数也不少，如果妈妈每次都试图让宝宝把尿尿在盆里，那么就会觉得很累。如果此时宝宝的小便比较有规律了，而妈妈又已经掌握了这些规律，那么就可以把大部分的尿给接在盆里了，这样是很好的。

不过，如果妈妈为了不让宝宝尿湿尿布，而总是把宝宝尿尿，就很可能让宝宝出现尿频现象；而如果宝宝反感把尿，则不但宝宝失去了乐趣，妈妈也费了不少时间和精力，事倍功半。因此，这个时候，妈妈不如放开手，就让宝宝随便尿在尿布上。

此外，这个月，对那些喜欢把尿的宝宝，妈妈要掌握好宝宝尿尿的时间，不要频繁把尿，更不要强行把尿，这样，才能逐渐让宝宝形成排尿反应。

229.不要强行训练宝宝排便

这个月龄的宝宝通常每天有1~2次大便，且呈现细条形；还可能是黏稠的稀便，没有便水分离的现象，呈现黄色或者黄绿色，这与添加的辅食种类有关。个别宝宝可能一天要大便3~4次，但只要不是水样便，且宝宝也没什么身体异常，就没什么可担心的。

这个时期，如果妈妈可以掌握宝宝的排便规律，那就可以成功地把宝宝的大便给接到便盆里；但如果让宝宝坐便盆，宝宝很反感，甚至以哭来抵抗，那就不要强迫宝宝把大便排到便盆中。对这个月龄的宝宝来说，排便训练是没有效果的，就算成功地把便排在了便盆里，那也不意味着宝宝就会控制排便了，那只是妈妈察言观色和及时让宝宝坐上便盆的结果。

230.大便干燥怎么办

大便干燥，一般是指肠子运动缓慢、水分吸收过多，导致了大便干燥坚硬、次数减少、排出困难。婴儿的大便干燥很常见也很顽固，虽说大多数不是疾病引起的，但妈妈也要及时妥善处理，若不注意，很可能会形成习惯性的大便干燥，导致便秘或其他问题。

常见的大便干燥可通过饮食来调理，平时妈妈要多给宝宝喝水和鲜榨的葡萄汁、桃汁、西瓜汁等，还可以给宝宝吃一些胡萝卜泥、白萝卜泥、菠菜泥等，也可将全粉面包渣与小米汤和在一起煮成小米面包粥。对大便干燥的宝宝，最好不要给予任何可能引起上火的食物。

对那些经常性大便干燥的宝宝，妈妈可以每天帮宝宝做下腹部按摩，按摩时将手充分展开，以肚脐为中心，捂住宝宝的腹部，按顺时针方向按摩，每次5分钟，每天1次。按摩之后就让宝宝坐上便盆，或直接把便，但若宝宝出现挣扎反抗等动作，就要停止把便。

231.宝宝出牙的顺序

通常，多数宝宝都是在7~9个月的时候长出第一颗乳牙的，但也有个别宝宝会到10个月，甚至12个月才长出第一颗乳牙。之后，在宝宝大约2岁半的时候，他的20颗乳牙就会全部长齐。在出牙期间，宝宝的牙齿一般都会按照一定的出牙顺序逐渐长出来。

一般情况下，宝宝的乳牙会在6个月左右开始萌出，不过具体到每个宝宝情况又不一样。有些较早的宝宝3~4个月时就萌出了，而有些较晚宝宝则到10个月左右才萌出乳牙，不过这都在正常的时间范围内。出牙时基本上是按照下颌先于上颌，从前往后来出的。最先萌出的是一对下门牙，然后再萌出一对上门牙，之后其他的乳牙会按照从前往后，左右相对成对地萌出，一般都是左右对称同时萌出的，先出下牙再出上牙。

具体到宝宝口腔内的牙齿数目，可按照月龄减去6来估算，如10个月大的宝宝，就应该有4颗牙齿。

232.半夜尽量不打扰宝宝睡觉

这个时期，宝宝的睡眠时间和踏实程度有了更加明显的个体差异。多数宝宝在本月里，白天只睡两觉，上午10点左右和下午3点左右。如果此时妈妈陪伴着睡觉，宝宝就会睡得很踏实，时间也相对较长。这样，如果宝宝傍晚不再睡一会儿，那么晚上睡得就比较早，能从八九点一直睡到第二天早上六七点。

有时候，宝宝在睡眠中翻来覆去地滚动，还不时地发出声音，或者哼哼唧唧的，或者发出一两声的抽啼等。这些其实是宝宝睡眠中的正常现象，但有些妈妈总是对此很担心，把灯打开，又是给宝宝把尿，又是换尿布，又是喂奶。结果，原本没有醒的宝宝也被弄醒了。此时，如果是平常就较为安静的宝宝，可能玩一会儿就睡了；但若是正在睡头上的宝宝，则可能因妈妈的打搅而大发雷霆，哭闹不止，耍起脾气。这样，妈妈和宝宝都无法好好休息了。因此，妈妈一定要认识到宝宝睡眠的规律性特征，尽量不要在半夜打扰宝宝睡觉，这样自己也能得到很好的休息。

233.不懂认生的宝宝就是有问题吗

有些宝宝很早就表现出了认生的症状，而有些宝宝到了这个月的时候仍然不知道认生，见到谁都要笑。对此，有些妈妈很怀疑，宝宝是不是不聪明啊，怎么一点儿都不知道认生呢？

其实，认生的早晚跟聪明程度没有直接的联系，相反，跟宝宝的性格有关。那些很小就开始认生的宝宝，有些到了很大的时候还是认生，不喜欢跟小朋友玩耍，别人叫他的名字，他也反应平淡，毫无热情。与此同时，那些不认生的宝宝则会表现得较为热情，很喜欢跟人交往，人缘也很好。

有些宝宝从2个月开始就认生了，可长大了却很随和。所以说，认生的早晚都是不定的，跟智力没什么关系，妈妈不用因此担心宝宝的智力。仅仅从认生这一个现状上，是不能说明宝宝的智力和其他发育程度的好坏的。

不过，对不认生的宝宝，妈妈倒是会担心：宝宝会不会被别人给抱走呢？长大了是不是很容易受骗呢？其实，这更是完全没有依据的，就是那些认生的宝宝，只要别人想抱走，也很容易被人抱走，这跟认生不认生并没有必然的联系。不过，考虑到宝宝的安全问题，不管他是认生还是不认生，妈妈都要好好看护，以免出意外。

234.警惕可能发生的意外

满7个月的宝宝能自己挪动到达房间的任何一个角落了，常有家人看到宝宝爬行时总是往后退，就认为宝宝不会挪太远，结果就会发生一些安全事故。这个时候，只把宝宝枕头旁和身边的东西收拾好是不够的，任何对宝宝有危险的物品，如热水瓶、剪刀、电熨斗等都要收拾好或放到宝宝够不到的地方。

夏天若家里用风扇，一定要把风扇放到高处，若摆在地上，宝宝很可能会因为好奇而把手伸进风扇的缝隙里而碰伤。妈妈最好可以选择那种婴儿用手摸不到扇页的网状多孔型电扇。此外，本月宝宝手部动作能力增强了，能自己抓很多东西，因此家里的抽屉、柜子门一定要关好，并拿走一切易被婴儿吞食或可能弄伤手指的物品。给宝宝喂饭时，若用纱布代替围嘴，一旦喂完饭后妈妈没能及时将纱布拿开，宝宝就可能将它吃进嘴里而造成窒息。

带宝宝进行户外活动时一定要看好宝宝。本月宝宝力气十足，能自己在婴儿车里摆动身体，若妈妈不注意，宝宝很可能会从婴儿车里摔出来或碰翻婴儿车把上挂着的东西；宝宝还想抓一抓他看到的一切事物，一旦被他抓到了，下一步动作就是放到嘴里，因此妈妈一定要注意不让宝宝随意抓东西。

235.四季的护理要点

出牙的宝宝在五六月春末夏初时，很容易患上鹅口疮性口腔炎，由此会食欲不振、吃饭哭闹，有的宝宝还会出现发热症状。一旦宝宝出现了吃饭哭闹、咽喉深处红肿症状，妈妈就要想到这种疾病的可能，并及时采取措施治疗。

夏天，宝宝的头上可能会长出很多脓疙瘩，这可能是因为宝宝把痱子抓破，化脓菌进入体内导致的，也可能是其他宝宝水疱疹所感染的。为避免出现这种情况，妈妈一旦发现宝宝长痱子，就要注意把宝宝的手指甲剪短，并且勤换枕巾保持干净卫生。较胖的宝宝夏季还容易发生皮肤褶皱处糜烂，有效的预防措施就是勤给宝宝用清水清洗褶皱处的皮肤。由于此时宝宝还未接种乙脑疫苗，而蚊子恰是乙脑病毒的传播途径，因此要尽量避免宝宝被蚊子叮到。

　　初秋季节宝宝喉咙里总是发出呼噜呼噜的声音，虽然这的确可能是支气管哮喘的前兆，但也可能是宝宝的体质问题，妈妈要注意区分。此外，渗出性体质的宝宝更容易出现这种现象，这样的宝宝通常较胖，爱出汗，平时不爱活动，不爱吃蔬菜和水果，爱吃甜食，容易过敏，大便较稀。对这样的宝宝，一定要多带他到户外加强运动，改善体质。

　　这个月龄的宝宝冬天也可以进行户外活动。天气冷时就少出去活动会儿，天气好时不妨多出去玩会儿，尽量每天都能到外面透透气，且每次外出回家后，最好可以给宝宝揉揉他的小手和小脚。

抱着宝宝上饭桌

236.营养需求

母乳喂养的宝宝过了8个月，就算母乳依然充足，也应该逐渐增加辅食的品种。因为8个月后宝宝的身体迅速生长，母乳中的营养成分已经不能满足宝宝生长发育的需要了。若此时母乳充足，就不必完全给宝宝断奶，但也不要再以母乳为主，而要给宝宝添加辅食了。

人工喂养的宝宝，这个时期也不能再以牛奶做主食了，而要逐渐给宝宝添加辅食，但每天应该保证宝宝摄入的牛奶量在500毫升以上。

此时可以继续给宝宝增加辅食，如一些碎菜、肉末、蛋黄、面条、粥等。这个时期宝宝的消化器官发育还不完善，辅食应以柔软、半固体为主。若宝宝不喜欢吃粥，而喜欢吃米饭，也可以让宝宝尝试吃些米饭，若没有消化不良等反应，以后也可逐渐给宝宝吃一些软的米饭。

另外，妈妈也要保证宝宝每天都能摄取多种蔬菜，以保持营养的均衡，如胡萝卜、西红柿、菠菜、白菜、白萝卜等。宝宝满8个月之后，妈妈可以把苹果、梨、桃子等水果切成薄片，让宝宝拿着吃。香蕉、橘子等也可以整个地给宝宝拿着吃。

这时期的宝宝吃饭已经可以定时定量了，妈妈可因此把食物分为"三餐两点"，并且保证蛋白质的摄入。

237.发育指标

这个月，宝宝在身高和体重上的生长规律跟上个月基本相同。8个月大的宝宝身高大约会增加1~1.5厘米，男宝宝身高大多在65.7~76.3厘米之间，女宝宝身高则大约在63.7~74.5厘米之间；这个月宝宝的体重约会增加0.22~0.37千克，男宝宝体重范围大概在6.9~10.8千克之间，女宝宝体重则在6.3~10.1千克之间。此时宝宝的头围约会增长0.67厘米。跟上个月相比，囟门的大小则变化不大。

到了这个月，多数宝宝会长出2~4颗小乳牙。不过，乳牙的萌出常跟个人体质有很大关系，如果本月有些宝宝依然没有长牙的迹象，妈妈也不要着急。儿科医生表示，宝宝只要不晚于10个月出牙都属正常范围。但若10个月时仍没有任何出牙征兆，那就应该作一些检查，找出宝宝不出牙的原因。

238.和妈妈一起吃饭

到了这个月，有些宝宝就对大人吃饭产生了兴趣，看到大人吃饭总爱过来凑热闹，并且表现出了一起吃饭的强烈愿望。对此，妈妈完全可以利用宝宝的这个特点，让宝宝和妈妈一起吃饭，既满足宝宝的喜好，也节省妈妈的时间，还可以增加宝宝户外活动和做亲子游戏的时间。

当然，由于宝宝活动能力增强了，因此抱着宝宝上饭桌吃饭时，一定要注意安全，热的饭菜不要放到宝宝身边，以免宝宝碰到或者将饭菜整个打翻而烫伤。宝宝的皮肤还很娇嫩，有时候大人觉得并不烫的东西，也许就会把他烫伤。吃饭时要培养宝宝的好习惯，不要边吃边玩，也不要让他拿着勺子或筷子乱敲乱打。宝宝吃饭时，妈妈也不可以逗宝宝玩，这样容易分散他的注意力而引起呛咳。

不过，虽说宝宝已经可以和大人一起吃饭，但宝宝的菜还需要特别加工才行，如要煮得烂一些，不放盐、糖、酱油、味精等调料。妈妈要知道，宝宝和大人一起吃饭并不等于可以给宝宝吃跟大人一样的食物，所有给宝宝的食物，都要精心烹调才行。

239.让宝宝养成良好的吃饭习惯

良好的习惯和生活能力是在婴幼儿时期就奠定的，宝宝在先天条件反射的基础上，接受从妈妈那里得来的一系列教育，就会形成各种各样的后天反射，继而慢慢地养成习惯。因此，在婴儿期，宝宝更容易形成良好的吃饭习惯。

1.固定的饭桌

8~9个月大的宝宝可以坐得很稳，因此可以给他准备饭桌了。每次喂饭之前，都要把宝宝靠坐的地方固定，让宝宝明白，坐在这个地方就是为了吃饭的。

2.鼓励宝宝自己动手吃饭

本月的宝宝总是想自己动手，因此妈妈可以手把手地训练宝宝自己吃饭。妈妈可以跟宝宝一起握着勺子，先让宝宝拿着勺子，之后妈妈帮着把饭放在勺子上，让宝宝自己送入口中。不过，更多的实际情况却是妈妈帮宝宝把饭送入了口中。

3.吃饭时间不要过长

每顿饭不要花费太多时间，以免宝宝的注意力随着时间的延长而降低。

4.良好的进餐习惯

饭前、便后要洗手，吃饭时要保持安静不说话，不大笑，以免食物呛入气管等，这些习惯都是妈妈要让宝宝恪守的。

240.宝宝的辅食增加到每日三次

这个时期，可以给宝宝建立一日三餐的规律饮食了，这对于宝宝的饮食健康、有序发展和身体的健康成长都是很有益处的。通常，妈妈应该一天喂宝宝三次断乳的替代食物，并且让宝宝和大人同时进餐。这个时期，宝宝已经进入了断乳后期，可以用自己的几颗小牙齿和牙床细细地品味食物的味道了。因此，当宝宝可以有节奏地运动嘴部，并且一次的进食量达到小碗的2/3时，妈妈就可以把替代食物的次数增加到每日三次了。不过，若此时宝宝依旧不喜欢咀嚼食物，那就可以往后再推迟1~2个月再进行这个安排。

另外，给宝宝喂饭的时间最好选在上午10点、下午2点和6点。只不过，如果宝宝能够适应和大人同样的吃饭时间，让宝宝和大人同时进餐也是可以的。而且，让宝宝和爸爸妈妈同时进餐，还会增加宝宝的食欲，并且加深爸爸妈妈和宝宝之间的情感，增进亲子关系。

241.宝宝对食物过敏该怎么办

生活中，有些宝宝会经常出现食物过敏的现象，如喝牛奶、吃蛋、吃花生或海鲜类等食品后会出现皮肤剧痒、出疹子，甚至腹痛、腹泻等症状。对孩子这种食物过敏的情况，妈妈一定要留心观察，并尽早预防和及时应对。

首先，生活中妈妈要多留心宝宝，一旦宝宝出现腹泻、呕吐、皮疹、红斑、瘙痒及患上一些呼吸道疾病时，一定要提高警觉，想到食物过敏的可能性，并及时带宝宝去医院检查，确诊原因。同时，要停止食用那些易引起过敏的食物，并遵医嘱对症下药。

其次，生活中妈妈还要多观察、记录，明确哪些食物容易引起宝宝过敏，同时制订严格的限食计划，并用营养素类同的食物来替代。如果宝宝对牛奶过敏，那么所有含奶类的食品，如冰淇淋、奶油、蛋糕等都不能吃，但可用一些蛋白质和钙含量丰富的食物来代替。若是母乳喂养的宝宝，妈妈平时也要相应地改变自己的饮食结构，少吃易引起过敏的食物。

再次，妈妈在购买食品时一定要有敏感性，多留意食物和物品的成分，尽量不买那些含有过敏原的食物。

242.教宝宝学会双手拿东西

这个时期的宝宝手部活动能力有了明显进步，已能用拇指和食指捏起东西了，还会模仿大人拍手，把纸撕碎并放进嘴里等。如果此时把宝宝抱到饭桌上，他就会用两只手啪啪地拍桌子、拿着勺子送到自己的嘴边，或者拉着窗帘绳晃来晃去。

因此，这个月教会宝宝双手的协调和配合能力很重要。此时，多数宝宝都不再只玩一样东西了，而是同时玩两个或两个以上的物体。他们喜欢用一样东西去碰另一样东西，如一只手拿起一块积木对敲，拿着摇铃敲桌子等，丝毫不管手是否会敲痛。当然，这些都是宝宝锻炼手部运动和探索活动的开始，妈妈要鼓励宝宝，并注意观察宝宝会不会同时用双手去抓握、敲打这些东西。本月，有些宝宝还是用一只手抓东西，而另一只手似乎总"闲置"着。这是宝宝还不懂得同时运用双手的原因。对此，妈妈要耐心启发、诱导他们，如先递给宝宝一件玩具，再递第二件玩具，看宝宝怎么反应。若宝宝扔掉手里的玩具再去接新玩具，那就表明他们还没有意识到可以用另一只手去接，此时妈妈要告诉宝宝"还有另外一只手可以拿玩具啊"，并有意地把玩具递到他另外那只手上，让宝宝学会双手拿东西。

243.如何让宝宝尝试新的食物

这个时期，妈妈在给宝宝养成良好饮食习惯的同时，还需要让宝宝对新添加的一些食物感兴趣，并且愿意接受。那么，如何让宝宝愿意尝试新的食物呢？

妈妈可以把新食物和宝宝熟悉的食物搭配在一起给宝宝吃，或者妈妈一边讨论着新食物的味道、颜色、质量等，一边咀嚼新食物，并且作出非常好吃的样子，引起宝宝对新食物的兴趣。如果，这些方法使用后，宝宝接受了新食物，则要给以适当的表扬，之后至少间隔4~5天之后，再给宝宝尝试另一种新食物。当然，如果初次进食宝宝就拒绝了，则可以暂时不理会，并且不要强迫，而是等过了这一段之后再试试其他的办法。如果把一种新食品做成多种菜肴，让它以一种全新的形式去引起宝宝的兴趣，或许宝宝更乐于接受。或者妈妈可以利用宝宝喜欢吃的某类食品，将新添加的这种食品做成他喜欢的食品的样子，宝宝或许也容易接受一些。

244.纠正宝宝出牙期的坏习惯

出牙期间的宝宝，总有一些不太起眼的小习惯。有些妈妈对此并不在意，毕竟只是一些小习惯，殊不知，这些小习惯却很容易让宝宝失去一口健康、整齐的牙齿。与其等宝宝出现牙齿畸形再去纠正，妈妈不如现在就让他纠正这些坏习惯。

首先，用嘴呼吸。正常呼吸是用鼻子，但若宝宝患有鼻炎或腺样体肥大等疾病，鼻道不畅通，就会不自觉地用嘴呼吸，进而形成用嘴呼吸的坏习惯。这样长期用嘴呼吸，就会使上颌前凸，上牙弓狭窄，牙列不齐，外表看着就是牙唇露齿，上唇短厚，上前牙突出。

其次，舔牙。若宝宝不停用舌尖舔上下前牙，就会导致牙齿开合。常舔下前牙，会致使下颌向前移位，形成下颌前突的反合。而若同时舔上下前牙或经常吐出，则会使上下颌都向前移位，而导致双颌前突畸形和开合。

另外一个就是咬唇。宝宝如果有咬上唇的习惯的话，就会导致其下颌前凸，前牙反合，上前牙拥挤且向侧面倾斜；若宝宝有咬下唇的习惯，则会致使下颌后缩，下牙拥挤，上牙前凸呈现"鸟嘴状"。要想纠正宝宝的这些坏习惯，妈妈必须要先了解宝宝的心理原因，之后再采取具体方法来帮宝宝纠正。

245.还不出牙怎么办

大部分宝宝到了这个月，都能长出2~4颗乳牙了，还有些出牙较早的宝宝甚至长出6颗乳牙了，不过也有一些宝宝到这个时候还是没有长出乳牙。这该怎么办呢？

其实，婴儿出牙的早晚有很大的个人差异，通常，女婴比男婴牙齿钙化、萌出的时间要早，营养良好、身高体重较高的宝宝也要比营养差、身高体重较低的宝宝牙齿萌出早。此外，牙齿萌出的早晚跟种族、环境、气候、疾病等也有着密切关系。宝宝的乳牙其实早在胎儿期时就已经长出了牙龈，只不过没有破床而出，因此长牙是迟早的事，有时候，迟迟不长牙的宝宝，可能突然有一天牙齿就如"雨后春笋"般长了出来。因此，此时的宝宝不长牙，妈妈不用太担心，再耐心等待一段时间即可，毕竟一周岁之后才出牙的宝宝也是有的。

需要注意的是，有些妈妈为了让宝宝长牙就给宝宝补充大量的钙和鱼肝油，这种做法是不可取的。过量的钙和鱼肝油不但对宝宝乳牙萌出没有任何积极作用，反而可能导致维生素过量甚至中毒，或钙过量引起大便干燥，严重时还会造成肝、脑、肾等软组织钙化。不过，想让宝宝的牙齿尽快长出来，妈妈倒是可以给宝宝多吃点有咀嚼性的东西，如磨牙棒、饼干等。

246.宝宝为什么总用手抠嘴

到了这个月，有些之前爱好吮吸手指的宝宝动作开始"升级"了，演变成了用手指抠嘴，严重时甚至会引起干呕，若刚吃完奶则很可能把奶给吐出来。但就算宝宝抠嘴抠到了干呕、吐奶，过几分钟之后他依然会重蹈覆辙继续抠，让妈妈头疼不已。

其实，抠嘴是这个时期宝宝的一个特征，过了这段时间就会好，但抠嘴既不卫生，也会影响宝宝的发育，因此妈妈还是应当进行纠正。实际上，宝宝之所以爱抠嘴，一是因为手的活动能力增强了，可自由支配自己的手指；二是因为出牙导致了牙床不适，于是宝宝就总试图把手指伸到嘴里去抠以便缓解出牙的不适。

明白了宝宝为何抠嘴，妈妈就该知道如何解决了。平常，可以多给宝宝一些方便咀嚼的食物，让他磨磨小乳牙，促进牙齿生长，缓解牙床不适，或用冷纱布帮宝宝在牙床处冷敷，起到舒缓作用。一旦看到宝宝抠嘴，可轻轻把他的手从嘴里拿出来，给他点别的东西让他拿在手里，转移注意力。或者可以轻轻拍打一下他的小手，严肃地告诉他"不"，但不要严厉地打骂，以免宝宝恐惧而大哭。

247.宝宝的小腿可能会发弯

随着月龄的增长，宝宝的小腿逐渐长长了，开始会站立一会儿了。这时候，妈妈可能会发现，宝宝的小腿有些发弯，这是怎么回事呢？难道是罗圈腿吗？

当然，一旦发现这种情况，很多妈妈会抱着宝宝到医院作检查。而有些医生可能会开一张X射线申请单，让宝宝去拍照胫腓骨片，顺便了解下骨骼发育的情况，看是否患有佝偻病。而一些经验不足的医生则可能会说是缺钙了，开一些钙剂了事。当然，也有一些医生会让宝宝继续作更多的检查来确诊。

其实，这么大的宝宝小腿发弯是很正常的现象，这是因为此时的宝宝小腿内侧的一根长骨（胫骨）所附着的肌肉较外侧的要薄，乍看上去，两条小腿就有点弯曲感，但实际上却是一种错觉。此外，本月的宝宝由于刚开始学站，两腿还不能很好地承受身体的重量，因此也会暂时出现小腿弯曲现象，一般2~3岁时即能恢复正常。通常，这些正常的小腿弯曲在X射线片上是看不出佝偻病迹象的，因此若妈妈通过医学检查发现无异常的话，就可照常对宝宝进行站立训练，而不用太过担心了。

248.对宝宝进行排便训练

这个时期的宝宝行动能力逐步提升，妈妈要及时关注宝宝的排便训练，为其日后生活自理作好准备。

通常，在这个时期，除了给宝宝喂奶，妈妈还会给宝宝添加一些辅食，而添加辅食后，宝宝的大便就会逐渐接近于成人，因此妈妈最好训练宝宝坐便盆排便。一旦发现宝宝有排便迹象，妈妈就应该赶快抱他蹲便盆。不过，由于宝宝此时还不能完全控制自己排便，加上有些排便时间没有规律，大便次数又多，因此很多情况下排便不成功，对此妈妈千万不能强行把便。若长时间让宝宝坐在便盆上，由于宝宝的肛门括约肌和肛提肌的肌紧张力较低，直肠和肛门周围的组织也较松弛，加上其骶骨的弯曲度还未形成，直肠很容易向下移动，易使宝宝腹内压增高，直肠受到一股向下的力的推动而向肛门突出，造成脱肛。

此外，由于宝宝处于生长发育期，其骨组织中的水分较多而固体物质和无机盐成分较少，骨骼比成人软且富有弹性，若长时间让宝宝坐在便盆上，会大大增加其脊柱的负重，容易导致脊椎侧弯畸形，影响正常发育。

所以，为了宝宝的身体健康，妈妈要在宝宝有便意时让他坐便盆，解便后就立即把便盆拿开，若宝宝坐上一段时间仍没有便出，也要将便盆拿开，不要让宝宝久坐在上面。

249.能力倒退怎么办

这个时期的宝宝，有时候会出现能力倒退的现象，这让妈妈很不安。例如，原来宝宝总是很顺利地把大便排在便盆中，而现在却不灵了；原本都已经不怎么用尿布了，但现在总要洗很多尿布；原本宝宝都可以扶着栏杆站了，但现在一站立就摔倒了，等等。

其实，以上这些情况说是能力倒退并不确切，因为，表面上看，这些似乎是能力倒退现象，但实际上却不是。我们应该了解，此时的宝宝本来就不具备控制自己大小便的能力，之所以能把大便排在便盆中是因为妈妈根据宝宝排便前的表现分析出了宝宝可能要排便。若是妈妈某一次的判断失误了，或者宝宝没有服从妈妈的指挥，那么排便就会失败。但这样的现象，怎能是宝宝能力倒退的表现呢？

此外，本月的宝宝已经不满足于扶着栏杆站立了，他会想要向前走。在这个过程中，他很可能会摔倒，但不知内情的妈妈却会误以为是宝宝能力倒退了。综上所述，妈妈不要一遇到疑惑，就认为是宝宝能力倒退了，而应该细心观察呵护宝宝，随时了解宝宝的能力发展，这样才能让宝宝更好进步。

250.头发稀黄怎么办

这个月，有些宝宝会出现头发又稀又黄的现象，甚至一些出生时头发又浓又黑的宝宝也出现了这种现象，这让一些妈妈担心，宝宝是不是营养不良或缺少某些微量元素了。

其实，1岁以内宝宝出现头发稀黄属于生理现象，通常都不是疾病。刚出生时，宝宝的发质跟妈妈怀孕时的营养有很大关系，而出生后的发质则与自身营养、遗传和护理有关。若出生后营养不足，体内缺锌、缺钙，就会使头发质量下降。不过，本月宝宝由于缺乏营养而致头发发黄的还较为少见，但若妈妈一方头发质量本来就不是很好，那宝宝的头发质量就有可能不太好。

妈妈要仔细观察宝宝，若其头发不但发黄发稀，还缺少光泽、像干草一样，这就说明可能是营养摄取不足导致的；但若宝宝的头发除了较黄外，又光泽又柔顺，那就不是营养不良的原因了。对于营养问题造成的头发稀黄，妈妈可在日常饮食中给宝宝增加一些含铁、锌、钙多的食物，如牛奶及奶制品、蔬菜、虾皮等，肝脏、肉类、鱼类、菠菜、韭菜等含铁较多的食物。

需要注意的是，老人认为宝宝头发突然稀黄时可以剃成秃子来养的做法是不对的，那样不但达不到将头发养好的效果，还可能使宝宝的头部失去头发保护而易受损伤。

251.尽量两个人看护宝宝

这个月的小宝宝活动能力越来越强，一个人要想把喂养、活动、训练、游戏、日常护理和保护安全同时做好是很困难的，只要稍一疏忽，宝宝就有可能发生意外。因此，宝宝到了这个月龄，家里最好可以有两个大人同时看护宝宝，并且做到合理分工，让宝宝生活更舒适、训练更全面的同时，也能更大限度地保障宝宝的安全。

一般情况下，若是双职工家庭，最好可以由一方的老人来同时看护，有条件的话当然也可以请保姆来共同看护。而等到周末时期，爸爸妈妈可以休息了，看护宝宝的责任就落到爸爸妈妈身上。此时，爸爸妈妈跟宝宝的亲密接触是非常重要的，对宝宝的身心发育有极大的好处。因此，对宝宝来说，其实最好的看护者仍然是爸爸妈妈，只要爸爸妈妈有时间，就要尽可能多地陪陪宝宝。

252.防止宝宝感冒

这个时期，妈妈要格外谨慎以防宝宝感冒。通常，防止受凉是预防感冒的关键，但多数宝宝感冒却不是因为穿得少了，而是因为穿得多了，许多妈妈都舍得给宝宝穿衣服，却不舍得给宝宝脱衣服，这往往成为感冒的诱因。

这个时期的婴幼儿新陈代谢很旺盛，平常又总在活动，因此穿得过多势必容易出汗，而出汗时全身毛孔都张开，一遇冷风就会受凉而招致感冒。相反，若妈妈能给宝宝适当少穿一点，让他感觉稍微有点冷，全身的毛孔都收缩、紧闭起来，那么运动后也就不容易出汗了。由于这时毛孔都处在紧闭状态，冷风很难侵入，对身体的伤害也不是太大，宝宝通常会打几个喷嚏、流清鼻涕，但只要及时给宝宝喝一些温开水，且避免直接吹风，这种症状就能很快缓解了。

此外，还有些宝宝受凉是因为晚上睡觉蹬开了被子，这样的宝宝睡觉时大多喜欢把手和膀子伸到被子外面，也就很容易感冒了。为防止因睡觉着凉感冒，妈妈要有意识地改掉宝宝蹬被子的习惯。通常，妈妈最好可以给宝宝缝一个睡袋，在睡袋两侧加上两只封好口的袖子，这样宝宝就不会再因蹬被子着凉了。

当然，全面提高身体素质，也是预防感冒的重要方法。妈妈在给宝宝全面均衡膳食的基础上，还要保证宝宝有充足的睡眠和适量的运动，以增强体质、加强身体抵抗力。

253.四季的护理要点

　　刚开春时，有些宝宝睡着后容易出汗，这可能是因为给宝宝盖得多了，或者是仍给宝宝使用了热水袋。对此，妈妈应该适当给宝宝减少衣物，夜里也不要盖太厚，以免宝宝因半夜出汗蹬被子而着凉。此外，春天的风沙和悬浮物较多，带宝宝外出时要选好天气，还要注意不要让皮球、小石块等误伤到宝宝。春季较干燥，要多给宝宝补充水分，尤其是户外活动回来后。

　　夏天由于天气炎热，多数宝宝喜欢在凉席上翻身俯卧睡觉，此时为防止宝宝着凉，妈妈可在凉席上面铺一层褥子。若宝宝爱出汗，一定要给他勤洗澡、勤换衣服，并多给他喝水。夏天给宝宝做辅食时，要尽量注意不要把不干净的东西误混到里面，更不要用外面买来的现成熟食喂宝宝，宝宝的辅食最好是在家里亲自做。

　　秋天的宝宝要重点预防秋季腹泻。此外，为让宝宝更好地适应季节交替的气候变化，不要过早给宝宝加衣服。为提高宝宝的抵抗能力，要继续坚持户外活动。

　　易积痰的宝宝到了冬天特别爱咳嗽，对此，妈妈要及时调整宝宝的饮食结构，补充身体所需营养和微量元素，然后若宝宝有痰了，要及时帮宝宝清痰。平时要多给宝宝喝水，天气好时要带他到室外进行锻炼，以增强宝宝对寒冷空气的耐受性，减轻咳嗽积痰症状。

适量补充益生菌

254.营养需求

9~10个月的宝宝已经有了一定的咀嚼能力，这个时候若想给宝宝补充丰富的营养，就要保证食物多样化。只有多种食物合理搭配，比例均衡，取长补短，才能给宝宝提供充足的营养。妈妈要注意，喂养宝宝时既要保证充足的营养，又要考虑宝宝的食量，量太大也容易影响营养吸收。具体来说，喂养时要注意以下几点：

① 可以每天给宝宝添加三次辅食。

② 宝宝的辅食要从粥转为软饭。

③ 吃早、午餐时，可给宝宝吃些饼干、馒头等固体食品。

④ 要尽量把肉和蔬菜混在一起喂给宝宝，且肉要切得细碎些。

⑤ 要尽量选择低脂肉类，如鸡肉、鱼肉等，且烹饪时少用油，多用水煮、蒸的烹饪方式。

许多妈妈看到宝宝不吃辅食，就认为宝宝身体出了问题。其实，宝宝不吃辅食原因很多，可能是不饿，也可能是不懂得如何吃，还可能因为喂食量太大而吃不下。因此，喂养宝宝时一定要按宝宝的食量喂养，不要硬塞给宝宝吃。同时，每天要定时、定量地喂，让宝宝养成良好的进食习惯。此外，经常变换饮食，也有助增强宝宝的食欲。

255.发育指标

这个月宝宝的身高和体重增长速度跟上月相比仍没有太大的差别，跟最初的婴儿期相比仍处于比较缓慢的水平。身高上，宝宝和上个月一样，大概增长范围在1~1.5厘米，男宝宝身高范围在72.5～73.8厘米之间，女宝宝身高范围在71.0～72.3厘米之间。体重方面，本月宝宝体重将增加0.22～0.37千克，男宝宝体重范围大约在9.22～9.44千克之间，女宝宝这个月体重范围在8.58～8.8千克之间。

头围方面，宝宝的头围增长速度跟上个月一样，平均一个月增长0.67厘米。本月，多数宝宝已经很难看到前囟的搏动了，除了发烧时可能看到囟门跳动外，平常仅能看到一个小小的浅浅凹陷了，若宝宝头发浓密则什么也看不出来。不过，依然有些宝宝前囟较明显，还能清楚地看到囟门跳动。若宝宝没有明显的不适，这也并不是异常情况，妈妈可以放心。此外，本月宝宝将会长出4~6颗乳牙。

256.怎样给宝宝补充益生菌

通常，健康足月的宝宝，出生后肠道从最初细菌定居到形成菌群平衡约需2周时间，这时的有益菌约占肠道95%以上，也是益生菌最多的时候，但肠道的免疫系统尚未建立和成熟。

之后，由于宝宝免疫系统尚未成熟，成长过程中很容易受到外界病菌感染，导致有害菌大量繁殖，使体内有益菌减少，会出现食欲下降、厌食不振、体质瘦弱等症状，时间长了体质就会变差，且会经常生病。生病之后，很多宝宝都会用到抗生素，这会将宝宝体内的有害菌和有益菌一起杀死，使得宝宝的肠道缺乏免疫保护。另外，饮食不当、水土不适、食用残留农药的蔬果等，也都会破坏宝宝体内的益生菌而引起菌群失调。若此时能及时给宝宝补充益生菌，就能帮宝宝恢复肠道免疫力，从根本上解决宝宝厌食、体弱多病的症状。

益生菌是一种有助改善宿主肠内微生物平衡的物质，包括乳酸杆菌（俗称A菌）、比菲德氏菌（俗称B菌）、酵母菌等多种，这些菌种可产生有机酸及天然抗生素，并激活免疫细胞，促进产生黏膜抗体IgA，从而起到调整肠道菌落的组成、抑制有害菌的作用，增强消化道的防御能力。

目前，市场上的益生菌产品五花八门，有添加益生菌的婴儿配方奶粉、优酪乳、益菌胶囊等。1岁的宝宝由于肠胃消化系统发育尚未完全，因此不宜食用优酪乳和优格等牛奶发酵制品中的益生菌，最好食用含肠道益菌的合格婴儿配方牛奶。

257.多吃胡萝卜有益健康

我们知道，胡萝卜对大人来说是非常好的食材，对这个阶段的小宝宝来说，多吃胡萝卜，也是非常有益于健康的。

中医认为：胡萝卜性甘平，归肺脾，具有健脾化滞、清凉降热、润肠通便、增进食欲的功效，有非常重要的营养价值。而近代的研究也发现，胡萝卜中含有丰富的胡萝卜素，在人体内可以转变成维生素A，能够极大地促进婴幼儿的生长发育和维持其正常的视觉功能。

另外，胡萝卜还含有一些膳食纤维，除了具有增加肠胃蠕动的作用外，还被广泛地用作防治高血压及癌症的辅助食物。此外，胡萝卜中又含有丰富的维生素C、维生素B_2等营养素。所有这些，都显示出了胡萝卜的强大营养价值，难怪它被称作"大众人参"。

在宝宝的喂养上，胡萝卜是一种非常常用的辅食。约从宝宝4个月开始，就可以添加胡萝卜泥了，它一方面能补充宝宝成长所需的营养素；另一方面还可以让宝宝尝试并且适应新的食物，为今后顺利地过渡到成人膳食作好准备。

通常，胡萝卜可做成胡萝卜泥。将胡萝卜切成片，放入锅中加水煮熟，之后将胡萝卜捞出，放进大碗中碾成泥状，水放一旁备用。最后，在碾好的胡萝卜泥中加入少量的胡萝卜水，调匀即可。

258.允许宝宝抓食

到了这个月，宝宝开始独立了，总希望自己去完成一些事情，特别是吃东西的时候，可能都不爱让妈妈喂了，而愿意自己去抓东西吃。这并不是一种不卫生、不规矩的行为，实际上，抓食的愿望是宝宝成长发育的需要，是宝宝锻炼手部能力的大好机会，妈妈只要把宝宝的小手洗干净，让他抓食是没什么问题的。

宝宝用小手抓弄食物，不但是为了吃，还是认识食物的一种方式。通过抓弄食物，宝宝可以认识和了解各种食物的形状、性质、软硬、冷热等。从科学角度讲，其实并没有宝宝不喜欢吃的食物，关键在宝宝是否熟悉它。抓食，就是很好地预防宝宝挑食、偏食的方法。再者，让宝宝自己体会到进食是一件令他感到愉悦的事，也可以增进他的食欲，提高进食信心。

当然，宝宝抓食时，也会存在一些安全隐患，最常见的就是宝宝将一些危险的、有毒的东西误吞进肚子，或卡在食管、气管里。不过，妈妈千万不要因为担心危险发生，就剥夺宝宝锻炼的机会。日常生活中，妈妈要绝对细心，把任何与食物颜色或气味相近、大小适合抓起并可能被宝宝吞食的东西都收好放好，以免宝宝拿到。

259.为宝宝补充些水果

宝宝到了8个月以后，妈妈就可以把苹果、梨、水蜜桃等水果切成薄片，让宝宝自己拿着吃了。通常情况下，香蕉可以整个让宝宝拿着吃，在给宝宝吃葡萄等颗粒状的水果时，最好切开，以防宝宝整个吞下而卡住了喉咙。让宝宝自己吃水果，不但可以补充各种营养素和微量元素，还能锻炼宝宝咬和咀嚼的能力，同时发展宝宝手部的活动能力。

给宝宝吃的水果，一定要注意新鲜度，并且要根据宝宝的体质、身体状况灵活地选择不同的品种。例如，如果宝宝缺乏维生素A、维生素C时，就可以多给他吃含胡萝卜素的杏、甜瓜及葡萄柚等，以补充所缺元素。此外，还要注意水果的量，就算有些水果好吃又有营养，但过多食用也会给宝宝的身体健康带来危害。例如，荔枝汁多肉嫩，宝宝通常很爱吃，但吃过多不但会使宝宝的正常饭量减少，影响对其他必需营养素的摄取，还会让宝宝突然出现头晕目眩、面色苍白、四肢无力、大汗淋漓等症状。因此，给宝宝的水果一定要控制量，原则上讲，无论什么水果，每次给宝宝的量都以50~100克为宜。

260.如何让宝宝变得爱吃菜

这个月的宝宝，多数都能吃炒菜或者是炖菜了，蔬菜罐头则最好不要再给宝宝吃了。如果宝宝不爱吃炒菜和炖菜，妈妈还可以做一些蔬菜馄饨、饺子、丸子之类的菜肴给宝宝吃。

平常饮食中，妈妈一定要鼓励宝宝多吃蔬菜，哪怕每次少吃一些都可以，但一定要吃。有些妈妈表示，自家的宝宝就喜欢吃米饭加点酱油再加点香油，却不吃一点儿菜，其实，这完全是妈妈的问题。宝宝的这种喜好，是宝宝自己选择的吗？如果妈妈一开始就没有这样搭配着给宝宝吃，宝宝怎么可能会选择呢？

其实，宝宝在饮食上的一些好恶，有些是自己的个性所致，也有些就是妈妈潜移默化的引导形成的。尤其是一些喂养上的问题，有时候并不是宝宝自己的问题，而是妈妈的不经意诱导。不爱吃菜的宝宝是存在的，但妈妈总是能够想出办法让宝宝吃菜的，哪怕少吃一点都没关系。菜吃得少的话，可以多吃些水果来补充维生素，但却不能一点都不吃。妈妈尤其要注意这一点。

261.可能会把喂进嘴的食物吐出来

这个月的宝宝自我意识增强了，以前小时候可能妈妈喂他什么他吃什么，但现在，宝宝却明显有了自己的个性和喜好，不再是给什么吃什么的"无知婴儿"了。

一般来说，快到1岁的宝宝有了较强的意识，在饮食方面也有了自己的选择，他喜欢吃的东西就会很喜欢吃，而不喜欢吃的则会直接把它吐出来，这些都是很常见的反应。如果细心观察，妈妈就会发现，有时宝宝是很理性地把饭菜给吐出来的，而不是呕吐，这就说明宝宝是不爱吃或者不想吃了，身体本身并没有出现喜好问题。类似这样的吐出饭菜的现象就完全不是疾病症状，而只是宝宝自己的喜好问题，妈妈不用担心。一旦妈妈发现宝宝把喂进去的饭菜给吐了出来，就不要再继续喂了，以免宝宝产生厌食情绪。

262.宝宝高烧怎么办

一般来说，引起宝宝高烧的原因很多，如感冒、扁桃体炎等，也可能是肺炎、麻疹和脑膜炎等。将满周岁的宝宝发烧，多数都是由病毒引起的疾病，如感冒、着凉或扁桃体发炎，尤其是家人患了感冒或宝宝到了人多的地方后发烧，更可能是这种原因。

若之前的几个月里，宝宝从未真正发过高烧，此时却突然发烧，要首先想到幼儿急疹的可能，尤其是体温到了38℃以上时；若在夏天出现了从未有过的高烧，就要想到是口腔炎；若除了高热外，宝宝还有流鼻涕、打喷嚏等症状，那多数是患上了呼吸道感染。

不过，多数宝宝的高热都还是由感冒引起的，只要宝宝发烧时，早上能自己起床，还能有精神玩耍，妈妈就可放心，宝宝身体没什么大的问题。

但是，宝宝的身体耐受力是有限的，一定要及时降温。给宝宝退热的最好方法是物理降温，若要用退热药，一定要谨慎选择。通常，退热药种很多，有单一成分的，也有各种复方制剂，但其有效成分大都相同或相似，因此不要几种药同时使用。此外，退热药物只能改善症状，却没有抗菌、抗病毒的能力。因此，使用退热药前要先找出病因，以免耽误治疗。

有时候，一些妈妈一听某种药物安全性好，就会给宝宝加大剂量使用，这往往会适得其反，热药剂量过大很容易令宝宝出现胃肠道不适症状，甚至引起肝肾功能损害。因此，给宝宝使用退热药时，一定要严格遵照医嘱。

263.闹夜可能的原因

这个月，以前夜间能睡得很安稳的宝宝，此时可能突然开始闹夜了。通常，他们会在夜里醒来哭一会儿，妈妈哄过之后就睡了，但下一天，宝宝继续出现这样的情况，让妈妈头疼不已。去看医生的话，一到医院，宝宝就不哭了，让医生和妈妈都没有办法。那么，这种闹夜的行为，到底是什么原因导致的呢？

首先，若在冬天出现这种情况，那可能是因为寒冷，宝宝自己睡被窝里凉凉的让他感觉不好，所以就哭闹。此时，若妈妈摸着宝宝身上很凉，就要搂到自己被窝里暖一暖，于是宝宝就不哭闹了。

其次，如果是因为冬天寒冷，宝宝到户外活动得少，夜里就会有睡眠不安、哭闹的现象。对此，妈妈最好可以在天气晴好时带着宝宝到户外活动。

再次，宝宝肚子不舒服，做噩梦等，都会导致闹夜行为发生。此时，妈妈可以给宝宝揉揉肚子，搂一搂宝宝，给宝宝一些安慰和温暖，这样宝宝就会安静下来了。

264.户外活动很重要

这个月，带宝宝进行户外活动还是很重要的。如果没有人帮忙的话，妈妈可以尽量简化辅食的制作，多腾出点时间带宝宝到户外活动。另外，这个月宝宝已基本适应了一些辅食，进食也变得更规律了，因此能给妈妈减轻不少负担，也增加了户外活动的时间。

当然，从宝宝自身来说，这个月他已经有了想要外出活动的要求，早上一醒来就会要求妈妈抱他到外面去。对此，妈妈应该满足宝宝的要求，多带宝宝外出参加户外活动，可以用小车推着或者抱着宝宝出去晒太阳、呼吸新鲜空气等，这样不但能让宝宝开阔眼界、心情愉快，还很有利于宝宝的身心健康发展。

通常，这个时期宝宝的户外活动的时间每天不应少于2小时，但具体安排还要根据气温和个体反应来定，体质较弱的宝宝要相对减少活动时间，生病的宝宝则要视情况决定削减户外活动的时间。冬天气温较低时，可以选择在太阳下玩耍；夏天则应在早晚进行户外活动，避免中午阳光的直射；春秋季节，若天气晴好无风，白天任何时候都适宜出去玩耍。

265.对宝宝进行体能训练

1.扶物蹲下捡玩具

当宝宝扶着凳子站立时，可把玩具推到宝宝身边，让宝宝一手扶凳子，另一手将玩具捡起来。这个动作能训练宝宝从双手扶物进步到单手扶物，且弯腰移动后保持身体平衡。当宝宝学会一手扶凳子，弯腰后仍保持平衡再站起来时，就可以使身体与走路方向一致，而不是横行跨步了。

2.练习平衡

刚开始练习平衡感时，可让宝宝背部和小屁股贴着墙，两条小腿分开些，但脚跟要稍微离开墙壁一点。此时，妈妈可以拿着玩具在宝宝面前左右摇晃，让宝宝自然地时左时右跟着玩具的运动轨迹而摇晃身体。这有助于宝宝调和掌握身体的平衡感，让宝宝更快学会走路。

3.起立蹲下

开始训练时，先让宝宝蹲着，妈妈用手指钩着宝宝的手指，边鼓励宝宝站起来，边用力向上拉。随着练习次数增多，钩起的力度要逐渐减小，直到宝宝完全不用借助外力就能站起来。

4.向前起步走

让宝宝站在妈妈前面，妈妈牵着宝宝的双手，同时迈开右腿再迈左腿；或让宝宝和妈妈面对面，妈妈牵着宝宝的双手倒退，鼓励宝宝跟着妈妈向前走。若宝宝的胆子较大，可以完全放开宝宝，让他扶着东西独自站立，妈妈站在不远处拍手鼓励宝宝前进。当宝宝试图向前迈步时，妈妈可以伸开双臂来鼓励，并作好保护，要在宝宝重心不稳向前倾倒时及时接住宝宝，以免宝宝摔倒受伤。

266.还不会站的宝宝有问题吗

到了这个月，不会站立的宝宝已经不多见了，但也有一些宝宝自己还不会站起来。对此，妈妈往往很担心。

其实，到了这个月还不能站立，并不能完全说明宝宝的运动能力差，如果此时刚好是冬天，宝宝穿的衣服很多，四肢运动不灵活，就可能不能自己站起来。另外，如果宝宝平常一直被老人或者保姆看护着，没有进行足够的锻炼，运动能力也会相对落后一些，但经过训练之后，往往都会赶上来。当然，如果排除这些原因，宝宝确实是不会站立，那就要赶紧去看医生。

267.让宝宝在安全的地方尽情玩耍

这个时期的宝宝会很急切地想要自己做完一件事情，例如，他想自己用勺子吃饭、自己端杯子等等。这是因为，此时的宝宝正处于自信心发育的阶段，若妈妈对宝宝的行为和表现不加考虑地一概否定，就会在不经意间扼杀了宝宝的探索欲望。妈妈应该做的是，尽量将家中可能对宝宝产生危险的物品收起来，并且时刻看着宝宝，以免宝宝进入厨房等较危险的场所。总之就是，要在安全的范围内，让宝宝尽情地玩耍，发挥宝宝的天性，锻炼宝宝的能力。

268.如何消除宝宝内心的恐惧感

这个时期，当宝宝接触新事物、新环境时，由于对新鲜事物的陌生和恐惧，可能会表现出躲在妈妈身后，肌肉收缩，表情紧张，眼神警惕等症状。这些其实就是在告诉妈妈："我害怕，我觉得不安全。"妈妈千万不要以为这是宝宝太胆小了，这样会伤害宝宝的感情。

其实，这种恐惧感是这个年龄段宝宝的正常表现，跟他们的年龄和心理发展水平相符。此时，宝宝处于对妈妈非常依赖的时期，对新环境、新事物的陌生当然会形成内心的恐惧。不过，虽然宝宝很害怕陌生环境，但也并不是没办法化解宝宝对陌生事物的恐惧感。

具体来说，一旦遭遇一个新环境，妈妈就可以先带宝宝到各个地方去看一下，并以有趣的语言描述这个环境，尽量让宝宝感受到这个陌生环境的趣味性。例如，若妈妈决定此时搬家，除了要帮宝宝尽快熟悉新环境外，还要在搬家后的最初几天陪着宝宝睡觉，就算宝宝以前已经开始独睡，换新环境后也要给他表面上的安全感。

当然，若是妈妈想要把宝宝交给他不熟悉的同事、朋友或祖辈照看，最好先让宝宝与对方玩一些互动游戏，让宝宝在游戏过程中降低防卫，从而减少对陌生人的恐惧感。

此外，若宝宝总表现得很胆小，妈妈要用正面信息来引导他，让他更有自信，千万不要一直批评宝宝"你怎么这么胆小"，而要用温柔的话鼓励他"没关系，去和别人玩吧，他们都很欢迎你"。

269.四季的护理要点

春季是这个月龄宝宝进行户外活动的最好季节，此时应保证每天3个小时以上的户外活动时间，尽量让宝宝多接触大自然，以便发展他的认知能力和好奇心。不过，带宝宝户外运动仍要远离人多的场合和患有流行疾病的人群。此外，由于宝宝运动能力加强了，因此出去时，不要给宝宝穿太多，以免妨碍他的活动。

本月的宝宝可以玩水了，但一定要有妈妈在旁看护，以免宝宝跌倒在水里。宝宝此时汗腺已经很发达，加上爱活动，因此更容易出汗，也容易形成痱子和脓疱疹。因此，妈妈要给宝宝勤洗澡，勤换衣服。给宝宝降温最好选择扇扇子，尽量少开空调和电风扇。

秋天宝宝喉咙里总爱出痰，这是婴儿时期常见的现象，多数都不需治疗，到宝宝1岁半左右就会自动消失了。若宝宝平时没有吃鱼肝油，只是补充维生素D的话，就可以改服鱼肝油或每天额外补充维生素A 1200国际单位，这有助于修复气管内膜，预防宝宝积痰和患感冒。

宝宝能否抓着东西站起来，跟他所穿衣服的重量和腿部是否裸露在外有很大的关系。冬天时候，如果妈妈看到别人的宝宝到了这个月已能够扶着东西站起来，而自己的宝宝还显得较笨拙的话，不妨看看是不是给宝宝穿得太多了，宝宝负重太多束缚住了腿脚，当然也就难以自由活动了。此外，本月宝宝的劲儿大了，很容易由于触碰取暖设备而发生事故，因此妈妈要格外看护好宝宝。

为宝宝选一双好鞋子

270.营养需求

到了10~11个月，宝宝的消化和咀嚼能力大大提高了，若此时宝宝吃辅食已有了一定规律，辅食提供的营养也能满足其身体生长发育的需要，就可以考虑给宝宝断奶了。

到了这个月，宝宝一般都长出了4~8颗牙齿，胃肠道的消化功能逐渐增强。此时，宝宝可以咀嚼成形的固体食物，如软饭、面条、馄饨、馅饼、水果等。趁此时机，妈妈可以给宝宝提供多样化的饮食，以保证宝宝营养的均衡。要注意的是，辅食的种类要逐渐增加，辅食要烹调得熟烂一些，以便宝宝消化吸收。这时候宝宝的饭量也在增加，稠粥可逐渐转为烂饭，每天2次，由半碗增至大半碗。而面条、麦片等也可用来代替烂饭作主食了。

通常，本月宝宝早上起床后，除了喝奶，还可逐渐添加少许的面包或其他谷类，并让宝宝养成吃早餐的习惯。妈妈可以给宝宝准备一日三餐，让宝宝养成规律的进餐习惯。此外，要逐步使辅食变为主食，妈妈还要合理搭配宝宝的餐点，保证宝宝得到全面营养。

若此时正好赶上春天或秋季，妈妈就可以考虑给宝宝断奶了。不过要注意辅食中各种营养的均衡，若宝宝吃饭后仍没吃饱，可给宝宝吃些点心、乳制品、水果等。

271.发育指标

这个月宝宝的身高增速跟上个月没有太大区别，平均增长1.0~1.5厘米，男宝宝平均身高范围是73.08~75.2厘米；女宝宝的平均身高范围则是72.3~74.7厘米。这个月宝宝的体重增长速度也与上个月差不多，平均增长0.22~0.37千克，男宝宝正常体重范围在9.44~9.65千克之间；女宝宝的体重范围在8.50~9.02千克之间。

这个月宝宝头围的增长速度仍是每月大约0.67厘米。多数宝宝的前囟此时已经快要闭合了，但依然有一些宝宝的囟门很大，不过只要宝宝没有异常表现，妈妈就不用为此担忧。这个月，宝宝的牙齿总数多数会在4～8颗之间。月龄不同，宝宝的牙齿数目也不相同，且宝宝牙齿萌出跟个人体质有很大的关系，因此同样大的宝宝在牙齿个数上也会有些差别。

272.仍然可以给宝宝喂母乳

这个月，母乳好的就可以继续给宝宝喂下去，而母乳不好的，只要不影响宝宝对其他食物的摄入，也不必非得停掉母乳。毕竟，吃母乳是宝宝最幸福的事情。不过，如果夜里喂母乳能够让宝宝不啼哭，且让醒过来的宝宝很快入睡，那就要继续使用这个"催眠武器"，给宝宝喂母乳。这时候，不要在意别人怎么说，什么宝宝都这么大了，半夜还吃奶等等。喂养宝宝是妈妈的事情，跟别人是没什么关系的，也并不是说到了1岁之后就必须要断掉母乳。凡事还是要根据自己宝宝的具体情况来定，不可人云亦云。

273.需要断母乳的情况

这个月，如果妈妈和宝宝出现了以下状况，那就需要给宝宝断母乳了。

❶ 除了母乳，宝宝什么也不吃，这严重影响了宝宝的营养摄入。

❷ 母乳喂养严重影响了母子二人的睡眠，宝宝一晚上总是频繁要吃奶，搅得自己和妈妈都无法好好睡觉。

❸ 母乳很少了，但宝宝却依然贪恋母乳，哪怕饿得哭哭啼啼的，也固执地不肯吃其他食物，而只要吃母乳。

除了以上情况，如果出现了其他不宜再吃母乳的医学指征，就要彻底地给宝宝断母乳了。

274.如何对待半夜醒来要吃奶的宝宝

这个月，对妈妈来说，宝宝半夜不吃奶不尿床，一觉睡到天亮是最好的，但若宝宝半夜醒来要喝奶，不喝牛奶就不睡觉的话，妈妈也不要觉得很烦，而应该尽量满足宝宝的要求。之前有人认为，快到1岁的宝宝，若半夜醒来还要吃奶的话，妈妈就不能纵容他，否则会把他惯坏，然而实际上，这样的想法是不对的。

对半夜醒来哭闹着要吃奶的宝宝，让他停止哭闹马上入睡是主要目的，若吃奶能达到这个目的，那就不妨给他吃奶。但若妈妈硬是采取不予理睬的态度的话，除了会让宝宝形成习惯性夜啼的毛病而影响睡眠质量外，还会对宝宝的心理发展造成一定的负面影响。

所以说，若这个月宝宝晚上依然醒来要求吃奶的话，妈妈完全可以在夜里给他喂一次奶。而随着宝宝慢慢长大，这样的习惯就会得到改善了。

275.饮食个性化差异变得明显

这个月，宝宝的饮食个性化差异表现得非常明显，具体来说，有以下几种：

① 这个月，有些宝宝可以吃一小碗米饭了，但有的只能吃半碗，有的则只吃几勺。

② 有些宝宝比较爱吃菜，有些则不爱吃菜，喂一些小片的菜叶都要用舌头顶出来。

③ 有些宝宝爱吃肉，有些则爱吃鱼，还有些则很爱吃火腿肠等熟肉食品。此外，一天能和妈妈一起吃三餐的宝宝多了。

④ 有的宝宝很爱吃妈妈做的辅食，有的则不爱吃固体食物，还有的则只爱吃固体食物。

⑤ 有些宝宝还像几个月前那样，会咕咚咕咚地喝几瓶牛奶；而有些则开始不喜欢奶瓶了，喜欢用杯子喝奶；还有些则还贪恋着妈妈的乳汁，就算总是吸空的也乐此不疲。

⑥ 这个时候，有些宝宝能抱着整个苹果啃了，而有些则还需要妈妈用勺子刮着吃，或者捣碎了再吃。

⑦ 此时有些宝宝爱吃小甜点，特别是食量较大的宝宝；此外，爱喝果汁的宝宝多了起来；而原来爱喝白开水的宝宝现在不怎么爱喝了，白开水的量也从原来的一次性喝100毫升下降为30毫升。

276.不要忽视奶的营养价值

宝宝1周岁之前，奶是其最重要的食品，不管辅食的添加如何多样化，都不能忽视奶的营养价值。这个月，如果宝宝仍然比较喜欢喝牛奶，妈妈完全可以一天给宝宝500~800毫升的奶，中午和晚上则让宝宝和爸爸妈妈一起吃午餐和晚餐，其他时间可以给些点心水果。如果宝宝一天能喝1000毫升的牛奶，妈妈也可以把辅食只缩减到一餐，这样不但可以保证宝宝的营养需求，还能让爸爸妈妈腾出更多的时间陪宝宝玩。

但是，如果宝宝的食量比较小，或者不爱喝奶，一天的喝奶量无论如何也到不了500毫升的话，那就要多给宝宝吃蛋类和肉类辅食了，以补充身体所需的蛋白质。

277.不要让宝宝成为肥胖儿

通常，7~12个月龄的宝宝标准体重为（6000克+月龄×250）克，若超过了标准体重的10%就是过胖。有些宝宝在此之前就有了过胖的趋势，也有些宝宝是从这个月突然胖起来的，其主要原因就是除了吃很多的粥、米饭、鱼、肉外，还吃了很多的奶。

其实，婴儿过胖很多时候都是妈妈不当的喂养造成的，妈妈总觉得宝宝吃得越多越好，只要宝宝想吃，就什么都给他吃，觉得体重增加越快、越重就越好。在这样的心理影响下，宝宝不知不觉就成了一个小胖墩。

过胖会给宝宝带来一系列问题。首先，肥胖的宝宝抗病能力较差，易患感冒等疾病；其次，过胖会阻碍宝宝运动能力的发展，太胖的宝宝由于自身负担较重总是不爱运动，这会使他的动作能力发育比同龄正常的宝宝晚。

对过胖的宝宝，妈妈要严格控制其日常饮食的热量摄取，在保证生长发育所需的前提下，控制热量过多的饮食，多选用低热量、低糖、低脂肪的食品。另外，还要多带宝宝进行户外活动，增加能量消耗。再有，最好给宝宝定期称重，以便根据体重变化调整饮食方案。要想让宝宝日后发育良好，体态均匀、体魄健康，妈妈就要注意从小合理安排宝宝的饮食，一旦发现宝宝有体重增长过快现象，就要及时调整饮食，并增加活动量，防止发展成为肥胖症。

278.不要给宝宝吃太多盐

生活中，常常有这样的情况，为给宝宝添加可口的辅食，妈妈喜欢给宝宝做饭的时候先尝一尝，感觉一下咸淡。对此，营养专家认为，这样做容易造成一种不良的后果，就是妈妈总是以自己的口味来判断咸淡，最后做出来的食物对宝宝来说往往比较咸。

我们都知道，适量的食盐对维护人体健康有着非常重要的作用，因为食盐是生活中不可或缺的调味品，能为人体提供重要的营养元素钠和氯，还能维护人体的酸碱平衡和渗透压平衡，促进胃酸合成，并促进胃液、唾液的分泌，增强食欲。但对宝宝来说，使用过多的食盐却是有害的。这个时期，宝宝的机体功能毕竟还未发育完全，特别是肾脏功能还不完善，是没有能力充分排出血液中过多的钠的，而食盐过多就会导致体内出现过多的钠，这些钠会滞留水液，促进血量增加，让血管呈高压状态。这样，很容易导致血压升高，给宝宝心脏增加负担。所以，妈妈在给宝宝制作食物时，一定要尽量少放一点儿盐，让宝宝清淡饮食，以免出现不良反应。

279.宝宝可能喜欢边吃边玩

这个月的宝宝又长大了一点，有点儿淘气了，爱动的宝宝常常像一个小皮球，总是动来动去的，根本安静不下来，吃饭时也容易边吃边玩了。这时候，如果不专门把宝宝放在餐桌前的餐椅上，妈妈一个人是根本喂不了他的。当然，追着宝宝喂饭是不太好的，容易让宝宝养成吃饭随便转移的习惯，而一个劲儿地追着宝宝跑，也很难让宝宝把饭一口气吃完。

其实，对把吃饭当玩耍的宝宝来说，妈妈要适当地严厉起来。妈妈可以绷着脸看着宝宝，严肃地告诉他这样做不好，若宝宝坚持这样做妈妈就会生气。这样，宝宝可能就会停止玩耍而专心吃饭。妈妈要注意的是，千万不要在任何吃饭时间，为了让宝宝吃好饭，一个人喂饭而另一个人拿着玩具在一边逗笑宝宝。这不但会让宝宝养成边吃边玩的坏习惯，还很容易导致宝宝呛饭。

280.及时发现舌系带过短

这个月，有些妈妈可能会发现，自己的宝宝在说话发音的时候，有些字和音总是咬不清楚，出现了常说的"大舌头"状况。对此，妈妈不用过于担心，对1岁以内的宝宝而言，这种情况是正常的。此外，还有一些宝宝是由于舌系带过短而出现的发音不清，这却是需要治疗的。

所谓的舌系带，就是舌尖下方的一条纵行的薄薄的黏膜。如果人的舌系带过短，舌头的伸展就会受到限制，发音吐字的时候就会受到影响。如果宝宝出现了发音不清的情况，妈妈想检查是否舌系带过短的话，可以让宝宝学着做伸舌的动作，若舌尖是尖形或圆形的，那就是正常的。但若舌尖形成了倒"W"形，而且中间有一条很明显的凹陷，那就是舌系带过短了，要及时就医。

通常，多数宝宝舌系带过短都是天生的，但也有一些是由于后天的创伤引起的，若宝宝被确诊为舌系带过短，可以进行手术矫正。

281.改善宝宝的睡眠

10个月后的宝宝，大多白天长觉时间越来越少，有些宝宝能从晚上8~9点一觉睡到第二天早上的7~8点，而白天只睡一小觉；也有些宝宝白天还能睡2~3觉，但每次都不会超过1个小时。

此时，宝宝的睡眠情况差异化较为明显。有些宝宝此时已建立了一套固定的睡眠规律，每天晚上都能按时睡觉；而有些宝宝则不然，若妈妈不睡而只是哄他睡的话，他很难乖乖睡去，通常一直要等到晚上10~11点，妈妈睡觉的时候他才肯入睡。此外，有些宝宝晚上睡得早，早上5~6点就会醒来，这样无疑会影响妈妈的睡眠。对这样的宝宝，若晚上不是主动入睡的话，则完全可以将哄睡的时间延后一些，这样宝宝早上也能醒得晚一些，不至于影响到妈妈的休息。

其实，只要宝宝的体能消耗到一定程度，他自然就会睡觉了。这时，只要让宝宝在床上安静地躺一会儿，他就能睡着了。不过，若此时宝宝还没有睡意，也可以让他睁着眼躺着，只是不要去逗他、哄他，等他睡意来了自然会进入梦乡。另外，一些入睡很快的宝宝，睡着后却爱翻身，睡不安稳，这时候，妈妈应先检查一下宝宝的小床是否有不妥的地方，如被子、褥子是否太厚等。还有一点就是，如果睡前宝宝进行了比较兴奋的活动和游戏，通常也不容易入睡。因此，为了提高宝宝的睡眠质量，妈妈在临睡之前一定要保证宝宝处于平静状态，以免他过于兴奋。

总之，针对这个时期不同宝宝的睡眠习惯，妈妈要采取合适的方法改善，以便让宝宝养成规律、良好的作息习惯，为以后的学习和生活打好基础。

282.为宝宝挑一双合适的学步鞋

本月，宝宝到了学走路的阶段，妈妈不但要积极帮其提升大动作能力，多练习走路，还应为其准备好合适的学步鞋。通常，在给宝宝挑选学步鞋时，要注意如下一些方面。

① 尺寸一定要合适。给宝宝买学步鞋之前，妈妈最好先正确地量好宝宝脚的尺寸，通常鞋子的长度以宝宝穿上鞋后大脚趾能碰到鞋尖，而脚后跟能塞进大人的一个手指为宜，以尺子量就是鞋长比宝宝脚长长12~16毫米，宽度则是所有脚趾平放的宽度。

② 选择柔软的面料，质量也应牢固一些。相对来讲，布面、布底制成的鞋子既舒适，透气性又好，而选用软牛皮、牛筋底等作为鞋底，则既柔软有弹性，又舒适安全。

③ 最好选择轻巧舒适且实用性较强的学步鞋。妈妈给宝宝选购鞋子时，一定要注意选轻巧的，免得加重宝宝的负担；鞋帮要高一些，以保护脚踝部；鞋面要柔软而不带装饰物，以免绊倒宝宝；鞋头最好宽一些，以免宝宝的脚趾在鞋中相互挤压而影响发育；鞋底应富有弹性和防滑功能，也可稍微带点鞋跟帮其平衡重心，以防止宝宝走路后倾。

283.尽量不用学步车

这个月，当宝宝学会站立和扶走之后，很多妈妈会为其准备学步车，以让其练习走路。这本来是没什么问题的，但妈妈应该注意，最好不要让宝宝长时间使用学步车，因为让宝宝过早或长时间地使用学步车，对其成长并不好。

首先，1岁以前的宝宝，踝关节和髋关节都还没有发育稳定，虽然在学步车帮助下，宝宝能自由地在屋子里走动，给妈妈省去了很多麻烦，但过早使用或长时间使用学步车，可能会影响宝宝的身体发育，导致其肌张力高、屈髋、下肢运动模式出现异常等，进而影响宝宝未来的走姿。

其次，给宝宝使用学步车会让他失去锻炼的机会，也很容易造成一些安全隐患。长时间给宝宝使用学步车，宝宝就无法凭借自己的力量练习站立、扶走和独立行走了，这肯定会限制和影响宝宝肢体能力的发展，进而影响其健康。而且，有些宝宝使用学步车时还可能因为控制不了自己车子的力量和方向而发生一些意外，如碰伤、磕伤等。此外，若妈妈长时间将宝宝交给学步车而不多关心宝宝，还可能影响宝宝的心智发展和亲子之间的关系。因此，学步车虽有一定作用，但妈妈还是尽量不要给宝宝用学步车。

284.四季的护理要点

入春后天气变暖，可让宝宝在室外充分锻炼。此时，常在室外活动的宝宝，有时脸上和手脚上会出现又痒又红的湿疹，这可能是受紫外线刺激引起的，为避免如此，外出时最好给宝宝戴上帽子。此外，有些妈妈发现宝宝盗汗严重，以为是生病了，其实这可能是给宝宝穿得太多了，适当给宝宝减少衣服和被褥就可以解决这个问题了。

宝宝若是在夏天进入的第10个月，常会不爱吃饭，尤其是食量小的宝宝，对此，妈妈可多给宝宝吃些新鲜的水果、酸奶或乳酪等，但不能吃冷饮。若宝宝什么都不想吃，且发高烧了，就有口腔炎的可能。此外，由于夏天出汗多，宝宝的尿量会减少，特别是小便间隔时间长的宝宝。对此，妈妈只要能做到准时把尿，就可以完全撤掉尿布，等秋天时再裹上。

从夏季到秋季的温度变化大，要特别注意防范宝宝因冷热不均而患上感冒，平时要多给他喝水，并及时调整室内空气湿度。注意，若宝宝玩得出汗了，不要马上把衣服脱掉，而应该先让宝宝安静下来，擦干汗水后再脱掉衣服。此外，也不要把宝宝直接放到风口处乘凉，可以给宝宝喝些温开水。

进入冬季后，有些宝宝会突然吐奶，反复排解水状便，这是冬季腹泻，是这个月龄宝宝初冬常发的病症，通常会持续4~5天。妈妈应注意多给宝宝喝水以防止脱水，还可给宝宝喝些橘子汁，等宝宝呕吐停止后可给予牛奶和粥等软食，只要饮食适当，宝宝的腹泻很快就会痊愈。

注意宝宝的安全

285.营养需求

11~12个月的宝宝每日每公斤体重需热量110卡，蛋白质、脂肪、碳水化合物、维生素、纤维素、矿物质的摄入量也要适宜。蛋白质来源主要是肉类、蛋类、豆类和奶类。脂肪来源是肉类、奶类、食用油。碳水化合物来源于谷类；维生素来源于蔬菜水果；纤维素来源于蔬菜。

在给宝宝补充营养时，妈妈要注意以下几点：

❶ 断奶但不要断奶制品。断奶是结束以乳类为主食的时期，但并不等于断奶。就算不吃母乳，每天也应给宝宝喝牛奶或配方奶粉，每天要保证宝宝摄入500毫升牛奶。

❷ 高蛋白不可替代谷物，为让宝宝吃更多的蛋类、肉类、蔬菜、水果，而不给宝宝吃谷类的做法是错误的，谷类能直接提供宝宝需要的热量，用蛋肉奶提供热量则需要一个转换的过程，而在转换过程中会代谢出废物，不但会增加机体的代谢负担，还可能产生一些对身体有害的物质。

❸ 豆制品虽含有丰富的蛋白质，但主要是粗质蛋白，宝宝对粗质蛋白的吸收利用能力很差，吃多了会加重肾脏负担，因此宝宝每天的豆制品用量最多是50克。

❹ 不挑食不偏食。宝宝的生长发育需要大量的维生素。通常，蔬菜、水果中含有丰富的维生素。因此，父母在日常饮食中，要教导宝宝吃蔬菜、水果，不挑食不偏食，从而获得生长所需的维生素。

286.发育指标

很快宝宝就要满周岁了，过了这个月，宝宝就告别了他的婴儿时期，准备开始他的幼儿生涯了。

这个月，男宝宝的平均身高范围是73.4~88.8厘米，女宝宝的平均身高范围是71.5~77.1厘米。在出生后的第一年内，宝宝大约会长高25厘米。这个月，男宝宝的体重范围是9.1~11.3千克，女宝宝的体重范围是8.5~10.6千克，正常情况下，宝宝出生后一年的体重可增加6.5千克。这个月宝宝的头围增长速度依然是0.67厘米，和上个月相同。通常情况下，宝宝全年头围可增长13厘米。到周岁的时候，若男宝宝的头围低于43.6厘米，女宝宝的头围低于42.6厘米，就属于头围过小的范围，此时就要请医生检查，看宝宝是否发育正常了。这个月宝宝的囟门还没有闭合，但已经很小了，多数宝宝的囟门会在一岁半左右闭合。另外，这个月宝宝的牙齿个数约是6~8颗。

287.怎样给学步期的宝宝喂食

将满周岁的宝宝进入了学步期，此时宝宝的营养需求和上个月基本一致，每日每千克的体重需要热能为110千卡，其他必需营养物质如蛋白质、脂肪、碳水化合物、矿物质、维生素、各种微量元素和纤维素的摄入，也与上月基本雷同。不过，由于这个时期宝宝进入了学步期，运动量较大，身体热量消耗得较快，因此，在喂食上，还是应该注意以下几点：

1.不要忽视奶的作用

学步期的宝宝可以吃下很多种食物，除了一些辛辣、刺激的食物外，跟大人的日常饮食基本一样了。只不过，在我国，目前1岁左右的儿童普遍都患有微量元素缺乏症，尤其是缺铁和缺钙。因此，均衡的配方奶类食品仍是这么大宝宝饮食的重要部分，建议每日摄入奶类食品和固体食物的比例是40：60。

2.粮食很重要

如果宝宝很爱吃蛋类和肉类食品，妈妈却担心宝宝过胖而不给宝宝吃粮食或吃极少的粮食的做法是不对的。虽说蛋类和肉类食品也能为宝宝提供热量，但谷物类的主食仍是宝宝最直接的热量来源，尤其是对于学步期的宝宝。因此，给这个时期的宝宝喂食，粮食是很重要的。

288.宝宝厌食怎么办

厌食指的就是较长期的食欲减低或消失现象，婴儿厌食有病理性和非病理性两种。病理性厌食是由某些局部或全身疾病影响了消化系统的正常功能，导致胃肠平滑肌的张力降低，消化液分泌减少，酶的活动减低而造成的。另一种厌食则是由于中枢神经系统受人体内外环境各种刺激的影响，使消化功能的调节失去平衡而造成的。

实际上，由疾病造成的厌食是较少见的，而由不良的饮食习惯和喂养方式造成的非病理性厌食则占了绝大多数。一旦宝宝出现了厌食现象，妈妈先要排除疾病的可能，确定无任何疾病后，就要从喂养方式和饮食习惯上找原因。只要及时改变宝宝不良的生活习惯，如控制零食的摄入，饮食有节制，不偏食、不挑食等，厌食的现象就能逐渐好转。此外，宝宝的食欲跟其精神状态密切相关，因此要为宝宝创造一个安静的就餐环境，固定宝宝的吃饭场所，吃饭时就不要去逗宝宝，让他（她）认认真真吃饭。

此外，炎热的夏天往往会令宝宝食欲减退，体重暂时不增加或稍有下降，也就是所谓的"苦夏"现象。不过这种季节性的食欲减退是正常现象，只要宝宝精神状态良好，无任何异常反应，妈妈就不需过多担心。

289.不要让宝宝喝成人饮料

我们都知道，饮料是以水为主体的食品，且饮料的作用通常有四点，一是止渴；二是补充人体的水分；三是补充由人体汗液和小便排出的一些营养素；四是在剧烈运动时，可以补充一些热能。

通常，幼儿在摄入100毫升的水之后，约有30%会经由肺部和皮肤排出，65%则由小便排出，剩下的5%则由大便排出。大便通常会带出消化不了的食物，而小便则能带出钠、钾和胃里的一些废弃物质。因此，这个时期适当地给宝宝喝一些饮料是可以补充由汗液和小便排出的水和营养素，也就是有好处的。不过，妈妈应该注意的是，并不是所有的饮料都适合宝宝，成人饮料宝宝是不能喝的，而适合宝宝的饮料主要有以下三种：

1.矿泉水

矿泉水是天然物质，含有宝宝所需的盐类。不过，应当注意的是，伪劣的人工矿化水，常带有有害物质，如铅、汞等，绝对不要给宝宝饮用。

2.橘子汁、番茄汁和山楂汁等

这些饮料中含有大量维生素C和丰富的钠、钾等盐类，有利尿作用，且用新鲜橘子自制果汁，之后用凉开水稀释后饮用，非常健康卫生。

3.消暑的饮料

妈妈可以用银花、红枣皮、绿豆花、扁豆花、杨梅等一起煮成汤，加入一点糖，作为夏季消暑解毒的绝好饮料给宝宝喝。

290.经常给宝宝的玩具进行消毒

玩具在宝宝的成长过程中，扮演着非常重要的角色。通常，宝宝玩耍时常喜欢把玩具放在地上，1周岁左右的宝宝还喜欢把玩具放进嘴里咬，这样，玩具就很可能受到细菌、病毒和寄生虫的污染，成为传播疾病的"帮凶"。因此，妈妈一定要注意加强对玩具的清洁工作。

❶ 购买玩具后要先清洁再给宝宝玩。玩具在生产、包装、运输、售卖的各个环节都不可避免地会沾染到一些看不见的细菌、病毒等，清洗一下再给宝宝玩更安全。

❷ 最好一周给玩具清洁消毒一次，或者根据玩具的使用频率和材质灵活掌握。此外，要有专门清洁玩具的抹布，尽量不要用家居清洁的抹布，因为其上附着着大量细菌、病毒，会把玩具越擦越脏。

❸ 选择合适的清洁消毒用品。采用何种方法消毒，要看玩具的材料。通常情况下，皮毛、棉布制作的玩具，可以放在日光下曝晒几小时；木制玩具，则可用煮沸的肥皂水烫洗；铁皮玩具，可先用肥皂水擦洗，再放在日光下曝晒；塑料和橡胶玩具，可用市场上常见的龙安84、滴露等消毒液浸泡洗涤，后用水冲洗、晒干。

此外，帮宝宝养成良好的习惯也是很必要的，妈妈要教育宝宝不要随意将玩具放在嘴里吮、咬，也不要一边吃东西一边玩玩具，还要养成饭前洗手的好习惯。

291.注意宝宝蹲坐、站立和扶走的安全

虽说这个时期宝宝已经会爬会站，还能扶着走了，但是还都不稳当，需要妈妈时

刻看护，以免宝宝在行动中出现不必要的损伤。

首先要注意宝宝蹲坐的安全。这个阶段的宝宝，不但可以不费劲地自己坐着玩，还能从卧位坐起来，身体的灵活性增加了很多。这时候，妈妈就要格外注意看护着宝宝，别让他蹲坐的时候摔着了自己。

其次是站立的安全。多数11个月的宝宝都能够自己扶着东西站起来了，而发育快的宝宝则能什么都不扶地自己站立一会儿了。宝宝刚学会站立时，往往还不会从站立位置坐下来，因此常常烦躁哭闹。之后，当妈妈帮他坐下来之后，他却马上又会费劲地重新站起来。之后，宝宝就会马上学着坐下来，一开始，他会非常小心地把屁股坐在双手能碰到的地面上，一段时间的练习之后，他就会独立地站立和坐下来了。这个过程中，宝宝身边是需要有大人看护的。

再次就是扶走的安全。多数宝宝学会站立后都会自己扶着床沿迈步或者抓着大人的一只手走路。不过，刚开始时，宝宝的平衡性不好，常常东倒西歪，甚至摔跤，一段时间后就能走得比较熟练了。但在这个过程中，宝宝同样是离不开大人的看护的。

292.警惕宝宝的不良习惯

1.揉眼

有些宝宝总爱用手揉眼睛，这会使手上的细菌进入眼睛里，造成沙眼、倒睫或抓破眼角而引起红肿、感染等。对此，妈妈可以试着转移宝宝的注意力。当宝宝揉眼时，轻轻地把他的手从眼睛处拿开，递给他一件玩具或一点零食，让他忘记揉眼。

2.伸舌头

婴幼儿时期伸舌头是一种不自觉的活动现象，但长久后就会形成难以克服的坏习惯。防治办法是：经常逗宝宝玩和笑，转移其注意力。

3.吮手指

有些宝宝此时还有吮手指的毛病，特别是睡觉时，非得吮着自己的手指头才能睡着。这种情况若不纠正就会导致宝宝形成吮指癖，并把细菌带入消化道。对此，妈妈可在宝宝手指上涂一些"有异味的东西"，如黄连等，使宝宝不再吮手指。

4.物品依赖

有吮指习惯的宝宝多数也会对某种特定物品表现出依赖，如自己的小毛巾、某个娃娃等，一旦这个东西不在身边，就会心神不宁。对此，妈妈可以经常更换宝宝身边的常用物品，永远让他处于一种"非熟悉"状态，这样他就找不到可依赖的东西了。

5.咬嘴唇

咬嘴唇时间长了，会造成上门牙前突，开唇露齿，翘嘴唇等畸形。防止宝宝咬唇的办法是：不要呵斥宝宝或对宝宝摆出严厉的表情，一旦发现宝宝遇生人怕羞而咬唇，就要设法阻止，不使其养成习惯。

6.舔牙

宝宝萌牙时常因牙龈发痒而用舌舔，这会影响牙齿的正常发育，还会刺激唾液腺的分泌，引起流涎。对此，妈妈可以经常逗宝宝笑，分散其注意力，或给他一些能够锻炼咀嚼的食物，让他忘记舔牙。

293.正式训练大小便

宝宝大小便良好习惯形成的早与晚，完全跟培养的认识和行动的早与晚相关。例如，日常工作中常见有些妈妈从低月龄时就开始训练了，宝宝的大小便也就形成了很好的习惯规律；而一些来自国外的妈妈，没有培养孩子的这种习惯，宝宝直到3~4岁还在用纸尿裤。1周岁左右的宝宝，身体和智力发育程度都已经可以进行大小便训练了。不过，宝宝要做到大小便从条件反射到真正的自理阶段，通常要到2岁左右，因此妈妈也不要操之过急。

在这个正式训练阶段，妈妈要注意辨认宝宝何时将排便，以找到宝宝小便前发出的特有信号，如打尿颤，睡梦中突然扭动身体，玩时突然发呆等。一般来讲，宝宝每天的排尿次数、间隔都因人而异，一般在刚睡醒、吃完奶或饮水后15分钟左右最有尿意。妈妈要通过观察不断总结宝宝即将排便的信号，并及时予以响应，以促进宝宝排便反射的形成。

此外，宝宝的心是敏感而脆弱的，妈妈的宽容、鼓励是对他最大的奖励。训练宝宝排便时，妈妈一定要抱有轻松的心态，无论情况如何都轻松以待，并且坚持训练，坚持鼓励，在宝宝排完大小便时，给予夸张的表扬，以给宝宝信心。

294.春季湿疹不用特殊护理

春天干燥，空气中花粉、尘螨、粉尘的密度很高，是皮肤病高发的季节。宝宝的抵抗力较弱，皮肤很敏感，因此春季是宝宝湿疹的高发期。

湿疹会让宝宝烦躁不安、大哭大闹，甚至难以入眠。若宝宝出现这种情况，妈妈先不要过分担心，也不必作特殊的处理，只需要从饮食和日常护理方面多注意就好了。

① 饮食护理：若宝宝是母乳喂养的，那妈妈就应多吃蔬菜、水果、豆制品和肉类食物，而少吃鱼、虾、蟹等水产品，忌食辛辣。若宝宝是用牛奶喂哺的，可适当延长牛奶的烧煮时间，以让蛋白质变性，减轻致敏作用，还可改用羊奶。无论哪种喂法，都要注意不要给宝宝喂过饱，因为消化不良会使奶癣加重。

② 日常护理：宝宝的洗澡水以温水最好，湿疹部位忌用热水清洗，要避免用去脂性强的碱性洗浴用品，以免宝宝皮肤更加干燥。洗完澡可以给宝宝涂抹婴儿润肤霜，以便保湿。宝宝的衣服、被子及尿布都要柔软，以棉制品为好。

此外，保持良好的精神状态对提高宝宝的免疫力是很有帮助的，妈妈们一定不要忘记给孩子创造轻松愉悦的生活环境。

295.保护好宝宝的乳牙

宝宝的乳牙对于其咀嚼、发音、恒牙的正常替换和身体的发育都有着重要的作用，因此，从宝宝乳牙萌出开始，妈妈就要注意保护宝宝的乳牙。具体来讲，主要应做到以下几点：

① 给宝宝补充足够的营养物质，特别是蛋白质和钙质。

② 给宝宝多吃一些苹果、面包干、饼干之类的较硬但又易于消化的食物，既增加营养又锻炼牙齿、促进乳牙生长。另外，给宝宝吃苹果还可以帮助清洁牙面。

③ 尽量少给宝宝吃零食、甜食，就算要吃，吃完后也要立即给宝宝喂一些温开水漱口，以免食物残渣留在牙齿上诱发虫牙。

④ 纠正宝宝的不良习惯，如吮吸手指、口中含着奶或饭睡觉等，尤其是宝宝含着橡胶奶头作安慰，这很容易造成牙齿错位。

⑤ 如果宝宝喜欢吃手指，要注意清洗宝宝的手，以免引起口腔感染。

⑥ 宝宝门牙长齐、槽牙长出后，妈妈要注意给宝宝清洁牙齿，从而让宝宝养成刷牙的好习惯。

296.学会分辨绞痛样哭闹

宝宝绞痛样哭闹的典型表现是：宝宝在夜里睡眠中会突然发生剧烈的哭闹，无论如何都不能安抚，且哭闹时伴有四肢乱舞、打挺、身体蜷曲、大汗淋漓，几乎近于尖叫甚至歇斯底里等症状。

通常，导致宝宝绞痛样哭闹的原因有以下几个：

① 宝宝白天看了可怕的电视节目，入睡之后会因噩梦而惊醒。

② 曾被他人恐吓、打骂。这种可能性通常不大，但一些年轻保姆看护的宝宝不排除有这种可能。

③ 睡前活动过于激烈了，导致宝宝过度兴奋。

④ 宝宝受到了刺激，如看病打针、接种疫苗、从高处跌落等，这些都会引起偶尔一次的夜啼。

若宝宝出现了绞痛样哭闹的症状，妈妈要尽量使宝宝放松，并安抚宝宝，可以带宝宝去散步或给宝宝放音乐听。而要预防宝宝出现绞痛样哭闹，平常最好不要让宝宝看惊险的电视节目，也不要给宝宝讲述可怕的故事。另外，不要动不动就吓唬宝宝，或者睡前做太过剧烈的活动等。

297.警惕呼吸道异物

如果异物进入了宝宝的呼吸道是很危险的，若异物较大堵塞喉、气管，就会导致宝宝惊恐、憋气、面色苍白或青紫、呼吸困难，甚至窒息而亡；较小异物进入气管后，若贴附在气管壁，症状可暂时缓解，但患儿会有长期咳嗽、发热等症；有些妈妈不知道宝宝呼吸道有异物，按肺炎、肺气肿等治疗不满意，或经抗生素治疗一段时间好转，停药后又反复发作，久治不愈，更有些甚至出现了肺脓肿、脓胸等病症。因此，预防呼吸道异物对宝宝的危害是妈妈应该格外重视的。

由于处于生长发育时期，宝宝的喉部反射功能还不健全，而他又喜欢将食物或玩具放入口中，在不经意的说笑中就很容易将异物吸入喉部或气管中。此外，妈妈喂药时如果未将药片打碎、胶囊未打开，再加上宝宝吞咽不当，使呼吸与吞咽动作不协调，也很容易将异物吸入喉部或气管中。一旦宝宝表现出呛咳、呼吸困难、面色青紫等症，妈妈必须争分夺秒地抢救。1周岁左右的宝宝，妈妈可一手将患儿两脚拎起呈颠倒状态，另一手拍打背部，让宝宝呛咳而咳出异物；还可用匙臂或筷子压舌根刺激咽喉部，引起呕吐反射将异物呕出。若以上方法都无效，则要马上带宝宝到有气管镜的大医院急救。

298.不可以让宝宝离开大人的视线

本月宝宝活动能力增加了，随时可能发生大人预想不到的状况，只要一离开大人的视线，他的安全就大打折扣了。若没有大人的照顾，好奇心重的宝宝即可能到处走动、到处探索，从婴儿床的栏杆翻出来，爬向任何他想去的地方，对任何见到的东西都摸一摸，抓一抓，尝一尝，真是让妈妈防不胜防。就算宝宝睡着了，也可能在中间醒来的几分钟内发生意想不到的危险。因此，这个时期宝宝无论是醒着还是睡着，妈妈都不能让他自己待着，绝对不能让他离开大人的视线。

不让宝宝离开大人的视线还有一个好处就是，一旦宝宝发生了较严重的意外，送到医院就诊时，大人可以根据自己看到的实际情况向医生描述事发经过和宝宝身体状况的变化，以免医生因不了解实情而无法作出准确及时的救治。因此，妈妈千万不要一时疏忽，而让自己懊悔一生。

此外，妈妈还要给宝宝创造一个绝对安全的家庭环境。不管是宝宝活动的空间还是睡觉的空间，都必须确保绝对安全。妈妈最好在宝宝睡觉的床沿和地板上，及宝宝活动的地方都铺上柔软的垫子或毯子。这样就算宝宝不慎跌落，也能最大限度地减少伤害。而家里所有有棱有角的地方最好都用布或其他东西包起来，以免宝宝撞到而受伤。还要防止宝宝单独进浴室，以免出现跌入马桶的危险。

299.为宝宝排除一切隐患

1周岁左右的宝宝除了睡觉，几乎一刻不停地在运动，摔伤、碰伤、误食药品、被有毒植物扎伤、被宠物咬伤等，都是妈妈稍不留神就容易出现的伤害，而一次也没受过伤的宝宝也几乎是不多见的。

宝宝受伤后，妈妈自责或者过度保护都对宝宝的健康发展不利，最好的办法是给宝宝创造安全的活动空间，同时提高全家人的安全意识。

其实，只要妈妈们想周全了，也就能避免和预防几乎所有可能发生的意外，或者至少能减轻伤害了。这个阶段，不管周围的环境看着多安全，妈妈都不能单独把宝宝放在那儿。只要妈妈觉得周围会有危险，就要马上带宝宝离开，或者至少要紧紧看护，避免伤害。此外，妈妈还要注意家中环境的绝对安全，如把有可能碰到宝宝的棱棱角角都给包起来、给宝宝的活动开拓出足够大的空间、把药品和洗护用品等易被宝宝误食的东西都放到高处、将水果刀等易划伤宝宝的刀具放到宝宝够不到的地方，等等。外出带宝宝乘车，要把宝宝放在安全座椅上，并且让宝宝坐在后排座位上。总之，妈妈要为宝宝排除一切隐患，给宝宝安全健康成长做好保驾护航工作。

300.四季的护理要点

天气变暖后，最好给宝宝穿薄点，以便宝宝自由运动。有的宝宝已经会走了，因此妈妈更要格外看护，以免他碰伤、跌伤。带宝宝到户外时，宝宝很可能会伸出手摸一摸花儿草儿，这有助于发展宝宝的触觉和知觉，但注意不要让宝宝接触过花草后再把手放到嘴里，以防病从口入。妈妈最好随身带着消毒湿巾，随时给宝宝擦干净小手。

夏天是肠道传染病，如细菌性痢疾、大肠杆菌性肠炎等病症的高发季，因此要小心病从口入，给宝宝的所有食物都要保证新鲜卫生。此时宝宝爱用小手摸东西，手上和指甲缝里很可能存有蛲虫卵，这些蛲虫卵若由口腔进入肠道，易引发肠蛲虫症。妈妈要勤给宝宝洗手、剪手指甲。此外，不要让宝宝在烈日下玩耍，以防出现晒伤、日光性皮炎、出汗脱水等问题。

秋天若准备让宝宝上托儿所了，就要特别注意个人卫生，以免在集体生活中易患疾病。此外，由于季节交替、冷热不均很可能会让宝宝患上感冒或其他呼吸道疾病，若宝宝感冒了，尽量不要服用抗感冒药，而让宝宝多休息、多喝水、多睡眠。再有，秋季干燥的空气会让宝宝咽部干燥，妈妈要督促宝宝多喝白开水，并注意调节室内湿度。

初冬时宝宝很易患病毒性肠炎，因此要注意预防。此外，不要因天气变冷就把宝宝困在屋里，将满周岁的宝宝已能够经受寒冷空气了，应坚持户外活动。有些宝宝冬天小便中常出现白色的混浊物，这其实是不能溶解的尿酸在低温下形成的沉淀物，妈妈不必担心。

纠正偏食的坏习惯

301.营养需求

幼儿在断乳之后，应该用代乳品及其他食品来取代母乳。这是一个循序渐进的过程，从流质到糊状，再到软一点的固体食物，最后到米饭，每一个过程都要先熟悉后再慢慢过渡。断乳之后，幼儿每天所需的热能约是1100～1200千卡（成年人一天需要的热能是2000千卡），妈妈可根据食物的热量信息来调配幼儿饮食。

幼儿断乳后每日可进食4～5次，早餐可以吃些牛奶或豆浆、鸡蛋、面包等；中午可吃软一些的饭、鱼肉、青菜，再加鸡蛋虾皮汤；午前点可吃些水果，如香蕉、苹果片等；午后则可以吃少量小饼干；晚餐宜吃瘦肉、碎菜面等。妈妈要注意每天的菜谱尽量做到轮换翻新，并做到荤素搭配。

断乳之后幼儿不能全部食用谷类食品，主食是粥、软一些的米饭、面条、馄饨、包子等；副食可以包括鱼、瘦肉、肝类、蛋类、虾皮、豆制品及各种蔬菜等。主食通常是大米、面粉，每日约需100克，豆制品每日约25克，鸡蛋每日1个，蒸、炖、煮、炒都可以；肉、鱼每日50～75克，并逐渐增加到100克；豆浆或牛奶，可以从500毫升逐渐减少到250毫升；水果则可以根据幼儿的口味来，不要强制。

302.发育指标

这个阶段，宝宝正式1周岁了，很多家庭都会为宝宝"抓周"。而实际上，这个年龄的宝宝还区分不出什么是好东西什么是坏东西，身体的动作也不很灵活，往往只会抓着手边的东西。

在宝宝1周岁的时候，他的身高和体重都会稳定增加，已经不像最初几个月那样快速增长了。这个阶段，男宝宝的体重范围在9.1~13.9公斤之间；女宝宝的体重范围在8.5~13.1公斤之间。身高方面，男宝宝身高范围在76.3~88.5厘米之间；女宝宝身高范围在74.8~87.1厘米之间。另外，男宝宝平均头围约是47.54厘米，平均胸围约是48.08厘米；女宝宝平均头围约是46.52厘米，平均胸围约是47.32厘米。此时，多数宝宝都萌出12颗乳牙了，其中就包括已经萌出的上下尖牙。而且，宝宝的囟门在此期间大多会闭合。

303.可以独自站立了

过1岁的宝宝，绝大多数都会稳稳当当地站立了，不再需要扶着爸爸妈妈或者扶着其他物体站立了。不过，有些宝宝还不能够独自行走，虽然能够朝前迈上几步，但若爸爸妈妈不在前面接着，可能就会向前摔倒了。

这里还有个很有趣的现象，一旦宝宝摔倒，如果爸爸妈妈没有表现出很紧张的样子，周围的人也不大呼小叫，而是用鼓励和轻松的眼神看着宝宝，或者干脆若无其事地做别的事情，那么宝宝不会因为摔倒了而哭闹，他通常会自己爬起来，并且仍然表现出很愉快的样子，丝毫不会因为害怕而不敢迈步，还是乐此不疲毫无畏惧地向前走。但是，如果宝宝一摔倒，爸爸妈妈就表现得大惊小怪，那么宝宝多半都会哭闹给你看，同时也会失去练习的兴趣。

304.注重宝宝的饮食平衡

这个阶段，宝宝已经开始学会吃饭了，这时候，妈妈应该注意给宝宝合理搭配饮食，蔬菜、水果及粗粮都不能少，以保证宝宝饮食平衡。

通常，蔬菜、水果、鱼和鸡肉等都是有利于心脏健康的食物，妈妈应该多鼓励宝宝吃。此外，肥肉、糖果、巧克力等都属于高脂肪、高胆固醇、高糖类食品，宝宝很容易就上瘾，妈妈此时一定要控制着量给他，以免真的上瘾了。还有，多奶油的食物也要记得少吃。鸡蛋要保证每天一个，做成鸡蛋羹既清淡又便于吞咽。

如果此时宝宝和大人一起吃饭，那么盐、糖和酱油都要尽量少放。同时，这时还可以给孩子多吃一些含钾、钙的食物，如橘汁、胡萝卜汁、虾皮、海带、绿叶蔬菜、豆制品、糙米等。

305.宝宝不爱吃饭怎么办

有些宝宝不爱吃饭，这可愁坏了妈妈。很多妈妈甚至把孩子吃饭比喻成"打仗"，不但身体累而且还很烦恼。那么，怎样让宝宝爱上吃饭呢？

❶ 宝宝都喜欢热闹欢乐的氛围，因此吃饭时妈妈千万不要责骂宝宝，而是要尽量让氛围欢乐温馨，这样宝宝才会心情愉悦地爱上吃饭。

❷ 宝宝通常对颜色很敏感，喜欢鲜艳的色彩，因此妈妈可以多花点心思配色，可以尝试用分类餐盘，作出很好的色彩分类效果。

❸ 要采取多样化的进食方式，如将食物摆成笑脸等，用游戏的方式刺激宝宝对吃饭的兴趣。

❹ 在用餐前一小时之内，尽量不要让宝宝吃糖果。

❺ 给宝宝选择餐具的自由，以让他对吃饭产生兴趣。

❻ 利用一些饭前仪式刺激宝宝吃饭，如饭前要洗手等。

❼ 宝宝的好奇心较重，容易受外界干扰，因此吃饭时间最好不要开电视和电脑，以免分散了宝宝吃饭的注意力，而不专心吃饭。

❽ 订立用餐规则，然后妈妈和宝宝一起遵守，让宝宝有兴趣吃饭并且遵守和坚持吃饭规则。

❾ 适当运动，有助于宝宝胃口大开，运动量大了，宝宝的饭量也会适当增大，也就自然会慢慢爱上吃饭了。

306.宝宝不爱喝水怎么办

许多这么大的宝宝都不爱喝水，但每天摄入足量的水对宝宝来说是必不可少的，怎样才能让宝宝多喝点水呢？

首先，妈妈要明确的是，最适合儿童的饮料就是白开水。纯净的白开水最解渴，进入人体后最容易透过细胞膜，进而促进新陈代谢、输送养分、清理身体内部的"垃圾"。研究发现，煮沸后自然冷却的凉开水能提高血液中的血红蛋白含量，从而增强机体免疫力。具体来说，要让宝宝养成喝水习惯，妈妈要在平常注意以下几点：

❶ 水温。水过凉或过热都会损伤宝宝的胃黏膜，影响消化。通常来说，夏天宝宝应喝室温下的白开水，冬天则适合喝20℃~30℃左右的水。

❷ 给宝宝喝白开水的时候，不要在里面放蜂蜜或糖等甜味剂，一旦宝宝爱上了甜味饮料，就会不爱喝白开水了。

❸ 尽量不给宝宝喝饮料。果汁、饮料虽说口感很好，但饮料里往往含有较多的糖分和电解质，喝下去会对胃肠道产生不良刺激，影响消化。且饮料喝多了，还易引起蛀牙。

❹ 不要等宝宝口渴才给他水喝。一旦宝宝感到口渴，就说明其身体内的细胞已经缺水了，这样会对宝宝健康成长产生不利影响。若宝宝已出现了口干、尿少尿黄、便秘等现象，则说明宝宝身体需要补水了。妈妈要随时为宝宝准备温度适宜的水，并及时提醒宝宝喝水。

307.培养正确的饮食习惯

俗话说："习惯成自然。"任何一种好习惯的养成，都是要从小做起的，对孩子来说，良好饮食习惯的养成也要从小开始。那么，怎么培养孩子良好的饮食习惯呢？

❶ 合理安排孩子的进餐时间和次数。每天要在同一时间让孩子进食，时间久了就会形成规律。此外，不能强迫孩子进食，能吃多少就吃多少，长此下去便可形成习惯。

❷ 改良烹调技术，保证色、香、味俱全。香喷喷的食物才会引起孩子旺盛的食欲，从而有助于消化液的分泌，有利于消化和吸收。

❸ 养成良好的卫生习惯。每次吃饭前都要给孩子洗手，时间久了孩子就会养成饭前洗手的好习惯。此外，不要让孩子边吃边玩，妈妈可以给孩子买个餐椅，这样他就不会吃饭时到处乱跑了。

❹ 教孩子使用餐具。妈妈应逐步训练孩子正确的握匙姿势，为孩子独立进餐作好准备。

❺ 避免挑食、偏食。饭、菜、水果要合理搭配，保证饮食多样化，以便孩子能摄取均衡的营养。此外，食物要做得软、烂，便于孩子咀嚼和吞咽。

❻ 营造愉快的进餐氛围。除了提供色香味俱全的食物之外，还要有亲人的细心呵护，这样孩子才会胃口大开。

308.宝宝体重过轻或过重该怎么办

这个时期的宝宝体重差异性较大,有些宝宝的体重已经超过了正常体重的最高值,且每天仍然会增长超过20克。这就属于体重过重了,妈妈要注意以下几点:

① 调整宝宝的饮食结构,少吃米面,少吃一些高热量低蛋白的饮食,多吃蔬菜和水果。

② 如果宝宝食量较大,那么在喂奶之前,先给他喝一些果汁或者是白开水。

③ 每天的牛奶量最好不要超过1000毫升,晚上则尽量不喂奶。

④ 让宝宝白天多活动。

⑤ 喂鲜牛奶的时候,先加热,把上面的奶皮去掉,以降低脂肪的摄入量。

⑥ 少给宝宝吃含糖的饮食,降低热量供应,同时增加蛋白质、维生素、矿物质的摄入。

另外,排除疾病或者是喂养不当,如果一些宝宝精神良好,其他方面都正常,但却体重偏低,妈妈则无须多虑。这种情况多发生在食量小、睡眠少或活动量大的婴儿身上。但若宝宝到了这个月,体重远低于正常婴儿的平均体重,甚至比最低体重还低,那么就要引起妈妈的高度重视了,必要时要带宝宝去看医生。

309.注重钙质的补充

这个时期的宝宝身体长得很快,骨骼、肌肉和牙齿都开始快速地发育,身体需要大量的钙,若补充不及时,2岁以下的宝宝就会很容易缺钙。

通常,宝宝缺钙表现为以下几点:

① 多汗。就算气温不高,宝宝也会出汗,特别是入睡之后头部多汗,并伴有夜间啼哭、惊叫等。

② 偶见手足抽搐症。宝宝缺钙时,会引起手足痉挛抽搐。

③ 厌食偏食。人体消化液中含有大量钙,若钙缺乏,则容易出现食欲不振、智力低下等症状。

④ 易出现湿疹。2岁前的宝宝较常见这种湿疹，有些到儿童期或成人期会发展成恶急性、慢性湿疹。

⑤ 出牙晚或者不出牙。有些宝宝1岁半时仍未出牙，前囟门闭合延迟，且在1岁半时仍不闭合。

⑥ 前额高突，形成方颅。

因此，妈妈一定要注意给宝宝补钙，尤其是在长牙期。通常，含钙较丰富的食物有牛奶、海带、虾皮、豆制品、动物骨头、蔬菜等。另外，目前市场上的一些补钙药物较适合那些依靠食物摄入无法满足钙需求的宝宝，其优点是操作简单，并容易控制剂量，但在服用时一定要遵医嘱，以免对身体造成影响。

310.宝宝多吃鱼可促进大脑发育

我们知道，鱼是人类食品中动物蛋白最重要的来源之一，鱼类中含有丰富的动物蛋白和钙、磷等矿物质和维生素，且鱼肉纤维较细，结构柔软，极易被人体吸收。另外，海鱼的脂肪中主要含有两种脂肪酸，DHA紧密关系着人类的大脑生长发育；EPA则可以降低血小板的凝集，防止动脉粥样硬化和血栓形成，同时降低甘油三酯和极低密度脂蛋白胆固醇的水平。这个年龄段的宝宝正处于大脑发育的黄金时期，妈妈可以多给宝宝吃一些鱼，至少每周给宝宝吃一次海鱼，以促进其大脑的发育。

给宝宝吃鱼时，要注意剔除鱼刺，以免卡住宝宝。妈妈也在烹饪鱼的时候，最好选择刺少肉嫩的鱼，如淡水鲈鱼、青鱼、鳕鱼、武昌鱼等，一般来讲，鱼腹部、鱼鳃下一点，肉厚刺少，可着重挑出来给宝宝烹饪。

最佳的烹饪鱼的方法，无疑是清蒸和清炖。妈妈也可以将青鱼、鲈鱼等刺少的鱼先做成鱼丸，一次多做点分成小份速冻起来，随时给宝宝吃。鱼一定要煮熟，但切记烧焦，烧焦后的蛋白质会产生致癌物。

311.如何帮宝宝改掉贪吃零食的坏习惯

这个时期的宝宝很多都爱吃零食，这让妈妈很烦恼，但又承受不住宝宝的眼泪攻势。有什么好办法可以帮宝宝改掉贪吃零食的坏习惯呢？其实，让宝宝彻底不吃零食是不太现实的，但妈妈可以参照以下方法控制宝宝吃零食的习惯。

1.不要纵容宝宝吃零食

有些妈妈总是受不了孩子的眼泪攻势，一味地迁就孩子吃零食，这其实是妈妈的问题了。其实，妈妈只要稍微想想办法就能有效地控制宝宝吃零食了。比如，把零食藏在宝宝看不到的地方等。

2.不要用零食来奖励宝宝

一些妈妈喜欢把零食作为奖励奖给宝宝，如"你今天在幼儿园表现好的话，放学的时候妈妈给你买一个冰激凌"，这是很多妈妈"引诱"孩子的办法，但这种办法很容易让宝宝养成被动、消极的做事习惯。

3.宝宝的饭菜要有吸引力

多数宝宝吃零食是因为正餐时吃不饱，一般都是由于饭菜没有吸引力造成的。为增强宝宝对吃饭的兴趣，妈妈可以给饭菜起一些有趣的名字，或把饭菜做成有趣的形状来吸引宝宝。

4.家庭成员要保持统一的原则

针对宝宝吃零食问题，家庭成员应该保持一致的原则，并且严格遵守规则限制宝宝，这样久而久之，宝宝吃零食的习惯就能得到控制了。

5.以身作则

许多妈妈就有吃零食的习惯，自然会影响到宝宝。因此，一些爱吃零食的妈妈要适当地约束自己，以身作则，给宝宝树立一个好的榜样。

312.出牙仍有差异性

通常，宝宝出牙遵循着一定的生长规律，但具体到每个宝宝身上又有些差异，有些宝宝出得早一点，有些宝宝出得晚一点。满1岁的宝宝多数已经萌出了牙齿，但某些宝宝因代谢异常也可能导致牙齿萌出时间推迟。

一般来说，满周岁还不出牙的宝宝有以下几个原因：首先是缺钙，缺钙除了导致牙齿萌出较晚外，还表现为罗圈腿，走路慢等。另外，妈妈还要注意观察宝宝是否有其他异常表现，如出汗、枕秃、夜啼等，若有就应及时就医治疗。

若排除了代谢原因，宝宝周岁后仍未出牙，则可能是个体差异所致，并不会影响宝宝的身体健康。平常，妈妈可注意给宝宝补充营养，保证钙的摄入量，并及时补充维生素D。此外，还要多带宝宝晒太阳，为宝宝出牙创造合适的生理环境。

313.生病的频率可能会变高

随着宝宝月龄的增加，妈妈会带着宝宝做更多的户外活动了，并且到较远的地方旅行了。此外，日常生活中，妈妈还会经常带宝宝到一些公共场所，如动物园、公园、游乐场、超市、百货商场等。当然，逐渐长大的宝宝，也会比以前经常地去别的小朋友家做客了，或者跟着妈妈一起去上亲子课堂，跟妈妈一起参加公共活动或一些潜能培训班等。所有这一切，都加大了宝宝跟外界的接触，也使得宝宝的生病频率变高了，宝宝可能比之前要频繁地感冒、发烧等。不过，妈妈不用担心的是，虽然宝宝生病的频率可能变高了，但却都是小病，体质好的宝宝通常都不会有什么大问题，也不用经常性地往医院跑。

314.示范正确的走路姿势给宝宝看

这个时期的幼儿，正处在生长发育的迅猛阶段，骨骼里钙、磷等无机盐的含量少，有机物含量多。所以，宝宝骨骼的硬度小、弹性强且很柔软，不容易骨折、断裂，但却很容易变形。另外，这个时期由于各个器官的功能都还没有定型，很容易发生变化，再加上很多妈妈缺乏育儿知识，不注意宝宝学步、走路时的姿态，从而让宝宝养成了坏习惯而导致走路姿势非常难看。所以说，这个时期，妈妈一定要注意培养宝宝的正确走路姿势，示范正确的走路姿势给宝宝看，让宝宝拥有一个健康的形体。

妈妈可以按照正确的走姿给宝宝作示范，并且教宝宝学会。正确走姿通常要求目视前方，上体保持正直，双臂自然下垂，手指自然弯曲，两臂以肩关节为轴前后摆动。与此同时，下肢的动作一定要协调，要抬头挺胸。走路时双足不要向外撇，以免形成"八字脚"，当然，双足也不要向里勾，这样形成的走路姿势也很难看。

315.男孩说话比女孩晚一些是正常的

在语言发展方面，通常女孩要比男孩快一些。一般情况下，很多女孩不到1岁时差不多就都能说话了，但很多男孩到了2岁才开始说话。这是因为，女孩的语言表达中枢要比男孩更早一点成熟，但是语言理解中枢，及对事物的认识和思考能力，男孩和女孩之间却是差不多的，没有明显差异。不过，虽说男孩和女孩在语言发育方面的差异性有普遍性，但从现有的趋势上看，男孩和女孩之间的这种差异正在逐渐减小。当然了，这种差异的缩小不但表现在语言发育上，还表现在身高、体重、体形、运动能力和思维能力上。这种现象或许跟现代的教育有关，也或许跟妈妈对孩子性别的关注程度下降有关。

316.应对宝宝踢被子的好办法

肢体能力发展到一定程度后，很多宝宝睡觉时都喜欢踢被子。实际上，踢被子是宝宝发育过程中的一种正常现象，若妈妈发现宝宝经常晚上踢被子，就要先检查被子的薄厚、柔软度等是否适合婴儿使用，再根据情况给宝宝选择合适的被子。同时尽量不要让宝宝穿太多衣服睡觉，且睡觉时最好能给宝宝选择棉质贴身、少扣宽松的衣服。如果排除了被子和衣服这两个因素后，宝宝依然常常踢被子，那么妈妈就可以运用以下技巧：

❶ 用夹子或橡皮筋固定住被子。妈妈可选用被夹这一带环套的夹子，用夹子夹住被子的角，将环套固定在床柱上，这样被子就不会被踢开了。或者用四根橡皮筋分别缝在被子的四角上，将橡皮筋的另一端固定在床栏的适当位置，这样被子也不会轻易被踢开。固定被子时，妈妈一定要注意留出足够的空间给孩子翻身和活动，以免影响睡眠。

❷ 为宝宝选择合适的睡袋。妈妈可以给宝宝选择那些袖子可拆卸的睡袋，或可以随时改变外形的睡袋。

❸ 大被窝套小被窝。妈妈可以先用一条小薄被子给宝宝裹一个小被窝，然后再盖上大被子，这样宝宝就不容易踢被子了。

当然，对付宝宝踢被子的方法还有很多，只要妈妈留心，一定能发现更好、更实用的方法。

317.宝宝闹觉怎么办

"闹觉"一般指的是1岁左右的孩子睡觉前又哭又闹地"磨人"，若此时大人把他抱起来，拍拍、摇摇，他很快就会再次入睡。但也有些较大的孩子会出现睡觉前必须妈妈哄着才能睡的毛病。那么，宝宝"闹觉"到底是怎么回事呢？

其实，婴儿时期的"闹觉"多是妈妈"宠"出来的，孩子一哭妈妈就马上抱起来。实际上，婴儿的哭不都是向妈妈索取爱抚，还有很多其他意思。若妈妈一听宝宝哭就抱，不但会破坏孩子的睡眠规律，时间长了，还会让宝宝形成新的条件反射，养成"闹觉"的坏习惯。这个习惯若不及时纠正，会持续到幼儿时期。

此外，若孩子在2岁左右突然出现了"闹觉"的情况，妈妈则要根据情况分别处理：

① **缺钙**：缺钙是引起孩子睡觉不安稳的首要因素之一。血液中钙含量不足的时候，大脑的植物性神经兴奋性就会增高，让孩子很难入睡。但是这一点，需要有医生来检查确诊。

② **日间活动兴奋或环境发生变化**：幼儿的"闹觉"跟过度兴奋或紧张有很大关系。睡前半个小时之内，妈妈要尽量让孩子安静下来，并且不做剧烈的运动。此外，日常生活发生变化了，如搬家、换保姆或陌生人来的时候，妈妈也要多关注孩子的表现，提前让孩子熟悉情况，以免孩子因环境改变而闹觉。

318.1周岁以后的尿便训练

孩子有了自我意识之后，妈妈就要鼓励他们自己的事情自己做，排便就是最私人的事情。2岁之后的小孩是必须学会自己上厕所的，若他到了幼儿园，自己不能上厕所，可能会产生人际交往压力，影响身心发展。

1周岁以后，宝宝开始吃米饭和面条了，他们的排便也就自然更有规律了，此时训练孩子上厕所是最好的。不过，上厕所是因人而异的，有些宝宝很早就能自控，而有些则还需要很长时间才能自己上厕所。通常，排便训练在温暖季节较易进行，幼儿需要大小便时能告诉妈妈，脱裤子也很方便。而太冷的时候，孩子的尿会增多，可能就容易尿裤子。

训练孩子上厕所，可以从便盆开始。如今有专门为幼儿设计的便盆，妈妈可以让孩子自己选一个，在没有便意时先坐在上面熟悉一下，等到要便便的时候，妈妈则带着孩子去便盆那里，帮他坐下来。此时若孩子不小心尿床了，或把便便弄到了裤子上，妈妈都不要烦躁地批评孩子，而是要安慰孩子，告诉他以后要提前和妈妈说，或"嘘"一下表示要便便。

训练孩子的尿便是一个较缓慢的过程，妈妈要有耐心，并且持之以恒，这样孩子就会很快学会自主控制尿便了。

319.预防可能发生的意外

对这个年龄段孩子的护理，往往是提防出事故比注意疾病更重要。由于好活动的幼儿有很强的好奇心，总想冒险去感受一下外面的世界，因此难免会发生各种各样的意外，妈妈一定要贴身关照，随时警惕危险。

这个时期的幼儿能走和跑了，不过有一些幼儿的平衡能力还不是很强，因此经常会摔倒、跌倒。再加上孩子可以搬椅子往高处爬了，就算有栏杆也不太起作用，因此妈妈要格外注意不要把一些危险品放在宝宝爬上凳子能够到的地方。此外，这时的孩子会上街了，有时候还会跟着其他孩子出去玩水，妈妈一定要紧跟宝宝，以免发生溺水事故。带宝宝外出时，经过有车辆的地方，要让宝宝走在内侧，并且随时牵着他的手。

当然，家里的危险性也不少，尤其是厨房。这时期的宝宝能跑能动又很好奇，厨房里的各种东西往往会让宝宝着迷，稍不留神就容易出事故。对此，妈妈做饭时一定要注意不让宝宝靠近炉火，且刀叉之类的东西也要放在宝宝够不到的地方。

防止宝宝营养不良

320.发育指标

2~3岁的孩子生长速度会慢下来，不过主要是头部的生长速度减慢，腿和躯干生长速度却在加快，身高也增加了不少，身体看起来比较均衡了。随着肌肉张力的改善，孩子的姿势会变得更加直立。

2岁以后，同龄孩子之间的身高和体重差异会相对变大，有些孩子可能长得很快，有些则长得较慢，还有些健康的孩子发育速度比其他同龄人稍慢。3岁时，孩子的生长速度一般都可以恢复正常，但青春期他们的身高也可能达不到这个年龄的标准身高。学步期或者学龄前时期，幼儿生长停滞的现象可能是发生了其他问题的信号，如肾病或肝病，或复发性感染等慢性疾病等，极个别的情况下，激素紊乱或慢性疾病的胃肠道并发症也会导致孩子生长缓慢。因为生长速度减慢，这样的儿童进入青春期的时间也相对较晚。

通常，学龄前儿童每年增高6厘米，体重每年增加约2千克。2~3岁男童的体重范围在12.24~13.95公斤之间，女童则在11.66~13.44公斤之间；男童身高范围是87.9~95.1厘米，女童是86.8~94.2厘米。两岁半左右的幼儿，20颗乳牙会全部长出。

321.让宝宝在餐桌上吃饭

这个时期，让宝宝在餐桌旁吃饭，不仅可以改掉妈妈追着宝宝跑的喂饭坏习惯，还能自然而然地缩短吃饭的时间，让宝宝逐步养成良好的进餐习惯，同时还能增进亲子感情。

这么大的宝宝几乎可以吃饭桌上的多数菜了，因此妈妈可以减少单独给宝宝准备食物，尽量靠近宝宝的饭菜做一日三餐，并且把食物做得他能完全自己吃。这样，也有助于减少宝宝的挑食行为。

另外，让宝宝在餐桌上吃饭，妈妈应该给宝宝准备一个专门的用餐椅，以便加深宝宝的用餐仪式感，促进宝宝养成规律的用餐习惯。需要注意的是，吃饭时间，尽量不要让宝宝离开餐桌，进餐时离开餐桌会使宝宝难以静下心来吃饭，也不利于用餐习惯的养成。妈妈可以告诉宝宝，只要他吃完饭，就可以离开餐桌。这样，宝宝就会比较老实地待在餐桌旁吃饭，而等以后他更大一些的时候，他就会明白妈妈这种要求的好处，也能养成好的用餐习惯。

322.给宝宝饮用健康的果汁

纯果汁中含有丰富的维生素C，应该说是一种非常健康的食品。不过，多数果汁中都含有大量的糖分，宝宝摄入过多容易导致腹泻、腹痛和胃肠胀气。通常，市售的果汁饮品中都添加有甜味剂、人造香料和其他的化学成分，因此直接吃水果要比饮用果汁饮品好一些。而要想给宝宝更健康的饮用果汁，妈妈要注意以下几点：

① 饭前1小时之内不给宝宝喝果汁。

② 尽量不要边吃饭边喝果汁，最好是在餐后喝果汁，或者进餐中间喝适量的果汁。

③ 建议妈妈自己用新鲜的水果给宝宝制作果汁。

④ 千万不要以果汁来代替水，给宝宝喝适量的纯水对其身体健康是很有益处的。

⑤ 睡前不要给宝宝喝果汁，以免宝宝腹胀。

323.注重微量元素的补充

2~3岁是宝宝成长发育的又一个快速期，此时特别要注意均衡膳食，给宝宝提供全面营养。妈妈要知道，除了维持日常生活的蛋白质、脂肪和碳水化合物外，还要注意微量元素的补充。具体到各种微量元素的食物来源，可参照以下内容：

1.富含钙的食物

牛奶制品、虾皮、豆类制品、芹菜、黑芝麻、西兰花等蔬菜。

2.富含镁的食物

坚果（杏仁、腰果等）、黄豆、瓜子、谷物（黑麦、小米和大麦）、海产品（金枪鱼、鲭鱼、小虾、龙虾）。

3.富含铁的食物

蛋黄、动物肝脏、鸡胗、牛肾、黑木耳、芝麻、牛羊肉、蛤蜊、紫菜、谷类、豆类、瘦肉、干果、鱼类等。

4.富含锌的食物

首先是动物肝脏、全血、肉、鱼、禽类；其次是绿色蔬菜和豆类。牡蛎、牛肉、肝脏、田螺、鱼肉、瘦肉、母乳内的锌含量高且易于吸收。

5.富含碘的食物

海藻类食物，如紫菜、海带、海白菜、裙带菜等。

6.富含硒的食物

猪腰子、鱼、海虾、对虾、螃蟹、羊肉、鸭蛋黄、鹌鹑蛋、鸡蛋黄、牛肉，松蘑（干）、红蘑、大杏仁、枸杞子、花生、黄花菜、大蒜、芦笋、洋葱、莴苣等。

7.富含维生素A的食物

羊肝、牛肝、奶类、黄油、奶酪、蛋类、南瓜、胡萝卜、深绿色叶子蔬菜、马铃薯、芒果、杏、西红柿等。

8.富含维生素D的食物

最丰富的是鱼肝油，动物肝脏和蛋黄。

9.富含维生素E的食物

猕猴桃、坚果、瘦肉、奶类、蛋类、葵花子、芝麻、玉米、橄榄、花生、山茶、菠菜、羽衣甘蓝、甘薯、山药、莴苣、黄花菜、卷心菜、菜花等。

10.富含维生素C的食物

新鲜蔬菜和水果，水果以酸枣、山楂、柑橘、草莓、野蔷薇果、猕猴桃等含量高。

324.多补充些乳制品

2~3岁的这个阶段，是宝宝成长发育的又一个迅速时期，此时妈妈一定要注意宝宝的均衡膳食，全面地为宝宝提供成长所需要的各种营养素。此外，这个时期，多数宝宝即将步入幼儿园，更多的身体活动和学习也要求宝宝拥有充足的营养供应。因此，这个阶段，妈妈可以多给宝宝补充一些乳制品。

乳制品在我们的生活中非常常见，宝宝无论在幼儿园还是家里都会经常接触乳制品，如每天一杯的牛奶，酸奶、奶酪等。牛奶及其奶制品中，常常含有较多的蛋白质、糖及钙、磷、维生素类营养物质，对身体的营养供应是很大的。而且，乳制品通常比较好吃，这时期的宝宝也很喜欢吃。因此，这时候妈妈多给宝宝补充些乳制品，是很有益处的。

325.教宝宝学会使用餐具

为培养宝宝独立吃饭的能力，让其早日自理，妈妈可以培养宝宝使用餐具的能力。

首先，教宝宝使用碗。其实，宝宝10个月之后，妈妈就可以准备一个底部宽广的轻质碗让他试着使用。而到了2岁之后，妈妈可以让宝宝学习一手托住碗，一手拿着汤匙吃饭了。这个时候，可以给宝宝一个轻而坚固、不易滑动且适合手形的碗，并且先示范一下拿碗的姿势给宝宝看，之后让宝宝模仿，动作大抵是：将拇指腹压在碗的边缘，小指以外的三根手指放在碗底边缘。

其次，宝宝之前已经学习过使用杯子喝水，如今的宝宝差不多已经可以很自然地使用杯子了，不需要妈妈再教了。

再次，也是比较重要的，就是筷子的使用。通常，筷子的使用较困难，属于手部的精细动作，一般要到宝宝2岁以后再尝试。妈妈可以给宝宝准备小儿专用的筷子，短而轻，便于宝宝掌握。接着教宝宝拿筷子的姿势：用拇指、食指和无名指夹住筷子，并且以虎口开合来练习夹的动作。通常，宝宝学习使用筷子的过程会一直持续到6岁，因此，如果宝宝此时还学不好，妈妈也不用太苛责。

326.不要强迫宝宝吃东西

作为妈妈，一定要正确对待宝宝的食欲和食量。每个宝宝的食量都不一样，不要因为别的宝宝吃得多就强迫自家宝宝多吃。强迫宝宝吃饭，除了可能引起宝宝厌食，还会引发宝宝的反抗心理，让亲子关系紧张。

实际上，有些宝宝本身饭量就很小，不太爱吃饭，但只要他营养均衡，生长发育一切正常，妈妈就不必担心。另一些宝宝看起来比较消瘦，这可能跟他自身的体质、家族遗传、吃饭比较挑食等有关，只要宝宝身体没有疾病，消瘦一点并不是坏事。另外，宝宝的食欲并不是每天都那么旺盛的，运动量大、吃饭兴致高的时候就会多吃一点；运动量小、身体不适时自然会吃得少一点。其他一些疾病，如感冒、发烧、积食等也都会导致宝宝消化功能不良，进而引起宝宝短时间内食欲不振。总之，妈妈万不能因为宝宝不爱吃饭就认为他"厌食"，或带宝宝看医生，或强迫宝宝进食，这样不但没法增强宝宝的食欲，还会让宝宝对吃饭产生反感，真正厌食。

面对吃得少的宝宝，妈妈要尽可能地给宝宝准备多样的食物，让他在身体许可范围内选择食物，激发吃饭的兴趣，提高食欲。平常，妈妈要多给宝宝吃一些新鲜蔬菜、水果、粗粮等，提高宝宝的食欲，促进消化功能发育。这样，宝宝才会养成快乐有序的饮食习惯。

327.宝宝可能还是离不开奶瓶

这个时期，已经2岁的孩子，有时候却还是不会像同龄宝宝那样用杯子喝水，而是继续捧着他的宝贝奶瓶不放手。许多妈妈对此很纳闷：是不是一定要让宝宝放弃奶瓶呢？宝宝能自己戒掉奶瓶吗？

其实，妈妈首先要知道的是，断奶很重要，断掉奶瓶一样很重要。若宝宝到了用杯子的年纪还在使用奶瓶，那就很容易造成"奶瓶性蛀牙"和"奶嘴性牙齿"。"奶瓶性蛀牙"的形成多离不开奶瓶，这类孩子喜欢含着奶瓶边吃边睡，呈酸性的饮料就会侵蚀牙齿的保护层，使牙齿表面粗糙，最终形成蛀牙，间接影响牙齿的发育。"奶嘴性牙齿"则是通常所说的"龅牙"等。若宝宝长时间用奶瓶喝水，时间久了，牙齿和嘴唇就都会变形，形成龅牙、"地包天"等现象。另外，若宝宝进了幼儿园后还戒不掉奶瓶的话，别的小朋友开心地拿勺吃饭时，他就只能孤单地吃奶粉、米糊。这种"与众不同"，一方面，对身体发育无益；另一方面，极可能受到同龄伙伴的排斥。

其实，宝宝离不开奶瓶一是为了获得安全感；二是自身的需求没有得到满足。当宝宝发现，用奶瓶能给自己带来满足感，且肚子还能被填满时，他就把奶瓶和愉快联系在一起了，也就很难戒掉奶瓶了。实际上，开始添加辅食后，妈妈就应该逐渐减少使用奶瓶的次数，而改用碗筷、勺子、杯子等工具喂食，直至彻底扔掉奶瓶，如果拖得时间过长反而更难戒掉。

328.2岁半左右乳牙应该出齐了

从六七个月开始长出第一颗乳牙，到2岁半左右长出20颗乳牙，此时的宝宝多数牙齿都出齐了。不过，也有少数较早或者较晚长牙的例子，有些宝宝甚至可能到3岁之后才长全20颗乳牙，这跟宝宝的身体发育有关，妈妈不必过于担心。

通常，宝宝的牙齿生长发育有四个阶段：发生、发育、钙化、萌出。基本的情况是这样的：

早在胚胎7周时，宝宝的乳牙胚就开始形成，到胚胎10周的时候，所有的乳牙胚都基本上形成了；

到2岁半左右，所有的乳牙基本上完成生长；

恒牙胚早在婴儿3~4个月的时候就开始形成了，到宝宝3~4岁的时候完全成型；

乳牙从宝宝6岁开始就逐渐脱落，到12岁左右所有的乳牙脱落，被恒牙取代；

恒牙一般从6岁开始生长，在宝宝12岁左右，恒牙基本上会替换掉所有的乳牙。

宝宝长牙期间，可能会出现诸多的不适，如流口水、烦躁等，对此，妈妈一定要付出更多的精力，细心照顾宝宝，以便宝宝可以轻松地度过长牙期。

329.可以让宝宝刷牙了

这个时期，由于宝宝吃的食物种类大大增加，且经常吃一些零食，特别是各种糖果，再加上跟成年人相比，宝宝牙齿的钙化程度较低，因此很容易出现各种牙齿问题，如蛀牙等等。因此，为保证宝宝牙齿健康，妈妈可以让宝宝开始刷牙了。

一开始，妈妈要先给宝宝示范刷牙，让宝宝拿一把牙刷但不放牙膏先进行模仿，之后就手把手地帮宝宝完成刷牙动作。这样不久之后，宝宝肯定就能养成刷牙习惯了。刷牙时，要教宝宝注意不要把牙膏挤满整个牙刷。这个时候，妈妈一旦发现宝宝的牙齿有损害，可以用特制的柔软牙刷帮宝宝清洁牙齿，并且尽量使用少量的氟化牙膏。此外，宝宝的牙刷一定要单独存放，并包好牙刷头，3个月最好换一次。

通常，正确的刷牙方法是：保持牙刷毛和牙齿表面呈45度角，轻轻放在牙齿和牙龈的交接处，顺着牙齿缝竖着刷牙；之后，旋转牙刷头，上牙按照从上往下，下牙按照从下往上的顺序来刷；牙齿的内外面刷法相同，但在刷前牙内侧的时候，要把牙刷竖起来，刷后牙咬合面时，要前后来回用力刷。应该注意，每个牙面要反复刷8~10次，每天早晚各一次，每次不得少于3分钟。

330.如何预防龋齿

龋齿俗称为"虫牙""蛀牙"，是一种儿童常见的牙病。通常，宝宝的乳牙自萌出之后就有龋坏的可能。一般来讲，口腔中的龋牙细菌会利用牙齿表面残留的含糖食物代谢产生酸性产物，造成牙齿脱钙形成龋洞。龋洞不会自愈，如果不及时给予治疗则会继续腐蚀到牙本质、牙髓，只留下残根。龋齿不但会让宝宝感觉到牙疼，影响食欲、咀嚼、消化、吸收等，还会导致牙髓炎、齿槽脓肿等，进而引起全身疾病，很影响宝宝的健康。

宝宝吃糖过多、缺乏钙、不注意口腔卫生、含着奶嘴睡觉等，都会造成龋齿，但最根本的原因还是变异链球菌也就是龋齿细菌的侵袭。

预防龋齿，要做到以下几点：

① 让宝宝养成刷牙的习惯。2岁之后，宝宝的牙齿就基本上长齐了，可以开始正式学习刷牙了。此时，妈妈要给宝宝选择合适的牙刷和牙膏，并尽量让宝宝养成早晚刷牙的习惯。

② 妈妈要按时给宝宝添加辅食，锻炼宝宝的咀嚼能力。

③ 喂奶之后要给宝宝喝清水。

④ 妈妈跟宝宝亲近之前要先用药物牙膏刷牙，咳嗽、打喷嚏时要避开宝宝，且不要把食物咀嚼后再喂给宝宝。

⑤ 让宝宝少吃零食、甜食，特别是睡前不能吃东西。

⑥ 正确给宝宝服用维生素D和钙剂，增强牙齿强度。

⑦ 最好每隔半年给宝宝做一次牙齿检查。

331.培养良好的口腔习惯

良好的卫生习惯是需要从小培养的。宝宝2岁之后，妈妈就可以教宝宝自己动手刷牙漱口了，虽然此时宝宝还做不好，但妈妈还是要鼓励宝宝自己动手做。如果妈妈总是认为宝宝这也不会做，那也不会做，那么宝宝就得不到足够的锻炼机会，也就一直都不会做了。妈妈应该知道，宝宝自身是有很大潜力的，只要妈妈肯放手，宝宝很快就会掌握这些行为和方法。

让宝宝早上起床后、晚上睡觉前定时刷牙，是妈妈必须应该坚持的一个教导。此外，有些妈妈认为少给宝宝吃甜食、少吃糖或者不吃糖，就能预防宝宝患龋齿，这种看法是很片面的。其实，不仅仅是甜食，残留在宝宝牙齿间的所有食物，都可能引起龋齿，不吃糖是不够的，还必须要时刻保持宝宝牙齿的清洁。此外，妈妈还要多关注宝宝的牙齿检查和保健，定期带宝宝去看牙科医生，接受专业牙医的指导。

332.当心宝宝出现O形腿或X形腿

宝宝开始学走路的时候，两条腿还比较直，可到了两三岁时，宝宝的两条腿看起来就有些不对劲儿了。乍一看，两个膝盖靠得很近，而两只脚似乎又离得有些远了，整个腿部呈现出X形；或者是两个膝盖离得很远，而两只脚尖却相对，腿部呈现O形。

此时，妈妈最关心的就是，宝宝是否得了佝偻病。其实，X形腿和O形腿大多都是宝宝身体发育过程中出现的一种暂时现象，并不属于发育异常，一般等宝宝到五六岁的时候，腿部就会恢复成笔直的状态了。

不过，除此之外，宝宝腿部出现X形腿或者O形腿也可能是患上了佝偻病。佝偻病通常是由于缺钙而使骨质疏松、软化所引起的。患佝偻病的宝宝站立时，由于下肢不能负重，会出现小腿弯曲，也就是我们说的O形腿、X形腿。佝偻病O形腿患儿小腿弯曲程度比正常小腿的弯曲要严重，检查时若将两个踝关节并拢，两个膝关节往往并不拢，两膝之间的空隙超过了3厘米。而X形腿则是两膝关节并拢而踝关节并不拢，两踝之间距离在3厘米以上。这种情况下，妈妈要抓紧时间对宝宝进行矫正，以免影响宝宝日后的走路和形体。

333.有些宝宝不爱睡午觉

这个年龄段的幼儿大脑发育尚未成熟，大脑皮层活动的特点是兴奋胜于抑制。而孩子又活泼好动，经常处于兴奋状态，表现出来就是既容易兴奋又容易疲劳。因此，为保证孩子的充足休息，专家根据不同年龄儿童的需要规定了不同的睡眠时间和次数。通常，孩子越小，睡眠的时间越长，次数也越多。而2~3岁的孩子经过上午一系列的活动后已经非常疲劳，需要午睡，来使脑细胞得到休息，以便愉快地进行下午活动。否则宝宝会感到精神疲倦，烦躁不安，吃饭不香，且爱发脾气。那么，如何让宝宝养成良好的午睡习惯，让不爱睡午觉的宝宝喜欢睡午觉呢？妈妈可以像下面这样做：

❶ 就算宝宝很累，也不能直接跟宝宝说"你累了"，这样宝宝会以"我不累"为由继续不睡觉。最好的办法是告诉宝宝"妈妈累了，需要休息一下"，这样，宝宝就会因要跟妈妈一起而去睡觉了。

❷ 告诉孩子他可以不睡觉，但必须安静地在床上待1小时，看书或听音

乐都行。

③ 给孩子有限的选择，如：“你想在1：00还是1：15午睡？”

④ 温和而坚定地将你的想法坚持到底。若孩子在午睡时间到处乱跑，妈妈可牵着他的手把他带回床上。也许，在孩子明白妈妈是认真的之前，妈妈要

连着好些天重复做这件事，但这样坚持下去，宝宝就会改变了。

334.让宝宝独自睡眠

2~3岁的孩子，是真正可以开始学习自己睡觉的阶段。不过，这个年龄的孩子会无端对某些事物感到害怕，更别说一个人面对一个大房间了。此时，妈妈可以为宝宝找些娃娃做朋友，并告诉他这些朋友会爱护他、保护他。此外，一旦孩子做噩梦惊醒了，不要轻易将他带到大人的房间，而应该陪着宝宝留在自己的房间里平静下来，让宝宝知道自己的房间是最安全的。

当然，妈妈也可以发挥孩子的主动性和想象力，和孩子一起布置他的房间，尽可能满足孩子的愿望。这样一来，孩子会觉得自己长大了，有了自己的小天地，也就能独自睡觉了。

在孩子刚开始独睡时，妈妈可以打开他房间的门，同时也打开自己房间的门，让两个小空间连接起来。这样，孩子会从心理上感到自己还是和妈妈在一个房间里睡觉，只不过不是在一张床上罢了，也就不会害怕了。训练宝宝独睡时，家人一定不要态度不一，要知道，宝宝会一直仔细地观察家人的态度，若家人态度不坚定或不统一，宝宝一哭闹就想放弃独睡，那么以后让宝宝独睡就更加困难了。

所以，就算宝宝一开始对独睡很反抗，就算他一次次要回到妈妈身边，妈妈仍旧要温柔而坚定地把他“赶”回去，一定要让他明白，妈妈肯定会坚决地执行这个做法。

尽量少让宝宝看电视

335.发育指标

这个年龄段的孩子，身体内的婴儿脂肪进一步下降，肌肉组织进一步增加，孩子的样子更加成熟，上下肢更加苗条，上身会狭窄成锥形。此时，有些孩子的身高增加大大超过了体重增长，肌肉开始看起来非常瘦弱而无力。不过，这丝毫不意味着宝宝不健康或出了什么问题，随着肌肉的逐渐生长，这些孩子会逐渐健壮起来。这个时期宝宝的生长速度逐渐减慢，但若他的体重增加大大超过了身高的增加，或宝宝在半年内身高都没有增加，那就可能是发育出了问题，要马上带宝宝去医院检查。

另外，这个时期，宝宝的面部看起来更加成熟，颅骨长度增加，下巴更加突出，上颌加宽，为恒齿提供生长的空间。通常，满4岁的男孩身高范围是98.7~107.2厘米，体重范围是14.8~18.7千克，女孩身高范围是97.6~105.7厘米，体重范围是14.3~18.3千克。

336.宝宝每天各种食物的摄入量

这个时期，让宝宝广泛食用多种食物时，应该让宝宝每天摄取各种食物多少量呢？根据中国较权威的儿童膳食指南来看，如下一些标准是妈妈可以参照的。

❶ 谷类食物每天应摄入180~260克。这主要是通过主食摄取，包括大米、馒头、面条、面包及玉米、饼干等。

❷ 蔬菜类每日200~250克。通常，深色蔬菜营养价值要优于浅色蔬菜，深色指的是绿色、红色、橘红色、紫红色等，常见的深色蔬菜有菠菜、油菜、芹菜叶、空心菜、胡萝卜、西兰花等。

③ 水果类每日150~300克。给宝宝吃水果时，不要一次给太多，可根据宝宝的喜好选择一两种，如苹果一个和葡萄两粒等。

④ 鱼虾类每日40~50克。

⑤ 禽畜肉类每日30~40克。肉类食物种类丰富，不过在烹饪时，要尽量做到"荤蔬搭配"。

⑥ 大豆及豆制品每日25克。豆制品有很多，豆腐、豆干、豆浆、豆芽等都是很好的选择。

⑦ 奶类或奶制品每日200~300克。

⑧ 蛋类每日60克。

337.宝宝在夏天的饮食原则

由于消化功能和身体机能发育的不完善，在炎热的夏季宝宝很容易上火。对此，专家指出，夏天要多给宝宝吃一些深色蔬菜，预防宝宝上火。

夏季盛产各种果蔬，特别是瓜类，想要预防宝宝上火可适当多给宝宝吃一些瓜类食品，如甜瓜、西瓜、冬瓜、丝瓜等；此外，还要多给宝宝吃些深绿色的蔬菜，这样也能有效清火。一些中药的茶饮对降火也很有好处，如金银花茶、竹叶茶、芦根茶等。

不过，若宝宝已经上火了，那么妈妈一定要保持宝宝饮食的清淡，避免让其吃油炸、油腻及辛辣刺激的食物。与此同时，要适当增加宝宝的饮水量，促进循环。当然，还可以多给宝宝吃些菠菜，因为菠菜具有滋阴润燥的作用，且其中含有丰富的膳食纤维，可促进胃肠蠕动，对治疗口臭、大便干硬等上火症状效果甚好。

绿豆具有清热解毒、利尿除湿的作用，很适合口干口渴、小便赤热、便秘的宝宝食用。妈妈可以煮绿豆粥放凉后给宝宝喝，或者做凉拌绿豆芽给宝宝吃。荸荠和梨也是降燥润喉的好东西，可把荸荠和梨放在一起榨汁后给因上火而喉咙疼的宝宝饮用。

若此时宝宝口舌生疮了，要多给宝宝吃些新鲜蔬菜和水果，并在患处滴少量维生素E或者香油，这有助于缓解症状。

338.不要让宝宝暴饮暴食

3~4岁的宝宝胃容积还不是很大，消化功能比较弱，每顿饭的食量不应该太多。

但是，这个年龄的宝宝自制力较差，看到好吃的东西总会吃很多，于是很容易导致无法充分消化而出现消化功能紊乱，严重时甚至会发作急性胃肠道疾病。对此，妈妈一定要了解宝宝的食量，严格控制宝宝的日常饮食，避免宝宝暴饮暴食。

不过，有时候，一些妈妈看到宝宝很喜欢吃某种食品，因为溺爱就会无限制地让宝宝吃，由此导致宝宝吃很多。虽说，宝宝胃的排空速度比成人快，但也差不多要2个小时才能排完。若一次性进食太多，必然会给肠胃增加负担，宝宝自己感觉不舒服不说，还很容易出现积食现象。

另外，乱吃东西还会导致宝宝肠胃功能紊乱。冷热的食物混着吃，尤其是先吃热食再吃冷食，很容易让食物在胃里面"打架"；而若宝宝吃太多油腻食物，之后再喝冰冷的东西，或腹部受凉了，则很容易造成胃肠功能失调，形成积食和腹泻等症。

339.自己的事情自己做

这个时期的宝宝，妈妈可以有意地训练他自己的事情自己做了，这样不但可以帮助妈妈分解一些负担，还有助于宝宝自理能力的增强。不过，让宝宝独立做事情之前，妈妈要先树立让宝宝独立的意识，不能看到宝宝系扣子太慢就自己帮他系，这样会扼杀宝宝做事情的意愿和机会。

此时的宝宝已经不需要妈妈帮忙就能上卫生间了。而且，早起洗脸、刷牙虽然做得不够好，但却已经可以自己做了。有些男宝宝洗澡时能自己洗头了，还可以自己洗手能够到的身体部位。

穿衣服方面，宝宝在夏天比较容易自己穿衣服，冬天则不太好系扣子，但只要慢慢练习就会好的。通常，脱衣服要比穿衣服容易些，宝宝此时可以脱下自己的袜子，有些甚至还会自己解鞋带了。

此外，宝宝也形成了饭前洗手的习惯，只要大人之前一直鼓励并且引导，宝宝就能形成这个习惯。吃饭的时候，宝宝可以自己动手吃了，饭后漱口、擦鼻子等小事情，宝宝也能自己做了。

总之，这个时期的宝宝俨然成了个小大人，能自己做很多事情了。当然，妈妈要记得继续放开手，给宝宝锻炼的机会，这样，宝宝才能形成自己的事情自己做的自理意识，并且越来越独立。

340.教宝宝学会饭前洗手、饭后漱口

养成饭前洗手、饭后漱口的习惯，对宝宝的个人卫生，和将来的良好生活习惯养成，都很有好处。因此，妈妈要着重训练这个年龄段的宝宝学会饭前洗手、饭后漱口。

为什么要饭前洗手呢？我们知道，所谓"病从口入"，如果嘴里吃了不干净的东西，很容易形成疾病。而吃饭之前，宝宝已经玩耍了半天，手上接触到了各种细菌，如果不洗手就吃饭，手上的细菌就可能在吃饭时被宝宝吃到肚子里，进而引起某种疾病。因此，饭前洗手，是无论大人和宝宝都要养成的一个好习惯。

另外，到了4岁，宝宝就应该学会漱口了。漱口可以将口腔中的食物残渣冲掉，避免酸性物质对牙齿造成损害，有效防止牙周炎、龋齿、上呼吸道感染等。通常，正确的漱口方法是：让宝宝把水含在口内，闭口，然后鼓动两腮，让水在口腔内充分接触牙面、牙龈和口腔黏膜，利用水的冲力，反复地冲洗整个口腔，片刻后再把水吐出来，把那些残存在牙齿、唇颊沟等地方的食物残渣都带出来。这样每次重复2~3次即可。

刚开始漱口时，宝宝容易把水给吞进去。此时，妈妈可以用淡茶水给宝宝漱口。淡茶属碱性，能中和酸，可抑杀某些病菌，而茶中含有氟化物，可增强牙齿的坚韧性和抗酸能力。此外，淡盐水也能有效地抑杀口腔中的某些病菌。

341.让宝宝少接触电视和电脑

3~4岁的小孩能自由活动，也有了自主意识，很多都爱看电视。而随着电脑的普及，很多孩子也开始迷上了电脑。其实，对这个年龄段的宝宝来说，还是尽量少接触电视和电脑比较好。

我们知道，3~4岁的宝宝，可能没有很明确的是非观念，如今电视、电脑中各种五花八门的广告和影视剧，其中若涉及一些暴力、情色等，很容易对宝宝产生不良影响。此外，如果宝宝把过多时间放在电视和电脑上，势必就会减少看书的时间，这是一个非常不好的习惯，甚至会影响他上学之后的正常学习。教育家曾说，爱读书的孩子比爱看电视的孩子思维更活跃一些，这是因为书给人的想象空间更大，而电视画面往往是文化快餐，不用多思考。

此外，长期看电视对孩子的身体发育也不好，可能影响孩子骨骼和形体的发育，而电脑的辐射作用，也会对孩子的眼睛产生缓慢影响。更重要的是，这个时期是孩子养习惯的关键期，若此时让孩子形成看电视、玩电脑的习惯，那么孩子再大一点就更难改变了。因此，妈妈最好一开始就不让孩子养成过分看电视、玩电脑的习惯，就算要看要玩，也要有一定的限制。

342.宝宝应该以玩为主

著名教育学家福禄贝尔说："游戏是儿童成长的全过程。"对孩子来说，玩有非常重要的意义，是孩子需要认真完成的任务。

首先，玩能促进孩子的大脑发育。通过游戏，孩子会对身边的事物感兴趣，进而对事物进行观察和体验。在此过程中，孩子的好奇心得到了满足。同时，游戏还可以再现生活中的场景，孩子可以由此练习用自己的方式解决生活中可能出现的问题。

其次，游戏还可以帮孩子茁壮成长。在游戏的过程中，孩子会奔跑、拉扯等，这能让身体得到锻炼，体质也随之增强。

再次，游戏可以让孩子的性格变好。孩子白天可以尽情玩耍，专注游戏，晚上则可以充分地休息，这就可以形成一个良性循环。而一旦孩子游戏的愿望得到了满足，孩子就会变得快乐和活泼。

当然，孩子也会在游戏中学会如何与别人交往，玩游戏时，他们需要积极合作，还要遵守特定的规则，还能学会理解其他小朋友的情绪。

若妈妈能在孩子小的时候通过游戏完善智力和性格，那么他将来面对学校生活和学习时就会显得游刃有余，且掌握知识的速度明显比那些经过填鸭式智力开发的孩子快。因此，妈妈一定要有耐心，让孩子尽情游戏。

343.怎样给宝宝编故事

其实，如今适合3岁左右的宝宝看的图片书已经很多了，但是其中有很多都是引自国外的，特别是一些童话书。这些书中的一些内容可能对中国的宝宝来说有理解难度，还需要妈妈讲解。当然，如果妈妈可以发挥自己的想象给宝宝编故事，那就更好了。

其实，给宝宝讲图画书上的故事或者编故事，并没有想象中那么简单。这是因为，宝宝的理解能力可能没有妈妈想得那么好，有时妈妈或许好不容易编了半天宝宝却不知所云。要避免这种情况，妈妈就要在讲解或者编故事的过程中随时关注宝宝的反映，并且尽量用他在生活中能够用到的语言来说故事。

如果是拿着图片给宝宝编故事，妈妈可以让宝宝坐在自己的怀里，一边给宝宝编着故事，一边不住地给宝宝看着图画，如讲到小猪，就指着猪的图画等。当然，如果要训练宝宝的听力，妈妈也可以让宝宝坐在对面听自己讲故事，之后再复述给自己听。

其实，编故事就是简单的情感交流，妈妈不必抱着太大的教育目的，由此增加故事的难度，或者费尽心思地加进去一些教育意义。这样不但会增加故事的难度，让宝宝心理上有负担，导致宝宝不再热心听故事，还会使讲故事过程变得太有目的性而失去本来的快乐氛围。

344.给宝宝做好的行为示范

这个年龄的宝宝模仿能力非常强，常常是大人做什么他就跟着做什么。因此，为了让宝宝养成良好的行为习惯和生活习惯，妈妈最好以身作则，给宝宝作出好的行为示范。

首先，妈妈不能常常对宝宝发脾气，这样宝宝就会把发脾气看作一种敌视，自己也随之用敌视的眼光来看待世界。这种习惯不利于宝宝健康心理的形成。因此，对待宝宝，妈妈首先要表现出耐心与平和，用正确的价值观和道德标准要求自己并教育宝宝，这样才能养出心理健康正常的宝宝。

其次，如果妈妈总是否定宝宝，批评话语不断，那么宝宝就无法确立自信，而总觉得是自己不对，这样，他也难以获得自尊。妈妈应该时刻鼓励宝宝，赞扬宝宝，让宝宝从小就坚信自己可以干好事情，这样宝宝就会更加勇敢努力地面对生活。

再次，生活中，妈妈要注意给宝宝作一些好的行为示范，如家庭生活中，妈妈要保持良好的作息习惯，早睡早起，饭前便后洗手，衣服被褥叠整齐等；外出时，过马路要注意红绿灯，垃圾投进垃圾桶，安静场合不大声喧哗等。这些好的行为示范，会直接成为宝宝效仿的对象，进而成为他的一种好习惯。这些对宝宝的影响是深远的，妈妈一定要注意。

345. 不要期望宝宝太"懂事"

这个年龄的孩子，有时候会让妈妈很生气，原因就是妈妈觉得孩子很不"懂事"。例如，妈妈会碰到这样的情况，一位朋友从国外回来到你家中做客，给孩子带来了一包国外的小点心，小家伙吃了之后却大叫"难吃"，且还当着朋友的面叫，真是让人无地自容。这时候，妈妈不禁感慨，孩子怎么这么不懂事呢？

其实，仔细想想，这真的是孩子不懂事吗？妈妈不了解的事实是：这个年龄段的宝宝还不会违心地表达，说"难吃"只是他本能最直接的反应，怎能算是没礼貌呢。要知道，对只有三四岁的孩子来说，假装喜欢一个他并不喜欢的东西实在是困难的，另外，有些宝宝还会把这种做法等同于撒谎。妈妈只觉得孩子不"懂事"，殊不知这实在不是懂事不懂事的问题。妈妈若这样要求孩子，那么估计孩子只能达不到要求了。

其实，在孩子的成长发育过程中，各个年龄段有各自的特点，妈妈应该站在孩子的立场来考虑问题，而不要凡事都以大人的眼光来看，要求孩子时时"懂事"。那样，往往会让孩子承受不该承受的委屈，影响正常心理的发展。因此，对这么大的孩子来说，期望他们太懂事是没有必要的。

346. 宝宝说谎怎么办

儿童心理学家研究发现，几乎所有的儿童都会说谎，不过，孩子的说谎跟大人是有一定区别的，他们的谎言大多跟诚实无关。

其实，归根结底，这个时期的孩子说谎主要有两个原因，一是模仿大人；二是迫于压力。

通常，每个孩子最初的谎言都是由模仿大人来的。虽然说没有一个妈妈会故意教孩子说谎，就是那些经常说谎的妈妈也并不喜欢自己的孩子说谎，但若妈妈在和孩子的相处中，为了哄孩子听话，经常用一些假话来欺骗他，或是妈妈经常对别人说谎而又被孩子听到了，孩子慢慢就学会说谎了。

此外，造成孩子说谎的另一个原因是"压力"，也就是妈妈比较严厉，对孩子的每一个过错都不肯轻易放过，一定要批评指责，甚至打骂才罢休。其实，现在的妈妈一遇到孩子撒谎，常常会感到恼火，这个时候如果孩子宁可承受说谎带来的压力和痛苦，也不告诉妈妈真相，这就说明孩子在潜意识中已经不再信任妈妈了。因此，所有的妈妈都有责任通过改变自己来纠正孩子的说谎行为。

除了这两点之外，也有些宝宝撒谎是由于大脑发育还不完善，有时记忆出现偏差导致了"撒谎"。总之，对待孩子的说谎行为，妈妈一定要具体问题具体分析，莫要粗暴对待。

347.宝宝患上传染病怎么办

6个月之前，宝宝由于自身还带有从母体带来的抗体，再加上母乳中含有大量的免疫因子，因此很少生病。但6个月以后，宝宝从妈妈那里带来的抗感染物质逐渐消失，再加上此时宝宝自身的免疫系统还未发育成熟，免疫力较低，因此就变得比以前爱生病了。

6个月后，宝宝最容易患的疾病就是各种传染病及呼吸道和消化道的其他感染性疾病，特别是感冒、发烧和腹泻等。因此，护理6个月以后的宝宝，一定要注意预防传染病和各种感染性疾病，并注意以下几个方面的问题：

❶ 按照计划定期接种免疫疫苗。

❷ 平时注意营养的全面摄入，保证宝宝有一个健康的体魄。

❸ 做好宝宝个人和整个家庭环境的卫生清洁和衣物被褥及玩具的定期消毒工作。

❹ 要保证宝宝的食物清洁卫生，避免病从口入。注意维生素C和水分的补充，以增强宝宝身体抵抗力。

❺ 注意宝宝穿衣适当，要根据天气变化及时增减衣物。

❻ 保证宝宝有足够的户外活动时间，加强日常锻炼，以增强体质，提高免疫力。

❼ 室内要经常开窗通风，保持空气流畅，并且定期要用各种空气消毒剂喷洒房间。

❽ 在流行性传染病高发的季节，一定要避免宝宝过多接触人群，更不要带宝宝到人多密集的公共场合游玩，外出回家后要对手、脸和身体其他裸露部位进行清洁。

❾ 不要让宝宝跟患有某些传染性疾病的儿童和成人接触，若家人患了传染病，要与宝宝隔离。

348.带宝宝出游应注意的问题

随着宝宝逐渐长大，妈妈可以较放心地带宝宝外出旅游了。一般情况下，多带宝宝外出游玩，能让宝宝接触到新鲜的事物，学习到新东西。不过，带宝宝外出旅行时，还是要注意一些问题。

1.安全

这个年龄的宝宝虽说可以自己走路了，但还不能很好地保护自己，外出旅行时，妈妈一定要让宝宝在自己的视线范围内玩耍，不要走得太远。另外，这时的宝宝很喜欢吃各种零食，但路边的零食很可能不卫生，宝宝的肠胃会消化不了，因此最好不要一边玩一边给宝宝买零食吃。

2.突然感冒

旅行中宝宝突然感冒后，最好能让他安静地睡上一觉。很多宝宝在睡饱之后精神都会好很多，此时不要着急赶路，要给宝宝一段休息时间。

3. 流行性传染病

外出旅行前一定要先打听一下目的地的情况，如果那里正流行传染病，就不要带宝宝去了。

4.认生

旅途中若宝宝仍然对陌生人心存疑惑和恐惧，进而出现了抗拒行为，妈妈一定要多给宝宝安慰和鼓励，以消除宝宝的恐惧感。

5.想回家

有些宝宝旅途中会突然想回家，此时妈妈不要批评他，而要告诉他爸爸妈妈就在这里，增强他的安全感，等他情绪稳定后，再带他去好玩的地方玩一玩，宝宝就会忘记想回家的事了。

4~5岁：培养规律的饮食和睡眠

349.发育指标

这个年龄段的宝宝身高、体重的增长速度仍然处在一个稳定增长的阶段，和3~4岁的宝宝基本相近，大概情况仍然是身高的增长速度较快而体重的增长速度较慢。所以，这个年龄段的宝宝看上去像一个只长个子而不长胖的小家伙。

一般情况下，满5岁的男宝宝身高范围是105.3~114.5厘米，体重范围大约在16.6~21.1千克之间。而满5岁的女宝宝身高约在104.0~112.8厘米之间，体重范围约在15.7~20.4千克之间。男宝宝此时的平均头围是51.39厘米，女宝宝平均头围是50.73厘米。此外，这个年龄段男宝宝的平均胸围是55.73厘米，女宝宝平均胸围约是53.79厘米。

350.一日三餐要规律

3岁以后，多数孩子都上幼儿园了，在家里吃饭的时间相对减少了。此时，一些妈妈认为，自己的责任轻了，不需要那么关注孩子的饮食了。殊不知，恰恰因为孩子上了幼儿园，妈妈更要保证孩子一日三餐的规律饮食。

通常，上幼儿园之后，多数宝宝会因为饭菜不合胃口或挑食而吃不饱或吃不好，这时候，妈妈一定要在接孩子时向老师了解宝宝在幼儿园的吃饭情况，若孩子没吃好，就要适当给孩子补充一些食物。不过，也不要让孩子形成依赖心理，认为反正在幼儿园吃不好回家也有吃的。

通常，在双休日或节假日过后，很多孩子一回到幼儿园食欲就会下降。这其实是因为在节假日中，妈妈忽视了宝宝的饮食节制和规律，导致宝宝肠胃功能出现了问题。对此，妈妈一定要切记，无论在幼儿园还是在家，都要保证孩子一日三餐的规律饮食，饭菜要定时、定量。这个时期宝宝的消化系统仍不太完善，若不按时吃饭，吃得太少或太多，都会加重肠胃负担，造成肠胃不适。而且，此时孩子在幼儿园里要学习和活动，更需要一日三餐的规律饮食来保证营养。因此，妈妈千万不要以为把孩子送进幼儿园就万事大吉了，还是应该配合幼儿园的吃饭时间，安排孩子规律饮食，养成良好的饮食习惯。

351.这些食物不宜让宝宝多吃

给宝宝准备食物的时候，以下这些食物是不能让宝宝多吃的。

1.所有加糖或者加人工甘味的食品

通常，经过加工的糖类不含有任何维生素、矿物质或蛋白质等营养物质，却很容易导致宝宝发胖，并且影响食欲，因此要避免多吃。此外，玉米糖浆、葡萄糖、蔗糖也属于糖，经常会用在加工食物中，因此若标示中有此类添加物的食物也尽量让宝宝少吃。

2.太凉的食品

太凉的食品会刺激宝宝的肠胃，对宝宝的牙齿生长发育也会产生危害，应该让宝宝少吃，就算是炎热的夏天，也不宜让宝宝多吃生冷的水果、冰淇淋等。

3.刺激性的饮料

如酒、咖啡、浓茶、可乐等，以免影响宝宝神经系统的正常发育。

4.糯米制品

如元宵、粽子等，宝宝的肠胃很难消化这些食品，容易引起消化不良。

5.太甜、太咸、油腻和辛辣食物

如巧克力、果冻、肥肉等，也会让宝宝消化不良。

6.某些贝类和鱼类

如乌贼、章鱼、鲍鱼及用调料煮的鱼贝类小菜、干鱿鱼等。

352.宝宝不喜欢吃肉该怎么办

这个年龄段的宝宝，有些习惯让妈妈很为难，不爱吃肉就是其中一个。

其实，如果宝宝是因为肉块太大、煮得不烂，难以咀嚼而不爱吃肉，那么妈妈就可以将肉剁得碎一点，加在菜里，或直接做成肉馅，如馄饨、饺子等，让宝宝容易咀嚼吞咽。另外，烹饪肉菜的时候，妈妈要注意切成小块，以烂、碎、软为标准，让宝宝容易吃下去。宝宝一开始不爱吃肉时，千万不要强迫他吃，可以慢慢鼓励他尝试着去吃，等他慢慢习惯了吃肉再给他增加肉类菜肴。

另外，若是因为宝宝不爱闻肉的味道，那妈妈就要注意烹调方式，尽量去除肉类中的味道。例如，在烹饪的过程中加入生姜、醋、料酒、香料等去除肉的腥味，或者把肉类跟其他食材一起烹调，掩盖肉的味道等。

当然，若宝宝是真的完全不爱吃肉，那妈妈也不要勉强，而应该用其他食物来代替肉，给宝宝补充因不吃肉而缺少的蛋白质和锌。通常，3~6岁宝宝每天需要的蛋白质为45~55克，妈妈可适当地给宝宝吃些富含蛋白质的非肉类食物来补充蛋白质。学龄前儿童锌的推荐摄入量是每日12毫克，妈妈也可以给不爱吃肉的宝宝多吃些牡蛎、扇贝等海鲜和蘑菇、坚果，补充其身体所需的锌。

353.宝宝需远离的4大垃圾食品

通常，垃圾食品的定义包含三层意思，营养质量较差、易让人不知不觉发胖和易诱发慢性病。因此，妈妈一定要谨慎对待宝宝的饮食，少给宝宝吃下面这四类垃圾食品。

1.可乐等汽水

最典型的垃圾食品，除了含有糖分和磷之外，几乎不含其他人体所需的营养成分。

2.麻花、薯片等煎炸小食品

蛋白质、维生素和矿物质含量都不足，且煎炸的油经长时间加热，脂肪酸会发生有害的化学变化，产生多种有害成分。薯片的原料是富含钾和B族维生素的马铃薯，但在煎炸的过程中吸收了大量的油脂，导致维生素损失严重，且形成了对健康不利的"丙烯酰胺"类物质。

3.方便面

维生素和矿物质含量很低，膳食纤维很少，而且其中的汤料包中含大量盐分和味精，酱包或油包中含大量的脂肪。

4.汉堡包

含淀粉、蛋白质、脂肪和矿物质，具有一定的营养价值，但其脂肪较多，纤维较少，维生素C和其他抗氧化成分不足。

354.多吃水果，注意维生素的补充

这个时期，妈妈要注意多给宝宝吃些水果，以补充充足的维生素。

生活中，若想要给宝宝补充维生素A，妈妈可以从孕期开始，就注意多吃富含维生素A的食物，间接给宝宝补充。此外，植物性食物中含有丰富的胡萝卜素，能够在人体内转化成维生素A，因此平常喂养中，妈妈可以多给宝宝吃富含胡萝卜素的绿色蔬菜、胡萝卜、西红柿等。

另外，要想补充维生素B_1，妈妈就不要经常给宝宝吃精米精面，这会加重宝宝体内维生素B_1的消耗。要补充维生素B_1，妈妈在做饭时就不要过分淘洗米，也不要用流动的水冲洗米或将米浸泡太久，更不要用力搓洗，以免维生素B_1流失。此外，要纠正宝宝爱吃糖果的习惯，因为糖容易消耗掉体内的维生素B_1。

很多蔬菜和水果中都含有维生素C，妈妈可以做给宝宝吃一些，富含维生素C的蔬果有小黄瓜、胡萝卜、苹果、草莓、橘子等。妈妈可以把它们做成沙拉给宝宝吃。

355.过敏宝宝不宜吃菠萝

菠萝是成年人非常喜欢的一种水果，它不仅看着美味可口，吃起来也非常清新爽口。可是，对宝宝来说，菠萝却是不能随便乱吃的，以免出现意想不到的问题。

首先，菠萝虽美味，但其中却含有对人体不好的三种成分。其一就是苷类，这是一种有机物，对人体皮肤、口腔黏膜有一定刺激性。有时人吃了未经处理的生菠萝后口腔会发痒，就是由于这个原因。其二是羟色胺，这是一种含氮的有机物，有强烈促使血管收缩和血压升高的作用，约每100克果汁中含有2.5~3.5毫克，若吃多会直接导致头痛。其三是菠萝蛋白酶，这是一种蛋白质水解酶，它被提炼出来后有很强的分解纤维蛋白和血凝块的作用，常在医疗上用。通常，菠萝中少量的蛋白酶吃到胃里之后会被胃液分解破坏掉，但也有少数人会出现过敏，对宝宝来说，这种菠萝蛋白酶就有很大的可能导致过敏。过敏的宝宝会出现四肢和口唇发麻、多汗，或出现风疹块、眼结膜出血、哮喘等，严重时还可见血压降低、休克、心动过速、面色苍白等症。

所以，给宝宝吃菠萝时，要尽量切成薄片，用盐水浸泡，或加热煮过后再吃。这样，菠萝蛋白酶就会被破坏掉，而菠萝中的苷类也同时会被破坏消除，羟色胺则会溶于水中。这样，宝宝吃着就比较安全了。

356.宝宝缺锌的反应

"锌"是人体内一种必不可少的微量元素，若人体缺锌，会出现一系列疾病，对宝宝来说则会造成生长的障碍。一般情况下，缺锌的宝宝食欲都不好，看起来又矮又瘦，免疫力低下，还很爱生病，特别容易患消化道或呼吸道感染、口腔溃疡等症。具体来说，缺锌的宝宝主要有以下反应：

① 开始时表现为食欲不振、厌食或拒食，常伴有味觉减退、异食癖和复发性口腔溃疡等。随后，宝宝会出现生长迟滞或停止，身材矮小，性发育延迟等症状。

② 宝宝的视觉暗适应能力下降，较严重的可能出现角膜混浊。这个时候宝宝免疫力很差，会反复感染，伤口也不容易愈合。

③ 宝宝的皮损会呈特征性分布，主要分布在口、肛门等处，还可能出现牙龈炎、舌炎、结膜炎等症。

如果经医生诊断宝宝确实是锌缺乏症，妈妈可以给宝宝服用硫酸锌来治疗，此外还要注意平常给宝宝合理的膳食，多吃动物食品。当然，良好的饮食习惯，不挑食、不偏食，也有助于预防或改善锌缺乏。

357.如何预防宝宝体重超标

研究表明，4岁之后的宝宝，肥胖患病率和肥胖程度会随年龄增长而增长，到6岁时达到高峰。所以，学龄前时期是预防儿童超重和肥胖的关键期，妈妈一定要尽量想办法别让宝宝发胖。

保持宝宝身体能量平衡的两个因素是进食和活动，妈妈首先要注意宝宝每天的能量摄入和消耗。通常，给宝宝补充充足营养，妈妈可以合理选用营养丰富的食品，如乳制品、鲜鱼虾制品、鸡蛋、新鲜蔬菜水果等。平常，一定要注意让宝宝少食用油炸食品、糖果、甜点等零食。零食吃多了会造成能量的过量摄入，易引起肥胖和超重。

此外，最重要的就是，摄入足够能量后，一定要让宝宝有足够的运动量。正常情况下，妈妈每天都要保证宝宝有2小时的户外活动量，这期间，宝宝应该做一些消耗能量的活动，如骑车、踢球等。

需要注意的是，宝宝是否超重和肥胖并不只看体重，还要同时看身高。有些宝宝体重偏高，但身高明显超过了同龄宝宝，这是不算肥胖的。而有些宝宝比别人矮一截，但体重却很高，这就属于超重儿了。对此，妈妈可以把宝宝定期的体重和身高测量值，标点在儿童标准成长曲线图上，连接形成宝宝的生长曲线。若宝宝开始是足月正常出生的体重，其生长曲线在正常范围内且增长趋势与标准曲线一致，这就说明宝宝的成长是平稳正常的；反之则不正常。

358.帮助宝宝养成规律的作息习惯

处于成长期的宝宝，睡眠比成年人要多，且在睡眠时，全身肌肉松弛，对外界刺激的反应降低，心跳、呼吸、排泄等活动都有所减少，各种器官都在恢复机能。此时，人体内的生物钟支配着内分泌系统，在睡梦中释放出各种激素，促进宝宝更健康、快速地成长。

通常，宝宝若睡眠不足会有以下表现：几乎每次坐车外出时，都会睡着；几乎每天早上都不会自己醒过来，必须由妈妈叫醒；白天，总是显得暴躁易怒、过度疲劳。这些征兆就表明宝宝睡觉质量不好，睡眠不足，此时妈妈就要格外注意了。

此外，宝宝的一些不良作息习惯也要引起妈妈注意。其一就是昼夜颠倒。很多宝宝白天睡得较多，到了晚上精力旺盛，就迟迟不肯入睡，有时甚至到午夜12点后才肯睡，这让妈妈很担心。当然，这样的宝宝白天看起来就是精神低落、无精打采的样子。这种白天睡得香晚上却兴奋的现象，其实就是人们常说的"睡倒觉"。还有些宝宝非常喜欢看电视，一到晚上就抱着电视不放，妈妈催了几次还不睡，甚至会不在意地跟妈妈说："你先睡吧，我待会儿就睡！"有些妈妈不注意自己去睡了，结果孩子很可能又看了好久才去睡。这样，第二天孩子就会无精打采，睡眠缺乏。

对以上这些情况，妈妈一定要有所重视，不可含混过去。要知道，这个时期是孩子良好习惯形成的关键期，妈妈一定要帮助宝宝改正坏的睡眠习惯，让其养成良好的作息习惯。

359.仍然尿床怎么办

通常，宝宝的神经系统发育从胎儿到出生后是一个连贯的过程，有些神经反射先天已经发育完成了，如饿了要吃、不舒服了要哭。但排尿的反射，则需要成千上万次的训练才可以达到完善。

通常，3岁的孩子基本可以完成排尿反射的建立，但这种反射仍需要巩固。比如小孩子在哭得很厉害的时候，就往往会出现尿裤子的现象。不过，到5岁以后，孩子的排尿反射就已经相当健全了。如果5岁以上的小孩还频繁出现夜晚尿床、白天尿裤子的现象，那就可能是有问题了，具体来说，包括以下几种因素：

① 遗传。

② 睡前喝水过多或白天喝水太少。

③ 梦境。

④ 排尿反射未建立好。

⑤ 心理因素。

其中，心理因素是很容易被忽视而又普遍存在的一种因素。例如妈妈吵架、亲人病逝、长时间跟妈妈分离、搬家等都可能导致孩子遗尿。而尿了床之后，妈妈的责备、无意的嘲讽也会给孩子更严重的心理负担，让其更加紧张，越发加重尿床现象。此外，心理因素还会使已有控制排尿能力的孩子发生遗尿，给孩子的身心都造成伤害。

妈妈对于尿床的孩子，一定要用宽容和爱护的心态对待，不要责备、打骂或嘲笑他。妈妈先要帮孩子平复心中的压力和负担，然后耐心和孩子一起面对和调整，这样，孩子才会逐渐摆脱这种现象。

360.做好护眼工作

眼睛是心灵的窗口，这个时期，即将入学的孩子应该格外重视眼睛的保护。

通常，过强的光线和光线不足都会损害视力，对宝宝来说尤其如此。所以，要保护宝宝的视力，不但要避免他在强烈灯光下看东西、直视太阳光，还要避免他在光线不足的地方长久看东西。

有些妈妈为了锻炼宝宝的视力，会故意让宝宝看较小的东西。不过，在这个过程中一定要记得增加亮度，不然就会伤害宝宝的眼睛。特别是让宝宝看图和文字的时候，不但要力求清晰、对比明显、色彩鲜艳，还要保证适宜的光照度。

另外，有些妈妈喜欢把婴儿房间涂上色彩漆，浅颜色或洁白的墙壁反射系数大，屋子显得很亮，而深色调的墙壁则会让屋子显得较暗。若整个屋子都是洁白的墙壁，可能会造成眩目，此时可把接近地面1.5米高的墙面粉刷成淡黄色或其他浅色，使跟眼睛平行的反射光变为漫反射。宝宝的床头灯一定要有灯罩，保证明亮的前提下尽可能使光线柔和、不刺眼。

361.给宝宝"增高"忌盲目

一般情况下，一个人的身高受遗传因素的影响占到了70%~80%，后天因素的影响则只占20%~30%，而后天因素是可以掌握的。因此，在宝宝的成长过程中，妈妈为了让宝宝长高，常常会让宝宝多吃饭，并且多补充营养，以为这样就能使宝宝的身高潜力发挥到极致。

不过，实际上，在喂养方面，并不是吃得越多就能长高的。研究表明，吃饭吃得"七成饱"更容易让宝宝长高。这是因为，对这个阶段的宝宝来说，其全身的各个器官都处在一个稚嫩的阶段，自身的活动能力也非常有限，消化系统更是如此。若长期让宝宝处于很饱的状态，宝宝就很容易感到大脑疲劳，进而造成大脑早衰，影响大脑的正常发育，从而造成智力低下。与此同时，吃得太饱还容易让宝宝患上肥胖症，进而影响骨骼的正常生长，限制身高的增长。

因此，为了让宝宝长个子而一个劲儿地让宝宝多吃的做法是不可取的，妈妈一定不要让宝宝吃得太饱，在给宝宝喂食时要把握好度，保证宝宝始终保持一个正常的食欲，吃"七分饱"，这样不仅能提供宝宝生长发育所需的营养，还不会因吃得太多而加重消化负担或引发其他问题。

作好上小学的准备

362.发育指标

5～6岁的宝宝，身体各项发育都已经基本趋于完善了，自身的控制和平衡能力都得到了进一步发展，可以单腿跳和退着走一段距离了。另外，宝宝还会打活结，系鞋带，做出2、3、5、6、9等数字的肢体形状了。在语言上，宝宝已经可以使用各种词汇，且发音90％以上都正确，也能简单表达出自己的思想感情了。

这个年龄段，宝宝体重、身高、头围和胸围的正常参考值如下：

男宝宝平均身高在109.9~113.1厘米之间，平均体重在18.70~19.70千克之间；头围平均范围是50.4~50.6厘米；胸围平均范围则是53.8~54.6厘米。

女宝宝平均身高在108.4~111.6厘米之间；平均体重在17.70~18.60千克之间；头围平均范围是49.4~49.6厘米；胸围平均范围是52.4~53.2厘米。

363.重视宝宝的早餐

我们都知道，早餐对人的身体健康是非常重要的，那么，对这么大的宝宝来说，早餐是否也是最重要的呢？不吃早餐对宝宝有什么不良影响吗？

其实，早餐对大人小孩的重要作用是一样的，宝宝也应该按时吃早餐。只不过，宝宝能不能吃得下早餐会受到很多因素的影响，如前一天晚上何时睡觉、睡前有没有吃东西、早晨醒来未起床之前有没有在被窝里喝牛奶等等，都会影响宝宝早餐的食欲。

通常来讲，为保证宝宝有旺盛的食欲吃早餐，妈妈一定要合理安排宝宝的生活，让宝宝拥有规律的吃饭活动时间。白天，妈妈可以尽量让宝宝多活动；晚饭后，就不要再给宝宝吃任何食物了，9点就可以让宝宝按时睡觉。早上，妈妈要叫宝宝一起起床，这样宝宝就会对早餐有胃口了。

364.继续补充钙质

6岁左右的孩子开始换牙了，而且宝宝即将入学，学校生活将会有更多的身体活动，对骨骼的考验和练习加大。因此，这个时期，在喂养宝宝方面，妈妈依然要注意继续给宝宝补钙和其他的矿物质，以保障宝宝正常换牙和身体骨骼的继续发育。

通常，妈妈可以继续在早餐和睡觉之前给宝宝喝牛奶。此外，在不影响孩子营养摄入的情况下，妈妈还可以让孩子自由地挑选他喜欢的食物，以便孩子可以吃饱，应对大量的活动和学习。当然，此时妈妈仍然要继续培养孩子养成良好的饮食习惯，并且讲究个人的饮食卫生，让宝宝尽快学会生活自理。

365.适量给宝宝吃一些猪肝

猪肝和羊肝、鸡肝等动物肝脏所含的维生素A非常丰富，此外还富含叶酸和磷、铁等微量元素，非常适合食用，但不能预防宝宝贫血。另外，猪肝还可以防止眼睛干涩、疲劳，增强宝宝的免疫能力。因此，在即将入学的这个时期，妈妈可以给宝宝多吃一些猪肝。

清洗猪肝的时候，妈妈要注意，猪肝常常有一种特殊的异味。新买回的猪肝最好不要急着烹调，而应该先在水龙头下冲洗10分钟，之后再在水中浸泡30分钟，剥去薄皮放入盘中，加适量的牛奶浸泡几分钟就可清除异味。

在烹调方法上，妈妈可以自制猪肝泥作为宝宝吃面包的佐餐。具体制作方法是：先将猪肝横着剖开，或者剥去外皮，用刀刮下如酱样的猪肝泥，之后起油锅，将猪肝泥放入清炒，再加入葱姜、料酒等去腥，烧熟煮透后放入食盐即可。此外，妈妈还可以把猪肝与其他动物食品一起混烧，如猪肝丁和咸肉丁、蛋块混烧，或做成熘肝尖等。烹饪的时候，一定要注意宝宝的口味，如宝宝不爱吃熘肝尖，则可以将猪肝卤制好，切成大小合适的块，让宝宝拿在手里吃。

366.宝宝仍然挑食厌食怎么办

到了这个年龄，如果宝宝依然厌食挑食，那么就可能是妈妈在之前的喂养过程中没有让宝宝养成良好的饮食习惯。对付此时宝宝的厌食挑食，妈妈可以参照以下方法：

1.调整宝宝的饮食时间和结构

妈妈可以先检查一下宝宝的饮食次数是否偏少了，正餐和点心之间的时间间隔是否太短或者是零食、甜食吃得是否太多了，之后再根据宝宝的特点来调整饮食时间和饮食结构。如果确实是宝宝零食吃得太多了，就可以减少或者取消零食，而让宝宝的胃有排空的时间。

2.吃饭时切忌训斥宝宝

吃饭的时候，妈妈一定不要训斥宝宝，而应该谈论一些跟饭食有关的有趣话题，以勾起宝宝的食欲。无论怎样，妈妈都要尽量调整就餐的氛围，并且从自身做起表现出胃口很足的样子，潜移默化地影响宝宝，让宝宝养成好好吃饭的习惯。

3.增加宝宝运动的时间和强度

这个时期的宝宝通常活动量都比较大，但若是有些宝宝不爱活动，就可能胃口不好。对此，妈妈要多带宝宝到户外去活动，增加宝宝的活动量，刺激其胃口大开。这样一来，不但可以锻炼宝宝的身体，还有助于消耗他的身体热量，增加他的食欲。

367.如何对待坏脾气的宝宝

这个时期的宝宝，如果脾气很坏，会让很多妈妈束手无策。但实际上，让孩子改掉坏脾气并没有我们想象的那样困难。

① 妈妈要停止目前的做法。开始时，孩子发脾气可能会让妈妈措手不及，此时妈妈一定要稳定自己的情绪，冷静观察孩子的行为，并且什么都不做。之后，当妈妈放手一段时间后，孩子会觉得奇怪，会觉得一定有大事要发生了。这样，他就会暂时停止自己的做法，而观察妈妈的动态。

② 培养归属感。一旦孩子暂停自己的做法后，妈妈就可以开始培养他们的归属感。归属感能抚平孩子内心的恐惧感，妈妈可通过跟孩子一起做事来帮孩子建立归属感，如一起做饭、运动等。

③ 培养合作习惯。妈妈可以让孩子帮自己做些小事情，如拿报纸、买东西等，并做好被拒绝的准备和为孩子提供更多帮助的准备。这样，亲子互动就会逐渐加强，摩擦也就减少了。

④ 开创新局面。到了这个时候，妈妈就可以用积极的方式来促进孩子保持好习惯，及时对孩子好的表现进行赞扬。长久之后，孩子就会在不知不觉中养成好习惯，也就不再乱发脾气了。

368.娇惯溺爱要不得

很多妈妈从小就很疼爱宝宝，不管宝宝有什么要求都会满足。这样，等宝宝长大一些，就容易养成娇惯的性格，进入学校后，就难以跟同学和睦相处。所以，从小时候开始，妈妈就要有意识地避免溺爱宝宝，具体来说，妈妈可以给宝宝制定一些基本规则，让宝宝遵守，逐渐改掉娇惯的性格。

1.设定简单明了的规矩

妈妈在给宝宝讲规矩时，不要把话说得模棱两可，有回旋的余地，那样宝宝会"得寸进尺"。最好的状况是，给宝宝设定简单明了的规矩，让他必须遵守，不能含糊。例如，让宝宝只吃一块饼干，妈妈不要说"你可以吃一块饼干"，而要说"你可以吃一块饼干，不过不能再要第二块"。

2.不管怎样都坚持规矩

规矩就是规矩，既然给宝宝制定了规矩，那就要坚持去执行，不能因为疼爱宝宝就违反规则，那只会影响宝宝将来的成长。

3.要求宝宝做完家务活儿后再玩

妈妈应该让宝宝适当地参与到家务活中，用生活中的家务活给宝宝制定要求，如干完家务活才能去玩耍等，树立宝宝的责任感。

4.让宝宝努力争取自己想要的东西

儿童专家认为，若想要的东西太易得到，宝宝就会被宠坏，但若不容易得到，他就会珍惜了，也就不容易娇惯了。因此，妈妈要刻意给宝宝设置一些困难，让宝宝通过自己的努力来得到自己想要的东西，进而改掉娇惯的习惯。

369.宝宝不听话该怎么办

其实，怎样的孩子才算"不听话"呢？或许每个妈妈的看法都不一样，能够容忍孩子的行为也不一样。若在环境宽松的家庭里，孩子不想吃饭就不吃，饿了再吃也可以；但在作息严格的家庭，若孩子不按时吃饭就会被当成不听话。

实际上，生活中，例如说孩子喜欢穿一两件衣服，喜欢在睡觉前喝果汁等，这些无伤大雅的行为其实不能算是不听话的范畴。而外出时，孩子一定要一样东西，不买就不走，甚至赖在地上大哭大闹，让妈妈很尴尬，这是不是就说明孩子不听话呢？仔细想想，这样的孩子，肯定不是突然这样的，出门逛街之前的日子里，他一定认为哭闹对解决问题有帮助，有什么事情只要一哭闹就行了，所以才会常常动用此招。其实，孩子的很多问题都是慢慢积累出来的，妈妈不要等到问题暴露了再发火，而是要防患于未然，及早帮孩子改正缺点。

那么，如果孩子不听话该怎么办呢？通常要视当时的情况而定。若是妈妈错怪了孩子，就要马上道歉，不要让孩子觉得不公平、委屈；若是孩子真的不讲道理，妈妈则最好不要迁就他，而是让他冷静下来后再说说自己的想法，这样效果更好。当然，就算孩子的性格很倔强，妈妈也没必要总因为性格问题而责骂他，孩子一般到了高年级后，就会慢慢听话了，此时妈妈还是应该多给孩子些耐心和关爱。

370.允许宝宝有自己的主见

5~6岁即将入学的宝宝已经有了自己小小的主见，会对生活中的一些事情发表意见了，甚至有时候还会对大人的一些行为和周围的一些现象发表个人见解。这本该是让人高兴的事情，表明孩子有了初步的思想，但很多妈妈却并不领情，而是抱着"小屁孩懂什么"的想法，毫不在意孩子的见解。

其实，妈妈若真这样做了，就是对孩子最大的打击。5~6岁的孩子，已进入学习的另一个重要阶段，也就是适应社会、学习知识、开始独立了。上学后的孩子会面临诸多问题，如老师布置的作业、学习新东西、接受考试、同学之间的关系……这些事情的处理和应对都需要孩子有自己的主见，也就是有自己的想法，之后才能决定该怎么处理和做事情。如果此时，妈妈还是什么事情都自己替孩子办理和决定，并且在孩子稍微表露出自己的一些想法时，就全盘否定，打击了孩子表达意见的主动性，那么孩子就会逐渐在妈妈的全盘包办下失去自理能力和主见，一旦离了妈妈就无法处理自己的事情，且遇事没有主见。

因此，妈妈一定要明白让孩子发表意见的重要性，不要认为孩子还小说的话都没用等等。孩子已经长大了，有了自己的想法，对此妈妈应该认真倾听，并适当给孩子一些指导和鼓励。这样，孩子才能在妈妈的关照和鼓励下拥有自己的主见，处理好自己的生活。

371.宝宝体弱多病怎么办

其实，孩子是否体弱多病，并不是看他的身高体重，而是看他的身体状况和精神状况。很多看起来非常瘦的小男孩，但精力旺盛，身体灵活，妈妈就完全没有必要把孩子当作体弱孩子来呵护；另有些孩子虽然长得像"小胖墩"，但经常感冒，身体很虚，倒是属于体弱的范畴。

当然，如果孩子突然消瘦，精神状态也不好，那可能是患病了，妈妈要带他去医院检查。若孩子突然长胖，则要注意是不是营养的问题，或是内脏的病变。

也有一些孩子，从小就是个"药罐子"，这可能与早产、母亲在孕期接触了有毒的物质有关，对此妈妈要多带他到户外锻炼，而不是四处求医问药。

此外，妈妈的精神状况和对孩子的态度，对孩子的影响有着异乎寻常的作用。正因为如此，如果妈妈总是肯定孩子，多对孩子微笑和鼓励，孩子就会在潜意识里把自己当成一个健康聪明的人；但如果妈妈总是传达"你身体不好，需要格外注意"这样的信息，孩子也就会默认自己比常人娇弱了。

372.智力开发需量力而为

在宝宝入小学之前，妈妈总是希望早早地开发宝宝的智力，以使自己的宝宝更加聪明。由此，各种学前培训班和早教训练等层出不穷。在这些基础上，妈妈更是不断要求宝宝进步，并且会有意无意地跟别的宝宝作对比，要求自己的宝宝也达到什么水准。

实际上，妈妈不应该总想着要刻意地教宝宝什么固定的能力，其实在和宝宝的玩耍、交流、互动游戏之中宝宝的智力就能得到很大的开发了。在宝宝的智力开发上，妈妈应该用一颗平常心来对待，以给宝宝快乐为最大原则，在这个过程中，妈妈也能从宝宝身上得到快乐，这才是最佳的早教方式。另外，宝宝的各种能力发展是综合的，若心理发育不健康，就会影响到智力的发育；若身体发育不健康，就会影响能力的发挥。而一些硬性的条条框框对宝宝的个性发展和智力开发是非常不利的，就好像长相、身高、胖瘦、性格和脾气一样，每个宝宝是不同的，宝宝个人的能力也是不同的，智力开发最要紧的是要量力而行。

373.小学的选择方法

如今有很多被称为"名牌"的学校，通常，从这样的小学毕业后，能进入"名牌"初中的孩子很多，而依此类推，初中毕业后能进入"名牌"高中的人也很多……这样，孩子就能有一个好学习环境和好前途。如今的妈妈，很多都热衷于这种模式，希望自己的孩子跨学区或者通过激烈的选拔方式进入"名牌"小学。其实，这种做法，并不一定对孩子最好。因为孩子会从上小学开始就背着很重的学习和竞争压力，且如果毕业后无法进入下一个"名牌"，势必会压力更大，这样的学习和生活对孩子的身心发展其实是不利的。长远考虑的话，高压力之下的学习就算有成果，也会对身心产生负面影响，特别是孩子本来就不喜欢这样的"名牌"或者很厌烦背负压力。

所以，其实妈妈没有必要非得让孩子上"名牌"小学，在孩子所在的学区上学也是挺好的，甚至是最好的事。这样，孩子可以在学校高兴地交朋友，和朋友放学后或者暑期一起玩耍，这就是因为离家近，上了本区域学校的缘故。此外，不在"名牌"学校，孩子的学习压力也会小一些，更容易主动自由地学习，发挥自己的天性和创造力，这比闷头苦读的孩子要好很多。

当然，如果本区域的小学有做得不尽如人意的地方，妈妈可以联合周围的邻居一起提意见，让学校向着好的方面改进，这也能加深孩子对本地区的热爱和对学校的热爱。

374.作好入学前的准备

即将上小学的孩子，妈妈要帮其作好入学前的准备工作。通常，入学之前，孩子都会先收到学校的通知书，通知书上会罗列上学需要的一些准备物品，如文具等。对此，妈妈要细心帮宝宝准备，但不必什么都买最好的，那样容易滋长孩子的攀比心理。给孩子购买文具时，最好能和孩子一起去选择，并尽量尊重他的爱好，这样也可以增加他的学习兴趣。

　　此外，还要让孩子作好心理准备。小学跟幼儿园不一样，要求更加严格，孩子往往需要一段适应期。因此，在上小学前，妈妈可以先带孩子到将去的学校看一看，聊一些小学的事情，同时告诉孩子他已经长大了，妈妈很为他高兴等等。这样孩子上小学时，就会信心十足，渴望成为一个小学生。

　　需要注意的是，妈妈千万不要拿上学来吓唬孩子。很多妈妈常说："你再不听话，让学校的老师管你。"这样的话会让孩子产生排斥感，去到学校也不敢尽情发挥自己的想象力，会变成完全听老师话的"小绵羊"。

　　如果孩子面临去上学有抵触情绪，甚至哭闹不肯去学校，那就要考虑是不是孩子听说了上学的不好事情而产生了恐惧心理，或担心自己被妈妈抛弃等。6岁的孩子已经有了自己的想法，只要妈妈给他讲清楚道理，一般都会打消顾虑好好去上学的。

Part 2

宝宝常见症状和疾病

婴幼儿常见症状和疾病

375.新生儿黄疸

一般来说，新生儿黄疸是新生儿在出生几天之后血红细胞分解过速而引起的。通常，宝宝出生之后所需要的血红细胞比他在母体子宫中需要的要少，当过剩的血红细胞被销毁时，一种叫作胆红素的废弃物质就会随之释放到血液中，并最终通过婴儿的粪便排出体外。如果胆红素产生得过快，宝宝根本来不及排出去，就会出现黄疸。由于胆红素是一种黄色的沉着物，过量的胆红素就会让皮肤裹上一层黄色。因此，患新生儿黄疸的宝宝眼白看起来是发黄的。

不过，多数情况下，黄疸只是宝宝适应母体外生活的一个调节过程，这样的黄疸也叫作生理性黄疸，是身体正常成长的一部分。对这种黄疸，妈妈不用过于着急，它们一般会自行消除，通常来说出生几个星期后就会好转。

但是，若宝宝在出生后不到24小时就出现黄疸，或黄疸2～3周后仍然不退，甚至有继续加重的趋势，再或黄疸消退后重复出现，则可判为病理性黄疸，要及时请医生检查治疗。

目前，有的研究已经表明，良好的母乳喂养能够有效地降低胆红素水平，避免新生儿出现黄疸症状。初乳的量虽然较少，但具有促进排泄的作用，如果从宝宝一出生就勤喂奶，那么宝宝就能排出更多的大便，进而加快体内胆红素的排出，避免出现新生儿黄疸。

376.新生儿脐疝

新生儿脐疝通常是由于脐部发育缺陷脐环未闭合，或脐带脱落后脐带根部组织与脐环粘连愈合不良，在腹内压力增高的情况下，网膜或肠管经脐部薄弱处突出而形成的。

在为刚出生的宝宝护理脐部时，要特别注意防止脐疝发生。发生脐疝的时候，宝宝脐带脱落后，在肚脐处会有一个向外突出的圆形肿块，大小不一，小的如黄豆大小，大的像核桃一样。当宝宝平卧且安静时，肿块会暂时消失，在直立、哭闹、咳嗽、排便时突出。如果用手指压迫突出部，肿块会很容易回到腹腔内，有时还可以听到"咕噜噜"的声音；如果把手指伸入脐孔，可以很清楚地摸到脐疝的边缘。

随着宝宝年龄的增长，疝环口也会逐渐缩小，一般在2岁以内便可自然闭合。因此，只要宝宝没有腹痛、呕吐或局部感染的话，一般不需特殊处理。

新生儿脐疝可先用非手术的方法治疗，如用胶布贴敷疗法，即取宽条胶布将腹壁两侧向腹中线拉拢贴敷固定以防疝块突出，并使脐部处于无张力状态，而脐孔得以逐渐愈合闭锁。每周更换胶布1次，如有胶布皮炎，可改用腹带适当加压包扎。如果宝宝已过2岁而脐疝仍未自愈，则应该进行手术治疗。

需要注意的是，曾有人主张用钱币压迫或绷带扎紧，但实际上效果并不理想，因为婴儿的腹部呈圆形，绷带过紧会造成局部皮肤坏死，所以还是应该用乒乓球压迫，这样既安全效果又好。

377.尿布疹

宝宝的皮肤极为娇嫩，如果长期浸泡在尿液中或因尿布密不透风而潮湿的话，臀部常会出现红色的小疹子或皮肤变得比较粗糙，这种症状称作"尿布疹"。

引起尿布疹的原因有很多，除了尿布透气性能和尿布摩擦的问题，新的辅食、外界环境感染也是造成尿布疹的原因。但是对于不足一个月的宝宝，患上尿布疹多是由于尿布使用不合理，或是护理不得当造成的。要预防尿布疹，最好的措施就是使宝宝的小屁股时刻保持干爽清洁，在护理时要特别注意以下几点：

① 要经常给宝宝更换尿布，保持臀部的洁净和干爽。

② 每次换尿布时，要彻底清洗宝宝的臀部。洗完后要用软毛巾或纸巾揾干水分，不要来回地擦。

③ 给宝宝洗臀部时，要用温水，不要用肥皂，以减少局部刺激。如果用温水擦洗时宝宝哭闹厉害的话，也可试着让宝宝坐在温水盆中洗。

④ 女宝宝的屁股底下尿布要垫得厚一些，男宝宝的生殖器上要垫得厚一些。

⑤ 如果宝宝腹泻的话，除了要治疗腹泻外，还要每天在臀部涂上防止尿布疹的药膏。

⑥ 给宝宝的尿布一定要是柔软的、纯棉质地的、无色无味或浅色的布料，不能选择质地粗糙或是深色的尿布。

⑦ 有可能的话，应让宝宝臀部多在空气中暴露一段时间，有利于皮疹消退。在炎热的夏季或室温较高时可将臀部完全裸露，使新生宝宝臀部经常保持干燥状态。

378.头皮血肿

头皮血肿多数是由于分娩时胎儿头部受到过度挤压与骨盆摩擦，或自行分娩困难时，行负压吸引、产钳助产等小手术导致的头颅骨膜牵移，引起骨膜下血管破裂，血液积聚在骨膜下形成。但也可能发生于剖宫产的小宝宝，如新生儿本身的血管脆性强，一点轻微的损伤也会导致出血，血小板值降低、凝血因子异常也可成为出血的原因。

妈妈们可以放心的是，一般头皮血肿仅仅发生在头颅外，局限在骨膜与颅骨之间，并非颅内出血，不会殃及脑细胞，所以对宝宝今后的智力发展不会有不利影响。另外，头皮血肿引起的头颅变形也是暂时的，宝宝的骨质非常柔软，易变形也易恢复，可以自然恢复，不必太过担心。

当新生儿发生头皮血肿之后，妈妈们应该做的是注重患处的清洁护理，任其自然吸收消失痊愈，千万不可在家擅自用注射器抽取血肿。这是因为，抽取后会使腔内压力减低，导致继续出血，同时如果消毒不彻底的话，细菌就会进入血肿内，继而引发细菌感染、伤口化脓等一系列严重后果。所以，头皮血肿待其慢慢吸收就可以，不宜过多干预。

379.耳部畸形

新生儿耳部畸形多数都是由于遗传或是母亲在怀孕期间受到某些环境影响，从而致使胎儿耳部发育缺陷所造成的。耳部畸形不仅有损于宝宝的听力，而且还会对宝宝的心理产生不小的影响，所以应趁早并及时地治疗。治疗得越早，患儿承受的心理压力就会越小，心理发育就越健康。

当发现宝宝有耳部畸形的时，应先在医生的指导下，带着宝宝作详细的畸形程度检查以及听力检查，确定听力损失程度；之后在医生的建议下决定是否应该配备助听器、配备何种助听器，以及根据宝宝的具体情况，共同确定手术整形治疗的最佳时间。

在治疗的过程中，妈妈要时常给宝宝加油，让宝宝感受到爱，以避免宝宝因此而产生自卑的心理。

380.先天性心脏病

在人胚胎发育时期（怀孕初期2~3个月内），由于心脏及大血管的形成障碍而引起的局部解剖结构异常，或出生后应自动关闭的通道未能闭合（在胎儿属正常）的心脏，称为先天性心脏病。

虽然先天性心脏病的病因尚不十分明确，但为了预防先天性心脏病的发生，妈妈应注意在妊娠期特别是在妊娠早期的保健，如积极预防风疹、流行性感冒、腮腺炎等病毒感染；避免接触放射线及一些有害物质；在医生指导下用药，避免服用对胎儿发育有影响的药物；注意膳食合理，避免营养缺乏；防止胎儿周围局部的机械性压迫。总之，为预防先天性心脏病，妈妈们就应避免与发病有关的一切因素。

另外，妈妈在怀孕早期（3个月之前）尽量别在电脑、微波炉等磁场强的地方坐太长时间，因这时的胎儿还不稳定，各个器官还正在成形阶段，很可能造成孩子先天性心脏病。

如果宝宝先天心脏功能不全，妈妈就要多注意对宝宝的护理：

首先，尽量让宝宝保持安静，避免过分哭闹，保证充足的睡眠。大一点的宝宝生活要有规律，动静结合，既不能在外边到处乱跑（严格禁止跑跳和剧烈运动），也不必整天躺在床上，晚上睡眠一定要保证，以减轻心脏负担。

其次，心脏功能不全的宝宝往往出汗较多，需保持皮肤清洁，夏天勤洗澡，冬天用热毛巾擦身（注意保暖），勤换衣裤。多喂水，以保证足够的水分。

再次，保持宝宝的大便通畅，若大便干燥、排便困难时，过分用力会增加腹压，加重心脏的负担，甚至会产生严重后果。

最后，定期去医院心脏心科门诊随访，严格遵照医嘱服药，尤其是强心、利尿药，由于其药理特性，必须绝对控制剂量，按时、按疗程服用，以确保疗效。每次服用强心药前，须测量脉搏数，若心率过慢，应立即停服，以防药物毒性作用发生，危及宝宝的生命。

381.新生儿贫血

新生儿贫血可分为生理性贫血和溶血性贫血。

新生儿生理性贫血是指出生后2~3个月内小儿普遍发生的一种贫血。这种贫血不是因为造血物质不足，也不是因为骨髓的造血功能异常，而是小儿一种正常的生理现象。

一般刚出生的新生儿血红蛋白可高达180~190克/升，足月儿血红蛋白生理性下降极少低于100克/升；未成熟儿由于代谢及呼吸功能较低，体重增长快，所以生理性贫血出现时间早，贫血表现更为严重，生后3~6周内可下降至70~90克/升。

宝宝出现生理性贫血，在保证正常营养的情况下，一般不需治疗，更没必要服用铁剂，因为铁剂对生理性贫血是无效的。等到宝宝满百天后，机体内红细胞生成素的生成增加，骨髓造血功能逐渐恢复，红细胞数和血色素又缓慢增加，至6个月时就可恢复到正常值范围内。但如果超过这个时间，血红蛋白和红细胞计数不在正常值范围内，那么，就有可能患有病理性贫血。

其实，生理性贫血是可以预防的。由于母乳中的铁比牛乳中的铁质生物效应高，易被吸收，因此坚持母乳喂养可以有效地减少生理性贫血的发生。

另外，还有一种溶血性贫血，主要是指由于红细胞破坏引起的贫血。溶血性贫血严重的新生儿会极度苍白，严重的全身水肿，包括胸水和腹水。

预防溶血性贫血，可以在分娩时监测胎儿的心率，如果发生胎儿窘迫或严重受累，就有可能需要剖宫产。有胎儿水肿，或不伴水肿的严重胎儿是危重病例，需要在围产监护室内分娩。

382.新生儿低血糖

新生儿低血糖症是新生儿期常见病，多发生于早产儿、足月出生但体重低于2.5公斤的新生儿，母亲在怀孕时患有妊娠糖尿病及新生儿有缺氧窒息、硬肿症、感染败血症等症状时也较易发生。低血糖持续或反复发作可引起严重的中枢神经病变，出现智力低下、脑瘫等神经系统后遗症，有些营养吸收不良的新生儿直至长大后也依然会持续这些症状。

大多数低血糖的宝宝无临床症状，少数可出现喂养困难、嗜睡、青紫、哭声异常、颤抖、震颤，甚至惊厥等非特异性症状，经静脉注射葡萄糖后上述症状可消失，血糖恢复正常，这种现象为"症状性低血糖"。

宝宝出生后，哭是宝宝给妈妈拉的警报，但有时警报也会拉不响了。新生儿饿了会哭，但如果发生了低血糖，宝宝没力气哭，也会很安静。早产儿更有可能如此！不哭不见得平安无事。早产儿回到家中的喂养很重要，早产儿多不能自己醒来要奶吃，所以妈妈们要勤喂，超过2小时没醒来吃奶，就要把宝宝弄醒喂奶，如果不吃，马上喂些葡萄糖水。

另外，妈妈们还要注意以下几点：

❶ 避免可预防的高危因素（如寒冷损伤），高危儿定期监测血糖。

❷ 生产后能进食者要及早进行母乳喂养。

383.感冒

造成宝宝感冒的因素有很多，如受凉、天气冷热交替、体质差等。宝宝感冒后会有拉肚子、没有气力、食欲不振、昏昏欲睡等症状。一般用针对宝宝的感冒药即可，在服用的时候要注意剂量。6岁以下的宝宝很容易因感冒引起病毒或者细菌感染，因此可以准备一些抗生素类药物，防患于未然。

预防宝宝感冒，妈妈要注意以下几点：

❶ 有些宝宝感冒是因为晚上睡觉时蹬被子造成的。为了防止因为睡觉着凉感冒，妈妈就要让宝宝改掉踢被子的习惯。

❷ 全面提高身体的素质，也是预防感冒的重要方法。这就要求宝宝有全面均衡的膳食，保证各种营养的摄取。妈妈可以给宝宝制定一个健康的食谱，做到营养均衡。再配上各个季节上市的蔬菜、水果，这样宝宝的营养就全面了。

❸ 让宝宝有充足的睡眠。充足的睡眠不但可以增强体质、预防感冒，也是提高生活质量的根本。

❹ 多带宝宝到户外运动，晒晒太阳，在大自然当中锻炼。也可以让宝宝学游泳。平时少吃冰冷食物。宝宝的免疫力提高了，感冒自然就少了。

384.发烧

正常新生儿肛温在36.2℃~37.8℃之间，腋下温度在36℃~37℃之间；新生儿肛温超过37.8℃，腋温超过37℃，即为发热。宝宝发烧一般是由于病原菌引起的（细菌、病毒、支原体等），当这些病原菌侵入机体后，机体的防御系统为保护机体，可作出各种保护机体的反应来抵御病原菌，发热就是其中的一种抵御反应。发热并不是一个坏现象，说明机体正在与病原菌作斗争，所以很消耗人的体力，宝宝就会嗜睡、乏力。

宝宝发烧后，通常都会出现食欲不佳的现象，这时候妈妈应该以流质、营养丰富、清淡、易消化的饮食为主，如奶类、藕粉、少油的菜汤等。等体温下降，食欲好转，可改为半流质，如肉末菜粥、面条、软饭配一些易消化的菜肴。

当宝宝发烧时，许多妈妈觉得应该补充营养，就给宝宝吃大量富含蛋白质的鸡蛋，实际上这不但不能降低体温，反而使体内热量增加，促使宝宝的体温升高，不利于患儿早日康复。再有，发烧的时候一定要多喝温开水，增加体内组织的水分，这对体温具有稳定作用，可避免体温再度快速升高。

再有，妈妈们不能盲目给宝宝吃退烧药，要先弄清楚发烧的原因，否则往往会适得其反。虽然药物可以有效改善病情，让宝宝舒服点儿；但也很可能带来一些副作用。所以药物退热治疗应该只用于高烧的宝宝，并且服用的方法和剂量一定要按医生的要求去做。

根据统计，不论是什么原因引起的发烧，体温很少超过41℃，如果超过这个温度，罹患细菌性脑膜炎或败血症的可能性比较高，应特别警觉。

385.咳嗽

咳嗽是人体的一种保护性呼吸反射动作。当异物、刺激性气体、呼吸道内分泌物等刺激呼吸道黏膜里的感受器时，冲动通过传入神经纤维传到延髓咳嗽中枢，引起咳嗽。

如果宝宝入睡时咳个不停，妈妈可将其头部抬高，咳嗽症状会有所缓解。头部抬高对大部分由感染而引起的咳嗽是有帮助的，因为平躺时，宝宝鼻腔内的分泌物很容易流到喉咙下面，引起喉咙瘙痒，致使咳嗽在夜间加剧，而抬高头部可减少鼻分泌物向后引流。还要经常调换睡的位置，最好是左右侧轮换着睡，有利于呼吸道分泌物的排出。

咳嗽的宝宝喂奶后不要马上躺下睡觉，以防止咳嗽引起吐奶和误吸。如果出现误吸呛咳时，应立即取头低脚高位，轻拍背部，鼓励宝宝咳嗽，通过咳嗽将吸入物咳出。

在饮食方面，妈妈要让宝宝禁食寒凉食物。如柿子、柚子、甘蔗、西瓜、丝瓜、苦瓜等。许多妈妈认为橘子是止咳化痰的，于是就让宝宝多吃橘子。但实际上，橘皮确有止咳化痰的功效，但橘肉反而生热生痰，加重咳嗽的症状。

此外，在咳嗽时还要注意保持宝宝饮食的清淡。如果宝宝咳嗽长期不愈，可以用梨加冰糖煮水服用，或是用鲜百合煮粥，这对咳嗽日久、肺气已虚的宝宝有很大好处。

386.腹泻

婴幼儿腹泻，又名婴幼儿消化不良，是婴幼儿期的一种急性胃肠道功能紊乱，以腹泻、呕吐为主的综合征。以夏秋季节发病率最高。本病治疗得当，效果良好，但不及时治疗以至发生严重的水电解质紊乱时可危及宝宝生命。

宝宝腹泻分为感染性腹泻和非感染性腹泻，感染性腹泻主要是由病毒（主要是轮状病毒）、细菌、真菌、寄生虫感染肠道后引起的，非感染性腹泻主要是由于喂养不当，饮食失调所致。

妈妈如果一直很注意宝宝食物的卫生，并且家里没有其他人有腹泻症状的话，那么多数都是非感染性腹泻，例如母乳不足或人工喂养的宝宝，过早过多地添加粥类与粉糊，宝宝摄入的碳水化合物过多，在胃里发酵就会致使消化紊乱从而出现腹泻。如果未能在断奶前按时添加辅助食品，一旦突然增加食物或改变食物成分，宝宝就很有可能因为无法适应造成消化紊乱，出现腹泻。除了这些之外，不定时的喂养，进食过多、过少、过热、过凉，突然改变食物品种等，都会引起腹泻。还有些腹泻，是由于食物过敏、气候变化、肠道内双糖酶缺乏引起的。

造成宝宝腹泻的原因多种多样，妈妈不能随便用药，一定要慎重对待。腹泻患儿的饮食应以稀软的营养饭食为主，未断奶的婴儿可照样喂奶；尽量多喝水，水中加少量盐饮用更佳。此外，照料腹泻宝宝的家长也要注意自己的卫生，以免让细菌滋生使宝宝的病情加重。

387.便秘

便秘指大便干硬，隔时较久，有时排便困难。单纯性便秘多因结肠吸收水分电解质增多引起。宝宝便秘大多是由于饮食原因导致肠道功能紊乱引起，有些宝宝是由于使用过一些抗生素导致菌群失调。

便秘的不良后果有很多，最直接的后果就是肛裂，可引起便后滴鲜血，肛周疼痛。宝宝在便后疼痛，就不愿意排便，这样必然会加重便秘，最终导致恶性循环，·严重时还会引起外痔。此外，若宝宝患有慢性便秘的话，多数情况会表现得食欲不振，从而导致营养不良，精神委靡，肠道功能紊乱等一系列问题。所以，对于宝宝的便秘，应想方设法予以纠正改善。

如果妈妈能懂得一些医学常识，给宝宝合理的喂养和良好生活习惯的正确指导，相信孩子的便秘是可以治愈的。妈妈可以从以下几个方面来治疗和预防宝宝便秘：

① 要让孩子每天按时坐盆排便，以养成良好的排便习惯。

② 要养成良好的饮食习惯，饮食要多样化，少吃生冷食物，食量不能过少，食物不能过于精细，应富含纤维素。

③ 要养成良好的生活习惯，精神上避免持续高度的紧张状态，尤其对学龄儿童来说，学习紧张，睡眠不足均可引起便秘。

④ 喝牛奶的宝宝可适当多加一些糖，还可加些米汤，同时可给橘汁、菜汤等以防大便过干、过硬造成便秘。

⑤ 避免长期使用引起便秘的药物如葡萄糖酸钙、碳酸钙及氢氧化铝等。

388.湿疹

婴幼儿湿疹中医称"奶癣"，发生主要与宝宝体质有关，加上喂养不当（多见于食牛奶的婴儿），内生湿毒，外受风邪，脾失健运所致，所以湿疹的出现常常是宝宝消化不良的反应。

当湿疹很轻时，妈妈可以每天给宝宝涂1~2次治疗湿疹的婴儿软膏，但无论使用哪种软膏，都应在用前咨询医生，在确保安全后再给宝宝涂抹。如果宝宝是人工喂养的话，可以改用7匙奶粉加3~4匙脱脂奶粉的比例来试喂，这种方法对于湿疹比较轻的宝宝有一定的疗效，对于症状较重的宝宝可起到有效的缓解作用。

在给患上湿疹的宝宝洗澡时，最好是用专门治疗湿疹的弱酸性肥皂，同时还要经常为宝宝换枕巾、枕套及贴身衣物。贴身衣物都要采用棉织物，勤洗勤换，新买来的用品应用开水洗过、烫过之后再给宝宝使用。

湿疹在温度高的地方容易复发，因此宝宝患湿疹之后，尽量将他们放到室温不高的环境中，衣服穿得宽松些，不穿化纤、羊毛衣服，以全棉织品为好，严重的时候则不要洗澡。

389.婴儿痉挛症

婴儿痉挛症是婴幼儿时期所特有的一种癫痫。本病发病年龄早，具有特殊的惊厥形式，脑电图表现为高峰节律紊乱。本病预后不良，病后智力、体力发育明显减退。

婴儿痉挛症发生在出生后几天到30个月，半岁前是发病高峰。由于婴儿整天在床上或褓褓中，加之年轻的妈妈又没有带孩子的经验，容易麻痹大意，把发作病情误认为由于孩子饥饿、尿布湿或头颈和身体不适引起，进而疏忽了病情。这种病造成的后果是非常可怕的，痉挛停止以后可能会遗留神经损伤症状和体征，如语言障碍、部分失明、斜视、肢体瘫痪，或有其他类型癫痫发作。因此，妈妈要特别留意这种病的病症。

这种病在发作时最突出的表现是全身大肌肉突然强烈抽搐，并伴有头及躯体向前倾，上肢前伸、弯曲向内，下肢弯曲到腹部，两眼斜视或上翻，伴有意识障碍。一次发作1～2秒钟缓解，但可再次抽搐，形成一连串发作，少则2～3次，多达几十次甚至更多。发作前患儿往往伴有一声喊叫或不自主发笑，发作后极度疲倦、嗜睡。发作次数每日1～10次不等，白天比夜晚易发作，下午较上午易发作，有的宝宝在刚入睡或醒后不久容易发作，有时突然的声响也可引起发作。

婴儿痉挛症预后差，对智力影响严重。但是经过激素治疗后可控制症状，也可使智力得到一定的恢复。因此，妈妈如果发现宝宝有反复抽搐的现象应及早到医院进行诊治，以减轻对智力的影响，防止宝宝脑部外伤及脑部感染的发生。

390.鹅口疮

鹅口疮又名雪口病、白念菌病、鹅口、雪口、鹅口疳、鹅口白疮等。这种病是由白色念珠菌感染引起的，当宝宝营养不良或身体衰弱时就可能会发病，新生儿多由产道感染或因哺乳奶头不洁或喂养者手指的污染传播。

鹅口疮可发生于口腔的任何部位，以舌、颊、软腭、口底等处多见。病发时，首先有黏膜充血、水肿，口内有灼热、干燥、刺激等症状，1~2天后在口腔黏膜上会出现散状白色斑点，像凝乳一样，并呈半黏附性略微高起。之后几天，小点会逐渐融合扩大，成为形状不同的斑片，这些斑片会相互融合。数日之后，白色斑块的色泽，转为微黄，日久则可变成黄褐色。白色斑片与黏膜粘连，不易剥离，若强行撕脱，则暴露出血创面，但不久又被新生的斑片所覆盖。有些患儿会因此出现烦躁拒食，啼哭不安等情况，一般全身反应不明显，部分患儿会有体温升高的症状。

妈妈如果发现宝宝有以上症状要及时到医院就诊，在医生的指导下用药。

另外，妈妈还要注意家庭以及个人卫生，所有的玩具、安抚奶嘴、奶嘴、挤奶器具、乳房罩、乳头矫正罩等均需每日以沸水煮沸消毒20分钟。安抚奶嘴及其他橡胶奶嘴需每周更换，以避免滋生念珠球菌。

391.肠套叠

肠套叠是指一段肠管套入其相连的肠管腔内的疾病症状，是婴儿急性肠梗阻中多见的一种，最常见的是回肠（小肠的末端部分）套进了与它相连的结肠（大肠的前端）内。肠套叠是婴幼儿急症，如果不加以治疗的话，套叠部分的肠子的血液循环会受到阻碍，肠子也会逐渐溃烂，严重者会导致穿孔，最终引起腹膜炎而致死。

肠套叠典型的三大症状是急性腹痛、果酱样血便和腹部包块，患儿会有腹痛、哭闹、呕吐、血便、腹部肿块等症状。如果发现有上述症状的一种或多种同时出现的话，就应该以最快的速度到医院进行诊断治疗。

肠套叠前期之所以容易被妈妈忽略，是因为在患病前期，患儿的全身情况尚好，体温正常，仅有面色苍白、精神不好、食欲不振或拒食等常见症状，但随着发病时间的延长，就会出现精神委靡、嗜睡、脱水、发热、腹胀，甚至休克或腹膜炎征象等严重病症。因此在早期，很容易被妈妈误当作便秘、消化不良等常见婴儿症状而耽误治疗。

虽然肠套叠多发于较胖的男宝宝，但不胖的男宝宝和女宝宝也有发生的可能。此外，肠套叠不是"终生免疫"的疾病，发生过肠套叠的婴儿，有时还会再次发生。

392.幼儿急疹

幼儿急疹是儿童早期的一种常见病，大多数儿童在2岁前都得过此病，本病特点是突发高烧，一般持续4天左右，之后全身通常会出现粉红色斑点样皮疹。

从皮疹的形态上看，幼儿急疹酷似风疹、麻疹或猩红热，但其中最大的不同就是：幼儿急疹为高热后出疹，而其他三种疾病则是高热时出疹，妈妈们应注意区分。再有，因为脑膜炎的初期症状与幼儿急疹很相似，所以如果到医院检查时，医生会对患儿作进一步检查，以排除细菌引起的脑膜炎。

宝宝患上幼儿急疹后，妈妈要让宝宝卧床休息，注意隔离，避免交叉感染，多饮水，给予易消化食物，适当补充B族维生素、维生素C等。

如果宝宝体温较高，并出现哭闹不止、烦躁等症状，可以给宝宝进行物理降温或适当服用少量的退热药物，将体温控制于38.5℃以下，以免发生惊厥。

另外，妈妈还要帮助宝宝每天至少排便一次，必要时可使用开塞露辅助排便；要注意保持宝宝皮肤的清洁，经常给宝宝擦去身上的汗渍，以避免着凉和继发感染。由于幼儿急疹既不怕风也不怕水，所以出疹期间，妈妈也可以像平时那样给宝宝洗澡，但不要给宝宝穿过多衣服，保证皮肤能得到良好的通风。

393.先天性巨结肠病

先天性巨结肠是小儿外科最常见的消化道畸形之一，通常以便秘为主要症状，病变的肠段神经节细胞缺失，发生率比较高，约为1:5000，男孩稍高于女孩，具有家族性发病倾向。

发生此病时，患儿会在出生后1~6天内发生急性肠梗阻，有90%病例表现为出生时无胎便排出或只排极少胎便，胎便排出后，症状才会缓解一些，数日后便秘症状又重复出现。80%病例表现为全腹胀满，腹部可见肠形。60%病例出现腹胀，严重便秘，呕吐频繁等症状。肠穿孔是最严重的合并症，病儿结肠内长期留有大量粪便，那是因为肠壁循环不良及细菌引起的。另外，新生儿肠壁薄，肠腔内压力增高，承受压力最大的部分容易造成穿孔。

新生儿巨结肠常采用保守治疗或者手术治疗的方法。保守疗法的目的是为解除腹胀、便秘给患儿带来的痛苦，如采用扩肛，温生理盐水清洁洗肠等。洗肠时应为患儿保暖，防止继发肺部合并症。

在新生儿巨结肠早期，最好的办法是做结肠造瘘术，待宝宝1岁左右再行根治术。其适应证为全身情况差，以及营养不良的病例。造瘘后，妈妈注意要重点保护瘘口周围皮肤清洁、干燥，卧位舒适、保暖，精心喂养。

394.吸收不良综合征

新生儿吸收不良综合征是由于小肠的先天性功能缺陷或继发于某些疾病后，使小肠壁黏膜上皮细胞受到损伤，导致吸收功能障碍，尤其是吸收碳水化合物、蛋白质和脂肪障碍。

吸收不良综合征的主要表现有：

① **腹泻**：腹泻是吸收不良综合征的主要症状，它是由未被吸收的营养物质影响肠道功能所致。糖类在结肠中发酵会产生腹胀，导致食欲不振，同时水分吸收缓慢也会导致尿增多，并常伴有腹部不适和肠鸣音活跃等症状。

② **体重减轻、乏力、水肿**：由于营养物质吸收不足及食欲不振，常表现为体重减轻或体重不增、倦怠、乏力等症状。严重的营养不良可表现为进行性营养不良、生长发育迟缓等。

吸收不良综合征的诊断可以根据吃含牛奶蛋白的食物后是否出现腹泻症状来判断。如妈妈怀疑宝宝得此病，可给宝宝选择水解蛋白或植物蛋白（如豆蛋白）的配方奶来喂养。如果宝宝持续吸收不良，那么就需要尽快到医院就诊。

对于饮食方面，妈妈要注意不要让宝宝食用面食，多让宝宝食用各种富有维生素的食物，少进脂肪和碳水化合物类食物。另外，妈妈还要供给宝宝充足的水分。在宝宝治疗的初期不要用淀粉类食物，而较多食用葡萄糖和果糖。

395.胸腺肥大

在婴儿出生后六个月内，做X光的话会发现很多婴儿的胸腺肥大，有些医生会以此诊断为心脏异常扩大。

但实际上，出生几周的婴儿通过X光时常会因为看到心脏上蒙着胸腺阴影，但这种阴影到2岁左右通常都会自动消失。因此，几个月大的宝宝出现胸腺肥大，不一定就是疾病表现，也不用急于使用放射线治疗或者给宝宝使用激素类药物。

如果宝宝到两三岁的时候仍然有胸腺肥大的现象，那么才有必要到医院遵医嘱使用放射线治疗或者激素类药物治疗。

396.鼻炎

鼻炎是指鼻腔黏膜和黏膜下组织的炎症，从发病的急缓及病程的长短来说，可分为急性鼻炎和慢性鼻炎。另外，还有一种十分常见的与外界环境有关的鼻炎为过敏性鼻炎。

急性鼻炎和感冒的症状非常相似，宝宝同样会出现鼻塞、咽痛、头痛、打喷嚏等症状。妈妈往往会认为宝宝是感冒了，殊不知是鼻炎在作怪。慢性鼻炎常因急性鼻炎反复发作或久治不愈导致，表现为间歇性或交替性鼻塞，有时伴有头痛、嗅觉障碍；过敏性鼻炎患者则有接触过敏原史，发作时表现为一阵阵鼻痒、鼻塞及连珠般喷嚏，鼻腔及鼻甲黏膜苍白或紫灰，并有水肿。

儿童时期宝宝身体各器官的形态发育和生理功能都不是很完善，这会造成宝宝抵抗力和对外界适应力较差，因此宝宝更容易得鼻炎。

在生活中，妈妈要注意不要让孩子长时间待在空调房里，温差较大时要注意给宝宝增减衣服；炎夏时大量喝冷饮，也可能导致鼻炎；宝宝鼻塞时，不要强行给他擤鼻涕，以免引起鼻腔毛细血管破裂，带菌黏液逆入鼻咽部并发中耳炎。

对于鼻炎的预防，妈妈还要注意以下几点：

① 平时注意宝宝鼻腔卫生。

② 注意擤鼻涕方法，如果宝宝鼻塞多涕，宜按压一侧鼻孔稍稍用力外擤，之后交替而擤。

③ 让宝宝加强锻炼，以增强体质，以防感冒。

④ 严禁让宝宝吃油腻辛辣食物，多食蔬菜，保持大便通畅。

397.喉炎

喉炎，其症状一般就是"空空"样的咳嗽，有时称之为犬吠声，并可听到喉鸣声。宝宝发生喉炎后，因其喉腔狭小，喉部黏膜下组织松弛，黏膜淋巴管丰富，极易产生水肿并阻塞喉腔。

如果宝宝经常大声哭喊，或者用嗓过度，就有可能出现声音嘶哑、声音粗涩、低沉、沙哑等症状，甚至更严重的可能会出现失音、喉部疼痛和全身不适，如发烧或畏寒。其他症状可能还有咳嗽多痰、咽喉部干燥、刺痒、异物感，更有甚者可能出现呼吸困难的现象。如果妈妈观察到以上的一种或者多种症状。就应及时为宝宝治疗，若不及时处理，病情会进一步发展。

预防喉炎，要注意平时尽量让宝宝少吃油腻和刺激性食物，多吃西瓜、甘蔗、梨子、萝卜、荸荠、鲜藕、罗汉果、胖大海、菊花、杨桃、柠檬等食物，多喝温开水，避免感冒，避免接触脏污的空气，出入公众场所时应戴口罩，保持室内空气流通，不要长时间讲话，更忌声嘶力竭地喊叫。

398.口角炎

小儿口角炎俗称"烂嘴角"，表现为小儿口角潮红、起疱、皲裂、糜烂、结痂、脱屑等。小儿口角炎一般是两侧嘴角对称发病，开始先出现三角形红斑、水肿，之后发生糜烂、皲裂等症状。皲裂处在张大口讲话时会出血、疼痛。

宝宝在患上口角炎之后，会因为不适而用舌头去舔破裂的地方，但由于口唇部位血管丰富，加上唾液的侵蚀往往会令口角炎的症状更加严重。

要预防小儿口角炎，就要注意膳食平衡，在荤素搭配的基础上，多给宝宝吃些富含核黄素的食物，如动物的肝脏和肾脏、禽蛋、乳制品、大豆、胡萝卜和绿叶蔬菜等。如果宝宝有舔口唇、吃零食、咬手指等不良习惯，妈妈要及时纠正。

在烹调的时候，还要注意使用合理的烹调方法，如淘米时，淘洗次数不要太多，不要用手揉搓米粒；蔬菜先洗后切，切后尽快急火快炒，不要再泡在水里；熬米粥、煮豆类时不放碱等，这样可以避免核黄素的破坏与丢失。此外，妈妈还要让宝宝养成不挑食、不偏食的饮食习惯。

需要特别提醒妈妈的是，口角炎是传染性疾病，所以平时要注意在集体场合如托儿所、幼儿园等地时宝宝用具的干净卫生，毛巾、水杯、餐具等要经常消毒。

399.支气管炎

支气管炎通常是由普通感冒、流行性感冒等病毒性感染引起的并发症，也可能由细菌感染所致，是儿童常见的一种急性上呼吸道感染。

此病症状像肺炎，但以喘憋为主，此病多发生在2岁半以下的宝宝，80%在1岁以内，多数是6个月以下的宝宝。

宝宝发病后应及时送医院治疗，由于毛细支气管炎多是由病毒感染引起，所以宝宝发病早期一般不需用抗生素治疗。但如果发病后期怀疑继发细菌感染时可用抗生素治疗，治疗以对症治疗为主，可概括为"镇静止咳"。

此外，良好的护理也很重要，尤其注意不要打扰患儿，使之安静休息，室内要保持一定的湿度，重症患儿可配合雾化吸入，并及时吸痰，保持呼吸道通畅。另外，妈妈要让宝宝多喝水，少食多餐，给予清淡、营养充分、均衡易消化吸收的半流质或流质饮食，如稀饭、煮透的面条、鸡蛋羹、新鲜蔬菜、水果汁等。

400.泪囊炎

泪囊炎通常是由于鼻泪管下端的胚胎残膜没有退化，阻塞鼻泪管下端，泪液和细菌潴留在泪囊内而引起继发性感染所致，症状表现为泪囊部有肿块，有弹性，一般没有红、肿、压痛等急性炎症表现。

一旦泪囊炎感染，就会造成急性泪囊炎、眶蜂窝织炎，甚至形成严重的泪囊瘘。这样不但患儿非常痛苦，以后还会造成面部瘢痕，影响宝宝的一生。所以，如果一旦发现宝宝有此病征兆就要及早就医，并按医生的嘱咐治疗。

当宝宝得泪囊炎时，妈妈可用手指对泪囊肿块作向下按摩，如囊肿突然消失，表示残膜已被挤破，即告痊愈。如果经过半年以上的保守治疗，包括多次按摩仍不见效，可经冲洗及滴用抗生素后再用探针探通，多可获得痊愈。

此外，泪囊炎在急性发病期间不宜冲洗泪道，宜局部热敷，有波动感则切开排脓，全身积极应用抗生素，待红肿热痛完全消退一周后，可施行泪囊鼻腔吻合术来治疗。

401.中耳炎

正常人鼻咽部和耳朵是相通的，从鼻咽部到中耳之间的这条通道叫咽鼓管，孩子的咽鼓管比较短而宽，而且呈水平位置，一旦发生上呼吸道感染，病原体很容易经过咽鼓管进入中耳引起急性炎症。

中耳炎以耳内闷胀感或堵塞感、听力减退及耳鸣为最常见症状，常发生于感冒后，有时头位变动可觉听力改善，部分患儿有轻度耳痛，常表现为听话迟钝或注意力不集中。

宝宝喂奶不当引起呛咳后，奶汁等容易通过咽鼓管流入中耳进而引发中耳炎。经常给宝宝挖耳垢，稍不小心戳破鼓膜，也可造成中耳炎。此外，少数中耳炎是由于败血症引起的，常见的病菌是金黄色葡萄球菌、乙型溶血性链球菌和肺炎双球菌等。

当宝宝患上中耳炎后，妈妈可以让宝宝先服用解热镇痛剂溶液，让患部靠在包裹着毛贴的热水袋上。具体来说就是用温水充填热水袋，让宝宝头部疼痛的那一侧朝下，以便让耳朵的渗出液排出来。此外，妈妈还应该在24小时内带宝宝到医院就诊。

402.咬合不正

如果宝宝的牙齿出现了龅牙、犬齿突出、咬合处错开、牙齿参差不齐等情况，都属于咬合不正。

牙齿过度拥挤是最常引起牙齿咬合不正的病因，大约有2/3的宝宝都有牙齿过挤的情况发生。另外，蛀牙或外伤所致的乳牙太早掉落，也可能会引发牙齿咬合不正。咬合不正会影响咀嚼和发音，并会影响到宝宝脸部的发育，因此要尽早治疗。

5岁以前，宝宝是不是咬合不正还不能明显地看出来，因为那时候他们的身体还在发育。从6岁开始，妈妈就要开始注意宝宝的咬合问题了，很多宝宝到了小学体检的时候才会发现有咬合不正问题。

为了预防咬合问题，妈妈需要经常注意观察宝宝学说话时候的发音以及吃东西的习惯。在恒齿开始长出来的6~7岁间，要注意宝宝的咬字和咀嚼机能，如发现异常，应尽早治疗。另外，妈妈可以借着宝宝发育的趋势来矫正齿列，抓住矫正咬合不正问题的最佳时期进行矫正或治疗。

矫正治疗一般不必拔牙，在齿和颌部使用矫正装置予以矫正就可以了。通常要先用X射线检查，每月作一次检验，有的矫形治疗也可能要数年的时间。如果超过15岁还没有矫正过来的话，就可以施行口腔的外科手术进行矫正治疗。

403.厌食症

小儿厌食症又称消化功能紊乱，主要症状有呕吐、食欲不振、腹泻、便秘、腹胀、腹痛和便血等，这些症状反映消化道的功能性或器质性疾病，还常出现在其他系统的疾病，尤其多见于中枢神经系统疾病或精神障碍及多种感染性疾病。因此，医生治疗时必须详细询问有关病史，密切观察病情变化，对其原发疾病进行正确的诊断和治疗。

如果孩子得了厌食症，妈妈首先要从饮食下手，要保持孩子合理的膳食，建立良好的进食习惯。其次还要对孩子厌食的心理进行矫治。以下几点注意事项可供参考：

❶ 爸爸妈妈要给孩子做出好榜样。事实表明，如果爸爸妈妈挑食或偏食，则孩子多半也是个厌食者。

❷ 注意引导。当孩子不愿吃某种食物时，妈妈应当有意识有步骤地去引导他品尝这种食物，既不无原则迁就，也不过分勉强。

③ 创造好的吃饭气氛。要使孩子在愉快心情下摄食。

④ 不要使用补药和补品去弥补孩子营养的不足，而要耐心讲解各种食品的味道及其营养价值，从而让孩子接受食物。

404.蛔虫病

一般来说，瓜果蔬菜多用化肥来培植，所以现在蛔虫的寄生比较少见了，但是也有一些地区用绿肥（人畜粪便），这样就容易存在蛔虫。因此，妈妈在为宝宝选择食品的时候，最好选择那些大农场的产品，如果是绿肥种植的蔬菜水果，妈妈要用清洁剂清洗干净后再食用，最好不要生吃蔬菜。孩子在田间玩耍之后，要提醒他把手洗干净。

另外，贫血、腹痛也有可能是蛔虫引发的病症。体内有蛔虫的时候，也可能表现不出来什么明显的症状，因此往往要在体检的时候配合检查粪便中是否有蛔虫卵才可判断。

对蛔虫病的防治，应采取综合性措施。包括查治病人和带虫者、处理粪便、管好水源和预防感染几个方面。

在家里，一定要注意饮食卫生和家庭成员的个人卫生，做到饭前、便后洗手，不生食未洗净的蔬菜及瓜果，不饮生水，防止食入蛔虫卵，减少感染的机会。

对病人和带虫者进行驱虫治疗，是控制传染源的重要措施。驱虫治疗既可降低感染率，减少传染源，又可改善孩子的健康状况。驱虫时间宜在感染高峰之后的秋、冬季节，学龄儿童可采用集体服药（按照医生嘱咐）。由于存在再感染的可能，所以，最好每隔3～4个月驱虫一次。对有并发症的患儿，应及时送医院诊治，不要自行用药，以免贻误病情。

405.肥胖症

肥胖症一般是指体内脂肪积聚过多，是常见的营养性疾病之一。肥胖症分两大类，无明显病因者称单纯性肥胖症，儿童大多数属此类；有明显病因者称继发性肥胖症，常由内分泌代谢紊乱、脑部疾病等引起。医学上将体重超过按身长计算的平均标准体重20%的儿童定义为小儿肥胖症患者，超过20%~29%为轻度肥胖，超过30%~49%为中度肥胖，超过50%为重度肥胖。

如果宝宝得了儿童肥胖症，妈妈应每日让宝宝坚持运动，养成锻炼身体的好习惯。可先从小运动量活动开始，而后逐步增加运动量与活动时间。应避免剧烈运动，以防食欲增加。

妈妈平时还要注意宝宝的饮食，每天总热量不宜多于1200千卡，可根据个人的具体情况，按肥胖症营养配餐方案计算每日总热能和蛋白质、脂肪、糖类、矿物质、维生素的摄取量，并且广泛摄取各种食物，变化越多越好，养成不偏食、不挑食的饮食习惯。

406.淋巴结肿大

淋巴结肿大是宝宝比较常见的病症，妈妈在平时的生活中可能会突然发现宝宝颈部、耳前、耳后、枕后等处有小疙瘩，其实那就是淋巴结。

1岁以内的宝宝淋巴结发育很快，因此健康的宝宝在身体的浅表部位如耳后、颈部、颏下、腋窝、大腿根部（即腹股沟部）等都可能摸到淋巴结。但这些部位的淋巴结正常一般不超过黄豆大小，单个为多，质地柔软，可在皮下滑动，无痛感，与周围组织不粘在一起。但是不应在颏下、锁骨上窝及肘部触及淋巴结。

由于淋巴结能制造血液中的淋巴细胞，而这些淋巴细胞有防御细菌的作用，所以在一些异常情况下，如临近的组织或器官遭受细菌袭击，淋巴结就会主动防御细菌侵袭，因而变得异常肿大。这种肿大的淋巴结除了比正常的淋巴结明显增大之外，触压时还可感觉疼痛。

大多数婴幼儿淋巴结肿大都是由于病毒引起的，只要作出相应的消炎等治疗就可以痊愈。但严重的患儿需到医院就诊。如果在治疗过程中出现药物过敏，就要立即停药，直到过敏症状缓解消失为止。

407.斜视、弱视

有的宝宝由于种种原因，两只眼睛无法相互配合成组运动，也无法同时注视同一物体，这种情况被称为斜视，斜视是婴幼儿最常见的眼病之一。斜视不仅影响美观，还会影响宝宝的视力发育。

宝宝在出生最初几个月内，调节眼球活动的一些肌肉发育还不完善，双眼的共同协调运动能力较差，再加上此时宝宝的鼻骨未能发育完全，两眼距离较近，所以有时会令妈妈感觉有些"斗鸡眼"。但事实上，这种现象对于4个月以内的宝宝来说，是一种暂时性的生理现象，是由其发育尚不完全造成的，通常随着宝宝未来几个月双眼共同注视能力的提高，自然就会消失。所以此时据此断定宝宝斜视，未免有些欠妥。

如果经检查发现宝宝在4个月时已有斜视，可以试着用以下简单方法调节：

内斜：妈妈可以在较远的位置与宝宝说话，或在稍远的正视范围内挂些色彩鲜艳的玩具，并让宝宝多看些会动的东西。

外斜：经常转换大人与宝宝间的视觉，让宝宝掉换睡觉方向，并采取和调节内斜相反的方法；也可以让宝宝先注视一个目标物体，再将此目标由远而近直至鼻尖，反复练习，以助于增强宝宝双眼的聚合能力。

当然，造成婴儿斜视的原因有时并非是单一的，如经过4~6个月的调节仍无效时，就应当去医院治疗。

弱视是一种视功能发育迟缓、紊乱，常伴有斜视、高度屈光不正等症状。弱视是很难矫正到正常的眼病。弱视治疗与年龄密切相关，年龄越小效果越好。3~7岁为最佳治疗期，80%~90%都可治愈，7~10岁尚可治疗，10~12岁不易治疗，12岁以后治疗效果则微乎其微。

在饮食方面，要注意给孩子多安排一些动物性食品，动物的肝脏、蛋类、鱼类、奶类、甲壳类、绿色蔬菜以及新鲜水果等，对孩子的视力有好处。

408.倒睫

倒睫是儿童中比较常见的外眼病，主要是由于睫毛的生长方向发生异常导致的。生长方向异常的睫毛，尤其是倒向角膜表面生长的睫毛，不但经常摩擦角膜上皮引起异物感，出现怕光、流泪等症状，还会引起眼球充血、结膜炎、角膜上皮脱落、角膜炎、角膜血管翳、角膜溃疡、角膜白斑等症状，进而影响视力。

造成宝宝倒睫的原因通常是宝宝的脸蛋较胖、脂肪丰满，使下眼睑倒向眼睛的内侧，对角膜产生刺激进而形成的。如果倒睫是暂时性的，那么妈妈不用担心，可以涂抹一些抗生素眼药膏来缓解，多数情况下随着宝宝的逐渐发育，倒睫就可以自然痊愈。

有的患儿随着年龄的增长，鼻梁的发育，先天性睑内翻常可自行消失，一般不急于手术，这时可以经常扒其下睑，有时下睑可以粘贴胶布（但是已经极少使用，胶布会引起幼儿娇嫩的皮肤过敏，皮疹或者糜烂），同时配合消炎的眼药水和促进角膜上皮修复的眼药水点眼治疗。如果保守治疗无效的话，可以在3岁以后考虑手术治疗。

409.痱子

痱子是由于大量且持久地出汗，造成汗孔阻塞而引起的。初生宝宝的皮肤细嫩，汗腺功能尚未发育完全，加上如果过度保暖或是天气太热的话，就容易出痱子。

痱子多发生在颈、胸背、肘窝、腋窝等部位，小孩可发生在头部、前额等处。初起时皮肤发红，然后出现针头大小的红色丘疹或丘疱疹，密集成片，其中有些丘疹呈脓性。生了痱子后剧痒、疼痛，有时还会有一阵阵热辣的灼痛等症状。

出痱子是很难受的，宝宝会痒，忍不住会用手挠，因此在盛夏来临之前，妈妈要特别注意作好防痱子的准备。

为了防止宝宝长痱子，妈妈们一方面要注意让孩子在通风、凉爽的环境下玩耍；另一方面，适当地给宝宝涂一点爽身粉、痱子粉，特别是在夏天的晚上，睡觉之前给宝宝的脖子、腋窝、小屁股等容易长痱子的地方涂一点痱子粉，可以防止晚上太热生痱子。

410.皮肤疣

皮肤疣是一种由人类乳头瘤病毒引起的常见皮肤病，儿童常见寻常疣和传染性软疣两种。

寻常疣俗称瘊子，好发于手指、手背、指甲周围等处。刚开始长的时候，多呈针头大小丘疹，慢慢扩大成黄豆大小，表面角化，干燥粗糙，高出皮肤，灰黄色，很硬，有时会感觉痒。寻常疣虽无大碍，但它会对宝宝的容貌造成影响。

传染性软疣俗称水瘊子，好发于躯干、面部和臀部，米粒至黄豆粒大小，淡黄褐色或淡红色，挤压时可溢出豆腐渣样物。有的宝宝会因为搔痒而把疣体抓破，这样很容易造成自体传染或传染他人，还会令自愈时间延长。

如果宝宝得了皮肤疣，妈妈要注意以下几点：

① 注意避免宝宝搔抓、摩擦疣体，以防自身加重感染。

② 定期煮洗毛巾、浴巾，清洗曝晒生活用品，不用公共脚盆、拖鞋等。

411.荨麻疹

荨麻疹俗称风团、风疹团、风疙瘩、风疹块（与风疹名称相似，但不是同一疾病），是一种常见的皮肤病。通常，幼儿患荨麻疹时与大人一样，刚开始身上会发痒，之后会伴有发烧、腹痛、腹泻或其他症状。

引起幼儿荨麻疹的原因有很多，例如：食物及添加剂、药物、感染、物理因素、内脏疾病、精神因素、遗传因素等。

一般来讲，如果宝宝服药不久之后出现了荨麻疹，就可能是药物引起的，这时需要马上停止服药；如果怀疑是食物引起的，可灌肠冲出残留食物；如果皮肤瘙痒，可以涂含薄荷的药膏或抗过敏药膏，使病症减轻。另外，还要经常清洁宝宝的指甲，不要让宝宝用手去挠出疹的地方，以免感染。

一般的荨麻疹，在1~2周期间便可痊愈，但也有持续1个月以上的，这种荨麻疹叫作慢性荨麻疹，是一种无害的疾病，通常是由寒冷引起的，一般寒冷季节一过就会好了。

412.水痘

水痘是由水痘带状疱疹病毒初次感染引起的急性传染病，此病传染率很高，主要发生在婴幼儿群体中，冬春两季是多发季节。患儿病后可获得终身免疫，也可在多年后感染复发而出现带状疱疹。

该病大多见于1~10岁的儿童，潜伏期为2~3周。此病起病较急，并伴有发热、头痛、全身倦怠等前驱症状，通常会在发病24小时内出现皮疹，之后皮疹会变为米粒至豌豆大小的圆形水疱，且水疱的中央呈脐窝状。2~3天之后，水疱会干涸结痂，痂脱而愈，通常不会留下疤痕。

得了水痘的患儿应早期隔离，直到全部皮疹结痂为止。与水痘接触过的孩子，应隔离观察3周。

该病无特效药物治疗，主要是对症处理及预防皮肤继发感染，保持清洁，避免搔痒并防止病毒感染。对于那些接触过水痘的衣服、被褥、毛巾、敷料、玩具、餐具等，可根据情况分别采取洗、晒、烫、煮、烧等方法消毒，且不与健康人共用。

另外，水痘患儿应多喝水并吃些营养丰富、容易消化的食物，如牛奶、鸡蛋、水果、蔬菜等。

413.甲型肝炎

甲型病毒性肝炎（简称甲肝）是一种由甲肝病毒引起的病毒性肝炎，主要经粪口传播途径感染，即病人粪便中的甲肝病毒污染了水源、食物、用具等，后经口进入胃肠道而感染。

甲型肝炎潜伏期平均为30天，早期会有胃寒、发热、全身乏力、食欲不振、厌油腻、恶心、呕吐、腹痛、肝区痛、腹泻、尿色逐渐加深渐呈浓茶色等症状，少数病例以发热、头痛、上呼吸道症状为主要表现。

甲型肝炎在流行地区多见6个月龄后幼儿，随着年龄增长，易感性逐渐下降，所以甲型肝炎在成人中是比较少见的。此病病程约2~4个月。

对于甲肝的治疗，原则上应该以休息、营养为主，辅以适当药物。另外，要避免疲劳和食用损肝药物。

除此之外，预防本病的最重要环节是切断传播途径。生活中，妈妈要注意加强宝宝饮食、水源及粪便的管理，帮其养成良好的卫生习惯：饭前便后要洗手，共用餐具要消毒，最好实行分餐，生食与熟食切菜板、刀具和贮藏容器均应严格分开等，以防止病毒传染。

414.乙型肝炎

乙型肝炎通常是由乙型肝炎病毒感染引起的，新生儿时期的肝炎病毒感染则主要是指HBV感染，其中大部分患儿呈慢性，常可持续不愈，最终成为慢性携带者或慢性肝炎，严重影响孩子的健康。

儿童感染乙型肝炎主要是通过母婴、父婴以及水平传播。母婴传播占儿童肝炎的40%~60%，这种传播方式主要通过子宫内感染、分娩时产道感染及母乳传播；父婴传播与遗传物质传递有关；水平传播包括受乙肝病毒污染的针头注射，输血及血制品，以及带有传播性的亲人或幼托、求学等。因此，乙肝常呈家庭内聚集现象并可能在集体儿童机构内流行。

宝宝得了乙型肝炎主要表现为疲乏、胃口不好、尿色深黄、恶心、呕吐、腹胀及肝功能异常等症状，临床检验显示乙肝病毒标志物（俗称乙肝两对半）异常（大三阳或小三阳）。

在乙型肝炎早期，患儿常有恶心、呕吐以及食欲差等症状，此时妈妈可以给宝宝吃些含有碳水化合物的食物，例如面条、粥、清淡的食品等。也可适量给些蔬菜和水果，且要少量多餐。

在患儿恢复期，宝宝的食欲会明显改善，这时妈妈应适当给宝宝增加蛋白质和不饱和脂肪酸的摄入，例如大豆制品、奶、鸡肉、淡水鲜鱼、植物油等。饮食量要逐渐增加、循序渐进。

特别强调的是，在患儿恢复期间，如果大量摄入蔗糖、葡萄糖会导致肝细胞脂肪变性，反而对肝炎恢复不利，所以妈妈要格外注意。

415.流行性乙型脑炎

流行性乙型脑炎简称乙脑，是一种儿童时期常见的传染病之一。这种疾病多发于夏秋季节，主要传播途径为蚊虫，其症状为高烧、意识障碍、惊厥、强直性痉挛和脑膜刺激症等，重型患儿病后往往会留有后遗症。

此病潜伏期为4~21天。初热期，发病3~4日内，患儿的体温会迅速上升，并伴有头痛、恶心、精神不振等症状。急期为4~10日，表现为高热、昏睡、肢体痉挛、不对称的肢体瘫痪等症状。恢复期通常为2个星期左右，其表现为，体温逐渐下降，神经系统症状消失。

患本病的患儿应马上住院治疗，一般治疗需要注意饮食和营养，供应足够水分，除此之外还要有效地处理高热，室温争取降至30℃以下。高温患儿可采用物理降温或药物降温，使其体温保持在38℃～39℃（肛温）之间，一般可肌注安乃近，幼儿可用安乃近塞肛，要避免用过量的退热药，以免因大量出汗而引起虚脱。

416.传染性红斑

传染性红斑常在儿童中集体发生，多在春秋季发病，一般是通过呼吸道传染的，在家庭、幼儿园、学校中容易流行。

此病会有5~14天的潜伏期，患儿常突然发疹，仅少数患儿会有轻微发热的症状，有时会伴有咽痛、呕吐、眼结膜及咽部充血的症状。

皮疹首先出现在面颊部，一般不发生于口唇周围，呈水肿性蝶形红斑，边界相对清楚，局部温度略有增加，偶尔会有微痒和烧灼感。1~2天之后，在躯干、臀部及四肢会出现对称性红斑，边界清楚。4~5天以后，红斑自颊部及躯干上消退。此病病程一般在10天左右，且愈后良好。

在患儿发热的时候，妈妈可以给孩子服用扑热息痛，以降低他的体温，并让孩子多喝水，多休息，同时让孩子吃一些易消化的食物，如有其他症状可给予对症治疗或去医院就诊。

皮疹出现后，传染的可能性不大，但最好还是不要让患儿与孕妇接触。经过治疗以后，皮疹会在几周或几个月后再次出现，并有所变化。不过，一旦孩子患过此病，复发的可能性会很小。

417.流行性腮腺炎

流行性腮腺炎，俗称"痄腮""流腮"，是儿童常见的呼吸道传染病之一，多见于4~15岁的儿童，2岁以下的婴幼儿少见，好发于冬、春季。

此病是由腮腺炎病毒侵犯腮腺引起的急性呼吸传染病，可侵犯各种腺组织或神经系统及肝、肾、心脏、关节等器官。本病主要靠飞沫传播，病人是唯一传染源，接触病人后2~3周发病。

腮腺炎主要表现为一侧或两侧耳垂下肿大，肿大的腮腺常呈半球形，以耳垂为中心向周围蔓延，边界不清楚，表面发热有明显的触痛，且张口或咀嚼时局部都会感到疼痛。

流行性腮腺炎是可以预防的。通常的预防措施如下：

❶ 流行性腮腺炎是疫苗可预防性疾病，疫苗的保护作用可维持10年以上，初次接种在2岁，很少出现接种后有不良反应的现象。

❷ 在呼吸道疾病流行期间，尽量减少宝宝到人群拥挤的公共场所中。

❸ 妈妈如果发现孩子患疑似流腮，有发热或出现上呼吸道症状时，应及时到医院就诊，这样有利于早期诊治。

418.疱疹性咽峡炎

疱疹性咽峡炎是一种特殊类型的上呼吸道感染，常发生于婴幼儿群体中，患儿体温会很快升高，并伴有咽喉痛、头痛、厌食等症状。由于其初期症状与一般感冒区别不大，因此很容易被妈妈误认为宝宝患的是普通感冒而延误治疗。

造成幼儿疱疹性咽峡炎的原因有很多，主要是室内空气流通不畅，使室内空气细菌和病毒急剧繁殖而进入了宝宝的呼吸道。

要预防疱疹性咽峡炎，妈妈平时就要注意宝宝的口腔卫生，保持宝宝口腔清洁。另外，还可让宝宝口服维生素C和B族维生素，以增强宝宝的抵抗力。

需要注意的是，得此病后宝宝的体温会迅速升高，很容易导致高热抽搐。如果抽搐，在迅速送宝宝去医院的同时，妈妈可掐住宝宝的人中穴，并不断喊宝宝的名字来唤醒他的意识，同时还要防止宝宝在抽搐时咬伤舌头。

儿童常见心理疾病

419.多动症

多动症是注意力缺陷与多动障碍的俗称，多发生于儿童时期，表现为注意力难以集中并且持续时间短、活动过度、冲动等。

多动症一般来说有两种类型：一是持续性多动，患儿的多动性行为见于学校、家中等任何场合，常较严重；二是境遇性多动，多动行为仅出现在某种场合（多数在学校），而在另外场合（家中）则不出现，且各种功能受损较轻。

治疗多动症，主要采用心理治疗，也就是从宝宝的情绪、亲子关系、人际交往、自我认知等方面展开，以便将来宝宝可以顺利地适应社会、发展自我。

在预防多动症方面，妈妈要注意以下几点：

① 要婚前检查，避免近亲结婚。

② 适龄结婚，有计划地优生优育。

③ 为了避免产伤、减少脑损伤的机会，最好自然顺产，因为临床中发现多动症患儿中剖宫产者所占比例较高。

④ 创造温馨和谐的生活环境，使宝宝在轻松愉快的环境中度过童年。

⑤ 注意合理营养，使宝宝养成良好的饮食习惯，还要保证充足的睡眠时间。

⑥ 尽量避免宝宝玩含铅的漆制玩具，尤其不能将这类玩具含在口中。

420.自闭症

自闭症，又称孤独症，被归类为一种由于神经系统失调而导致的发育障碍，其病征包括不正常的社交能力、沟通能力、兴趣和行为模式。

自闭症患儿在婴儿期无法直视别人的目光，对人的声音缺乏兴趣和反应，没有期待被抱起的姿势等。到幼儿期，患儿仍回避目光接触，对父母不产生依恋，缺乏与同龄儿童交往或玩耍的兴趣，遇到不愉快时也不会向他人寻求安慰等。学龄期后，患儿对父母、同胞可能变得友好而有感情，但仍明显缺乏主动与人交往的兴趣和行为。成年后，患儿仍缺乏交往的兴趣和社交的技能，不能建立恋爱关系和结婚。

一般说来，自闭症患儿的预后好坏与发现疾病苗头早晚、疾病严重程度、早期言语发育情况、认知功能、是否伴有其他疾病、是否用药、是否训练等多种因素有关。而针对自闭症的治疗有以下原则：

1. 早发现，早治疗。
2. 要坚持以非药物治疗为主，药物治疗为辅的治疗方法。
3. 根据患儿病情因人而异地进行治疗，并依据治疗反应随时调整治疗方案。
4. 治疗、训练的同时要注意患儿的自身健康，预防患儿得其他疾病。
5. 在治疗的过程中要持之以恒，不能放弃。

421. 异装癖

有些爸爸妈妈想要个女孩，却偏偏生了个男孩，又或者相反，想要个男孩，偏偏生了个女孩。因此，为了填补心理上的缺憾，这些父母便将孩子作"异性打扮"。当然，如果爸爸妈妈只是偶尔给小孩作"异性打扮"，认同孩子的性别，那么并不会对孩子造成太大的影响，但如果让孩子长期穿着异性服装，便有可能导致孩子产生性别认同混淆的问题，特别是孩子到了青春期时，更容易产生心理上的矛盾和困扰。

研究发现，儿童在6岁以前，生理和心理发育异常迅速，思考能力、想象能力、分析能力及记忆力等都已经开始形成，大脑的构造与功能日趋完善，对周围事物因好奇而发生极大兴趣，表现出浓厚的求知欲望。这一时期对幼儿的身心发育和日后个性的形成都将会产生极为深刻的影响，如果此时爸爸妈妈常给小孩作异性打扮，那么就会对宝宝的身心发育与个性的形成造成恶劣的影响。

此外，幼儿时期的这种不正常穿着打扮，以及其他一些心理障碍和精神创伤等，都是造成性变态的重要因素。要避免孩子将来发展成性变态或者产生其他的心理障碍，爸爸妈妈最好从小时候开始，就注意不要给孩子作过度的异性装扮，以免影响到孩子对自己性别的认知。

422.强迫症

强迫症是以强迫观念和强迫动作为主要表现的一种神经症，以有意识的自我强迫与有意识的自我反强迫同时存在为特征。

强迫症症状一般包括两个方面，一方面为强迫观念，患儿会反复思考一些问题，比如怀疑，穷思竭虑等；另一方面为强迫行为，患儿会反复做一些没有必要的行为，如反复检查、反复洗手、反复计数以及仪式性动作等等。通常，在儿童期，强迫行为多于强迫观念，且年龄越小这种倾向越明显。

儿童强迫症是强迫症的一类，是一种明知不必要但又无法摆脱、反复呈现的观念、情绪或行为。本症多见于10~12岁的儿童，患儿智力大多正常。

对于患强迫症的儿童，除了尽快到医院请医生进行诊治之外，还可在日常生活中帮助孩子进行自我矫正。一般来讲，自我矫正的方式主要是减轻和放松精神压力，而最有效的方式则是任何事顺其自然。平常，爸爸妈妈不要对孩子提出严厉的要求，而要让他们学会自己调整心态，增强自信心，以避免孩子出现反复观念和反复行为。

423.抑郁症

抑郁症是一种常见的精神疾病，主要表现为情绪低落、兴趣减低、悲观、思维迟缓、缺乏主动性、自责自罪、饮食睡眠差以及担心自己患有各种疾病感等。严重者可出现自杀念头和行为。

在一般人的观念中，抑郁症都是和成年人有关系的，但其实，这种想法是很不正确的，孩子也会得抑郁症。

对于家庭关系的研究表明，儿童抑郁与父母婚姻关系破裂存在着很大的关系，女孩较男孩更容易受父母离异的困扰而出现抑郁。另外，关于教养方式的研究也表明，父母严厉惩罚、过度干涉和保护也会导致或加重儿童的抑郁症状。此外，家境贫寒的孩子患抑郁症的概率也很高。

当然了，儿童抑郁症还跟孩子本身的易感素质有关。那些敏感的孩子在环境巨变或者环境焦虑的时候，患抑郁症的可能性会比一般孩子高。

因此，提高爸爸妈妈对抑郁症的认识十分重要。爸爸妈妈要学会识别孩子身上出现的一些忧郁症症状，如孩子突然出现了半夜起来在屋里徘徊，老说肚子疼或头疼，或老说一些想离家出走的话等，年龄大一些的孩子甚至可能会做出一些比较冒险的行为。

此外，儿童抑郁症患者也有着一些与成人抑郁症患者相同的症状，如情绪持续低落、爱发脾气、没有力气、对周围的事物提不起兴趣、总爱往坏处想、食欲和睡觉不好、注意力集中不起来等。如果孩子连续两周出现5个上述症状，爸爸妈妈就应及时带孩子到有关医院就诊了。

424.选择性缄默症

选择性缄默症是一种精神障碍，是以患儿在某些需要言语交流的场合（如学校，有陌生人或人多的环境等）持久地"拒绝"说话，而在其他场合言语正常为表现的一种病症。

具体来讲，儿童缄默症主要表现为有的儿童在一些场合，比如聚会或是陌生人较多的场合会表现得十分沉默。他们不会主动和别人说话，当有人和他们说话的时候，他们也表现得很冷漠。妈妈们通常认为这是孩子过于内向的表现，但事实上，这是一种非常严重的儿童心理疾病。

心理学研究表明，此病主要是由于家庭环境不好，父母教育不当或者沟通不良，和同龄人接触较少或者缺乏同龄的朋友以及缺乏自信等因素引起的。

如何预防儿童选择性缄默症的出现呢？心理专家给爸爸妈妈一些建议：

1.创造良好的家庭教育和家庭环境

家庭教育的目的是改善不健康的家庭环境和家庭关系，给患儿创造一个适宜的家庭环境。爸爸妈妈要减少粗暴的呵斥，增加善意的鼓励，如患儿主动与客人交流（包括眼神、手势、躯体姿势、言语等）时给以适度的鼓励，不要强迫患儿说话；另外，妈妈还可以带着孩子多做一些家庭游戏，邀请患儿的朋友、同学和老师来家中做客，同患儿一起做游戏，让患儿在熟悉的环境中，同他们进行交流。

2.鼓励孩子多结交同龄的朋友

要知道每一个人都需要朋友，孩子也不例外。如果一个孩子长时间地独处，没有玩伴和朋友，其心理就会发生很大的变化。妈妈要鼓励孩子多结交朋友，这些朋友最好是同龄的，因为同龄的朋友在一起才会有更多的话题，玩起来才能更大地满足孩子的玩性，并且调动孩子的主动性和积极性。

3.学校和社会环境的参与和支持

在学校里，老师要给患儿创造一个良好的环境，多鼓励患儿讲话，不取笑其言语障碍，不恐吓捉弄等。此外，还可以在学校组成以老师和部分同学为主的帮助小组，告诉他们配合医师治疗的重要性，了解患儿情况及治疗特点，多与患儿交流，不强求患儿言语应答，鼓励患儿各种形式的回应。

425.遗尿症

儿童遗尿症，是指5岁以上的孩子还不能控制自己的排尿，夜间常尿湿自己的床铺或者白天也有尿湿裤子的现象。

引起遗尿的原因，有些是由于泌尿生殖器官的局部刺激，如包茎、包皮过长、外阴炎、先天性尿道畸形、尿路感染等，有些则与脊柱裂、癫痫、糖尿病、尿崩症等全身疾病有关。不过，绝大多数儿童遗尿的出现都与疾病无关，而是因为心理因素或其他各种因素，甚至遗传因素。

遗尿的儿童大多数具有胆小、被动、过于敏感和易于兴奋等心理特点。此外，遗尿患儿可由于遗尿，自己感到不光彩，不愿让别人知道，因此不喜欢与其他孩子多接触，亦不愿参加集体活动，而逐渐形成羞怯、自卑、孤独、内向的性格。

对爸爸妈妈来说，注意孩子的大小便训练是预防遗尿症的主要措施。训练大小便，最好从孩子满1岁半之后开始，因为如果过早，孩子的神经系统还没有发育成熟，很有可能因为控制失败而打击到孩子的自信心。

此外，妈妈还要注意不要让孩子过于疲劳，并且在睡前少喝水以及少进食过咸与过甜的食物。这是因为，过咸和过甜的食物会增加孩子的饮水量，可能会导致孩子在熟睡中尿床。

426.抽动症

抽动症和多动症一样，也是一种常见的儿童行为障碍，发病原因是儿童大脑单胺类神经递质失衡，表现为短暂、快速、突然、程度不同的不随意运动。具体来讲，患病伊始，患儿会频繁地眨眼、挤眉、吸鼻、噘嘴、张口、伸舌、点头等。随着病情进展，抽动逐渐多样化，会轮替出现如耸肩、扭颈、摇头、踢腿、甩手或四肢抽动等症状，且常在情绪紧张或焦虑时症状更明显，入睡后症状消失。此外，发声抽动常有多种，表现为爆发性反复发声，清嗓子和呼噜声，个别音节、字句不清，重音不当或不断口出秽语等。通常，患有此病的儿童，性格多急躁、任性和易怒，常伴有注意力不集中等问题。

如果宝宝出现了上述行为，妈妈千万不要误以为是孩子染上了坏习惯而大声制止或批评警告，更不要棍棒相加。事实上往往是这种主观判断上的错误耽误了孩子的治疗。

预防抽动症，首先要避免成年人身上的不良习惯影响到孩子；其次要避免孩子受到各种精神刺激，防止不良情绪的产生。

一般情况下，对儿童的抽动表现可采取不理睬的态度，让症状自行减弱消退。妈妈不要反复不断地提醒或责备孩子，以免强化孩子对抽动的兴奋，导致抽动更加频繁。此外，妈妈可以努力分散孩子的注意力，引导孩子参加各种有意义的活动。与此同时，妈妈还要对患儿病前的心理因素进行详细分析，找出可能的诱因，然后予以解决，例如家庭矛盾的调整等。

427.梦游症

梦游症俗称"迷症"，是指睡眠中突然爬起来进行活动，而后又睡下，醒后对睡眠期间的活动一无所知的现象。梦游症多发生在小儿期（6～12岁），且以5～7岁为多见，一般会持续数年，进入青春期后多能自行消失。在小儿期，孩子偶有梦游症的比例为15%，频繁发生的比例为1%～6%，且男多于女。此外，同一家系内梦游症发生率高，这说明梦游症有一定的遗传性。

研究表明，部分儿童发生梦游症与心理社会因素相关。日常生活规律紊乱，环境压力，焦虑不安及恐惧情绪，家庭关系不和，亲子关系欠佳，学习紧张及考试成绩不佳等都与梦游症的发生有一定的关系。

目前，治疗梦游症多用心理治疗，诸如厌恶疗法、精神宣泄法等，不过，最主要的还是预防。生活中，妈妈要合理安排孩子的作息时间，培养孩子良好的睡眠习惯和生活习惯，避免让孩子处于过度疲劳或高度紧张的状态。

此外，妈妈应做好防范措施，睡前关好门窗，收藏好各种危险物品，以免孩子梦游发作时外出走失，或引起伤害自己及他人的事件。

428.拔毛癖

拔毛是一种儿童常见的不良习惯，表现为患儿喜欢或无缘无故、不可抑制地拔除自己的头发，使头部多处头发稀少，也见于拔眉毛或体毛，但不伴有其他精神症状，智力正常。有部分患儿可因此而出现焦虑或忧郁的情绪。此病多见于学龄期儿童，男女均可发病，但女孩更为多见。

拔毛癖是习惯和冲动控制障碍之一，特征是冲动性的拔毛导致毛发丢失，拔毛之前通常有紧张感，拔完之后会有如释重负感或满足感。

拔毛癖病因目前仍然不明，有人认为与情绪焦虑、忧郁有关，也有人认为与心理不良因素有关，特别是与母子关系处理不当有关。一般拔毛癖患儿发病前多有导致情绪不稳的诱因，如需要与父母分离，或因学习压力过大，受到老师批评、遭到父母打骂，或父母性格不稳，管教过分严厉，缺少亲情爱护等因素。

本病诊断不难，但需注意排除精神病，如儿童精神分裂症、精神发育迟滞、儿童忧郁症；躯体疾病，如甲状腺功能低下、缺钙、斑秃，所造成的毛发脱落。如有以上疾病，则以治疗原发病为主。

关于本病的治疗，迄今尚无特殊疗法。一般认为，本病患儿随年龄增加，长大后可以自愈。很少有妈妈认为拔毛发癖是行为障碍，故较少有人因此而就诊。

若排除了精神病与躯体疾病，则此病更适合运用心理治疗。凡有心理原因的患儿，应尽可能地去除可能的心理病因，解除紧张的情绪。对于有问题的患儿，除了进行心理治疗外，还要加强家庭治疗、行为治疗等。

429.重复性行为

很多宝宝喜欢听故事，而且会要求妈妈给他讲同一个故事，或者唱同一首儿歌，做同一个游戏。妈妈有时会厌烦，但是为了宝宝，妈妈们大多还是会给宝宝重复地讲故事或唱歌。

妈妈不要觉得宝宝的这种表现很奇怪，实际上，重复和模仿是宝宝学习的重要途径。孩子的重复性行为是在通过自己的方式理解世界，增加智力，他们的重复不仅体现在讲故事、听歌曲，还体现在玩玩具、看动画片、做游戏上。只要他喜欢，就可以不断重复，这些重复对孩子的智力发展都有着不可低估的作用。

在宝宝生命的前两三年内，妈妈应该尽可能多地给予他们丰富、多样的视觉、嗅觉、触觉及听觉上的刺激，鼓励他们去感受、模仿和不断体验。这些体验将成为宝宝未来智力、知识学习的基础元素，在宝宝的成长过程中有着不可替代的重要作用。

430.极端行为

有些宝宝会出现用头撞墙或地板以及打自己耳光等伤害自己身体的极端行为，这些"极端行为"可能是由以下两种情况引起的。

❶ 爸爸妈妈的拒绝：当宝宝已经明白父母口中的"不行"是什么意思的时候，如果宝宝的要求得不到满足时，宝宝就采取用极端行为来表示心中的不满。这并不是一种自残现象，这是孩子无法自如控制情绪的一种表现。

❷ 孩子头部有病变，但是无法用语言表达出来，只好用这种方法来减轻疼痛。

如果孩子是遭到拒绝之后用头撞墙，爸爸妈妈应该对孩子的过激行为表示理解，并且要安抚宝宝的心理情绪。在安慰宝宝的过程中需要注意的是不要吓唬孩子，更不要乱发脾气，这样会更加刺激孩子，使他做出极端行为。

即使孩子不能完全理解爸爸妈妈的话，爸爸妈妈也要通过表情或者动作让孩子意识到自己的行为是不对的。另外，爸爸妈妈还要做好安全措施，如在墙上放一个厚厚的垫子等，以避免孩子失控的行为伤害到身体的健康。

用药与治疗的注意事项

431.新生儿用药

对于新生儿用药，妈妈要格外的谨慎。首先，所有新生儿用的药必须由医生开出处方，并按着医生的嘱咐用药，切不可凭以往给其他人用药的经验给新生儿用药。其次，出生两周以内的新生儿或早产儿口服药的吸收量尚不确切，肌肉注射吸收也不完全，因此，新生儿或早产儿患病时应及时去医院就诊，必要时给予静脉用药，超过两周的新生儿可以给口服药，但用药的方式方法非常重要，需听医生的嘱咐。

喂药时妈妈要注意的一些事项：

❶ 喂药前不要哺乳，以免宝宝因为太饱而拒食，而且饱食后喂药易引起呕吐。

❷ 喂药时禁忌捏鼻孔强行灌入，以免药物呛入宝宝的气管中而导致窒息。可以用小匙盛药后，顺着宝宝口腔的颊侧慢慢地喂入嘴内，这样不易呛到宝宝。

❸ 喂完药后，可喂宝宝一点温开水，让口腔中的药物全部进入胃内。

❹ 药片要磨成细粉，调成糊状才能喂。

❺ 一定要遵照医嘱，按时按量用药，切不可随意增加药量。

另外，给新生儿使用外用药也要注意安全，因为新生儿皮肤角化层薄，毛细血管较丰富，体表面积相对较大，药物经皮肤吸收较成人迅速和广泛，尤其在皮肤有炎症或破损时要特别注意。因此，新生儿外用药也要有医生的指导，严格掌握剂量，避免大面积皮肤涂药，否则，有些药物经皮肤黏膜吸收过多，也可以发生中毒反应。

总而言之，妈妈给新生儿用药应需更加慎重，要听从医生的嘱咐，否则，不但不能达到治病的目的，反而可能给孩子造成其他的损害。

432.婴幼儿用药

宝宝如果生病了，妈妈们肯定心疼，而且还很着急，一心想让宝宝赶快好起来，有些性急的妈妈就可能会不遵医嘱给宝宝用药，从而导致严重的后果。

婴幼儿是一个特殊的人群，在用药方面有严格规定。婴幼儿可以使用的药物有明确划分，一般情况下，成年人用的药不能用于婴幼儿。

在婴幼儿用药方面，妈妈们常常会犯以下几个错误：

❶ 随便选择药物剂量，以成人剂量随意估算，甚至有些妈妈错误地认为，药吃多一点，病好得快一些。

❷ 随便选用药品，甚至将成人的药品直接减量给宝宝服用。

❸ 随便选择好几种药物一起使用，认为这样用药宝宝病能快些好。

❹ 长期给宝宝服用营养品和补药，认为可增加宝宝的体质，少生病。

殊不知，这样用药，反而把宝宝推向病魔，推向危险的边缘。近年来，由于给宝宝滥用药而致病甚至致残的悲剧应该引起妈妈们足够的重视。

因此妈妈发现宝宝生病时，一定要到正规的医院，遵医嘱服药，这样才是最安全、最有效的。所谓谨遵医嘱，就是要严格听从医生的指导，医生说药吃多少次、多少量，一定不能随意加减，减了没有药效，加了可能会产生严重的副作用。

433.家庭必备药品

大多数宝宝的身体免疫力较弱，且又活泼好动，平时难免有生病或者受伤的时候，妈妈不妨为宝宝准备一个家庭小药箱，以备不时之需。然而有些妈妈准备的小药箱存在一些问题。例如：家里备有很多药物，不但非处方药一大堆，处方药也一大堆；橱柜和起居室储物橱中，甚至在阳台的橱柜中，都能发现很多药物；药物放置很不合理，外用的和口服的在一起，成人的和儿童的在一起，类别更是不分。

为了让宝宝更安全，妈妈要科学、有序地做好家里的药品管理工作：

❶ 平时家里应该准备一些常用药品，而且最好能按照功效、保存条件等分类放置，并可以贴上一些显眼的标签，写上药名、用法、用量以及主要针对的症状等。尤其是要将外用药与口服药区别开来，将一些急用和经常用到的药品放在显眼的位置。

②　要注意将药箱放在清洁、干燥、阴凉和避光的地方保存，一些零星的药品最好能装入玻璃瓶中避光保存，以免降低药效或是使药发生质变，并注意写好药名和服用时的注意事项等。

③　当宝宝患病需要服药时，一定要看清楚药品的生产日期和保质期，如果药品发生变色、变味、霉变等情况或是已经超出了使用期限，应该及时丢弃。

④　及时清理药品箱，在整理的时候，妈妈可以查漏补缺，注意根据情况添置一些实用的新药品，同时也要检查哪些药品已经过期或是可能根本用不上，应将那些无法使用的药品及时清除。

434.出行必备小药箱

随着宝宝活动范围越来越广，接触的人越来越多，生病的频率也有可能增加，加上宝宝的活动能力越来越强，可能发生的意外事故也会增多，所以当妈妈带着宝宝出门旅游时，除了宝宝日常所需的衣物、零食之外，还需要准备一个小药箱。

宝宝出门最常患的是伤风感冒，所以体温计、感冒药、止咳药和退热药是必需的。

宝宝出门可能水土不服，出现腹泻、消化不良的症状，所以还要带上一点止泻药和助消化药。

另外，如果宝宝晕车的话，那不妨带一点晕车药，但除非宝宝晕车特别厉害，否则尽量不给宝宝服用，有条件的话在宝宝不舒服的时候停车把宝宝抱出车外呼吸一下新鲜空气，让宝宝活动一下就能缓解晕车的症状。

此外，还应带上一点创可贴、消毒酒精、碘酒、消毒棉签、外用软膏、风油精等外用药。

在宝宝出行时，应该保证宝宝充足的睡眠，让宝宝多喝些水，以增加宝宝的抵抗力。带宝宝出行前，妈妈还可以采取一些主动的预防措施，例如：让宝宝每天喝板蓝根冲剂，或每天喝一小水杯红糖姜水、晨起用淡盐水漱口等。

435.避免扩大化治疗

所谓扩大化治疗，就是针对某一疾病，爸爸妈妈盲目增加治疗措施和用药。这样的做法是不对的。

治疗疾病一定要科学，经常会有这样的妈妈，宝宝有什么不适，就要求医生给宝宝开好药、开贵药，其实这是不正确的做法。妈妈爱子心切可以理解，但是治疗也一定要科学，不要盲目地扩大化治疗，要听从医生的嘱咐。

如果发现宝宝有不舒服的地方，妈妈要及时带宝宝去看医生，多咨询医生，但不要急于用药。看医生是很重要的，一是可以及时发现宝宝的异常症状；二是可以消除妈妈的担忧；三是可以最大限度地避免使用过多的或没有治疗意义的药物。

对于感冒或者其他一些常见病，除了按照医生的嘱咐之外，妈妈应该把精力更多地放在宝宝的预防和护理上。

436.避免药源性疾病

药源性疾病指在药物使用过程中，如预防、诊断或治疗中，通过各种途径进入人体后诱发的生理生化过程紊乱、结构变化等异常反应或疾病，是药物不良反应的后果。

药源性疾病可分为两大类，第一类是由于药物副作用、剂量过大导致的药理作用或由于药物相互作用引发的疾病。这一类疾病是可以预防的，其危险性也比较低。第二类为过敏反应（也叫变态反应或特异反应）。这类疾病较难预防，其发生率较低但危害性很大，常可导致患儿死亡。

避免宝宝患此病，妈妈需要格外重视，并做到合理用药，正确看待药物，不要滥用和误用药物。如能合理用药则大多数药源性疾病是可以避免的，如何做到合理用药，下列几点必须考虑。

① 选药要有明确的指征，选药不仅要对症，还要排除禁忌症，要充分认识滥用药物的危害性。

② 要有目的地联合用药，可用可不用的药物尽量不用，争取能用最少品种的药物达到治疗目的，联合用药时要排除药物之间相互作用可能引起的不良反应。

③ 根据所选药物的药理作用特点，给宝宝制定合理的用药方案。

④ 应用新药须预先熟悉用药方法与注意事项，切忌盲目使用。

437.避免输液的伤害

宝宝生病了，妈妈们一边心疼宝宝的同时又怕吃药有副作用，所以妈妈们通常选择给孩子输液治疗，可是，妈妈们却不知道，输液也可能带来危害。

输液是一种直接从静脉下药的治疗方法，虽然见效速度快，但是危害却是不容忽视的，尤其是对于年幼的宝宝，这主要表现在：

首先，输液时如果不小心，可能会有气泡随着药液进入静脉，这就可能给人的生命安全造成重大的威胁。

其次，经常给孩子输液，并且不管大病还是小病都选择输液治疗，通常会使得人体内产生很强的抗药性，时间长了，孩子的身体就会习惯于输液，并产生依赖性，一旦出现一些稍微复杂的疾病，输液也难以很快见效。

再次，经常输液会严重削弱孩子免疫系统的抗病能力，甚至会使孩子的免疫系统丧失必要的杀灭病毒的锻炼机会，给健康埋下重大隐患。

另外，通过输液直接进入静脉的药物，虽然能很快地抑制病毒，但其毒副作用也会通过静脉直接影响到血液、内脏乃至大脑中枢神经系统，危害十分大。

需要注意的是，扎完针后，宝宝多能安静下来，但如果宝宝在整个输液的过程中一直哭闹不止，这时妈妈就要考虑这是否因输液不当所致，要及时向护士或医生反映，检查是否输液速度过快、液体量过多等。

438.避免注射的伤害

宝宝的身体免疫能力比较弱，一不小心就会得这样那样的疾病，例如感冒、气管炎、肠炎等，此时不少妈妈通常会选择让孩子接受肌肉注射，有时是打一两针，有时也可能连续打上好几天，这就给本来有病痛的孩子又加上了注射痛。

肌肉注射是临床治疗的主要手段，主要是臀部肌肉注射。与输液一样，肌肉注射虽然能在较短的时间内有疗效，但却通常会带来较大的疼痛感，并容易引起一些并发症，这主要表现在：

❶ 肌肉注射会使孩子感到疼痛，还可能诱发局部感染。

❷ 这会让孩子对打针产生恐惧心理，之后看到医院或者穿白大褂的人就哭闹不止。

③ 经常接受肌肉注射还可能会留下一些后遗症，如注射部位可能会出现局部包块而造成腿痛，甚至造成周围神经损伤、坏死性筋膜炎等。

多数宝宝常常会因为打针之后的疼痛而哭闹不止，一些妈妈为了安抚宝宝或者为了帮其减少疼痛感，经常用手按摩打过针的地方，其实这种做法是很不妥当的，它不仅不能止痛，还可能会带来瘀血、感染等危害。

从医学的角度来说，在宝宝打完针之后，妈妈正确的做法应该是当针头拔出的瞬间，马上用酒精棉球或者消过毒的干燥棉球在有针眼的皮肤上轻轻地按压，以避免针眼处不断流血，等血液凝固了就可以将棉球拿开了。

439.什么情况下可以自疗

妈妈不是专业的医生，所以不能用专业的角度去判断孩子出现的症状，这时妈妈可以选择一本育儿参考书并加以学习，来应对宝宝的常见疾病。

妈妈可选择一些介绍婴幼儿疾病预防与护理知识的书籍，这些书能告诉妈妈宝宝病了应该怎么做，同时也为妈妈普及医学知识。

妈妈通过看一些育儿书，要做到以下四点：

① 能基本判断宝宝发生了什么异常。
② 知道什么情况下需要看医生，知道什么情况下可以自疗。
③ 知道怎么护理生病的宝宝。
④ 知道怎么预防疾病的发生。

此外，选择育儿书要谨慎，最好选择权威性的书籍或者作者是儿科专业人士且有临床经验的。同时，要尽量选语言通俗易懂的书，这样会便于妈妈理解。

440.什么情况下必须看医生

有些妈妈爱子心切，一旦宝宝生病就马上抱着宝宝去医院，其实有时候是根本不必要的。

　　如果宝宝得的是轻微的感冒，就没有必要到大医院看病。但有些妈妈不放心，非要到大医院挂号，大医院病患多，妈妈抱着宝宝，有可能要在候诊大厅等很久，且候诊大厅有各种各样的患者，在这样的环境下，对宝宝的健康是没有好处的。

　　如果宝宝患的是小病或者常见病，到小医院或社区诊所就能得到很好的处理。宝宝看完病后，要让宝宝多呼吸新鲜的空气，尽量不要让宝宝在医院里待太久。

　　如果宝宝患的是比较严重或诊断不清的疾病，就必须选择大医院或知名专家，以免耽误宝宝的病情。

　　另外，想让宝宝少看医生，就要让宝宝有一个好的身体。对此，妈妈要格外注意宝宝的饮食、生活习惯以及家庭成员的卫生等。

Part 3

教育：
给宝宝一个健全的心智

优质的教育源于正确的态度和方式

441.养育一个健康快乐的宝宝

刚出生的宝宝没有是非善恶之分，但随着年龄的增长，他自然会形成自己独有的性格特点。如何培养一个正直、健康、快乐的阳光宝宝，就要看妈妈对宝宝身体上和思想上的护理、教育水平了。

健康是宝宝成长的基础，妈妈要鼓励宝宝多运动，平常可以陪孩子玩球、骑脚踏车、游泳等。多运动不但可以锻炼孩子的体能，也会让他变得更开朗。多运动还可以适度舒缓孩子的压力与情绪，并且让孩子喜欢自己，拥有较正面的身体形象，并从运动中发现乐趣与成就感。

在精神上，妈妈要教导宝宝关怀他人。快乐的孩子需要能感受到自己与别人有某些有意义的联结。妈妈可以引导孩子帮助伙伴一起收玩具，让宝宝了解到帮助别人的意义，让孩子从帮助他人的过程中，获得快乐，并养成乐于助人的习惯。

另外，妈妈还要多学点婴幼儿教育、护理、医疗常识，为养育健康快乐的宝宝打下坚实的理论基础，以保证宝宝健康快乐地成长，这样妈妈也会健康快乐。

442.教育要把"尊重"放在首位

尊重是教育的大前提，孩子的独立人格和健全的心智都是在尊重的基础上得到发展的。因此，妈妈要尊重孩子的人格。孩子做好了，要使他知道应该这样做，并且鼓励他做下去，表扬不要言过其实，尤其要避免在众人面前做不适当的夸奖；孩子做错了，要提出意见和批评，使他吸取教训。

当孩子遇到困难时，妈妈不要包办，更不要申斥他们，而要关切地提示一下，帮一把，让他们感到自己能够做好而努力去做，并从完成任务中得到满足，从而增强自信心。当孩子情绪不愉快时，妈妈要给予安慰、鼓励或者指导。

妈妈在教育孩子时，切忌要求过高。过高、过严的要求会超出孩子的承受能力，使孩子丧失信心，甚至出现厌烦情绪，产生逆反心理。

很多时候，妈妈认为自己所做的，都是为孩子好，其实那都是妈妈的一厢情愿，孩子未必感受到尊重。孩子有自己成长的需求，有自己的独立愿望，有渴望摆脱束缚的权利，妈妈为什么还要牢牢攥着那些选择权呢？给孩子设定一个底线——不做坏事，保证安全，然后放手让孩子去决定自己的人生，孩子将会拥有一个汪洋恣肆、色彩绚丽的人生。

443.顺应天性，因材施教

孩子之间存在着很大的个体差异。只有认识到孩子的天性，了解到孩子独有的特点，因材施教，才会少一些困惑、多一些明智，孩子也才会少一些挫折、多一些成功。

妈妈要了解孩子的长处，鼓励孩子发挥自己的优势，不管这个优势在一般的观念中是不是具有很大的价值，哪怕别人都不抱希望，妈妈也应该鼓励孩子。只要孩子具备他人没有的强项，孩子就具有了他人无法比的核心竞争力。

妈妈还要根据孩子的性格来选择教育方式。有的孩子敏感多疑，有的孩子懦弱退缩，有的孩子勇敢坚强等，妈妈应该根据孩子自身的性格特点，采取相应的教育方式，使孩子能够愉快地接受，这样才会获得更好的教育效果。

另外，妈妈在教育中不要超越孩子身心发展的要求。孩子在不同阶段的身心发展都有各自的规律和特点，而且孩子天赋各有不同，妈妈不能因为自己的感觉而强求孩子按自己的要求去做，这样不但会使孩子增加心理负担，而且收不到理想的教育效果。

总之，没有不好的孩子，只有不合格的妈妈。教育要顺应孩子的天性。每个孩子身上都有闪光点，关键的是需要一个发现它们的眼睛。因材施教，因势利导，才能达到事半功倍的效果。

444.坚持教育中的一贯性和一致性

在家庭中，对孩子的教育妈妈要保持一贯性与一致性，不能朝令夕改，更不能忽宽忽严，以自己的情绪为转移。

一个家庭里，特别是三代同堂的家庭里，由于家庭成员的层次不同，与孩子的情感关系不同，以及每个成年人的思想、性格、教育水平的差异，对孩子的要求、教育态度很可能不一致。如果父亲提倡衣着俭朴，母亲就不要经常给孩子购新潮服装；妈妈不许孩子随便吃零食，祖辈就不要买东西给孩子吃等。

再者，家庭与幼儿园的教育也要一致。现在，不少孩子在幼儿园里能自己吃饭、自己穿衣，一到家中则判若两人。如果孩子在家、在园表现不一，就说明还没有养成好习惯，也反映出妈妈在这方面没能配合幼儿园教育。妈妈要清楚地知道，只有彼此密切配合，才能取得较好的效果。

在家庭中，对孩子的要求还要坚持一贯性，不能随意更改。例如，在孩子读书期间，如果规定他平时晚上不能看电视，那就可以在星期天与孩子一起看些体育、儿童节目；规定每晚8点睡觉，就不要轻易地更改等。长期下来，孩子就会养成习惯，并非常自觉地按要求去做，不会受外界因素的影响而更改规定。

445.建立良好的亲子关系

亲子关系是人类各种关系中最早形成的最为重要的关系，亲情也是最为复杂和难以捉摸的感情。

为了建立起良好的亲子关系，妈妈需要与宝宝多沟通、多换位思考。很多时候，妈妈与孩子之间的矛盾是因为妈妈只从自己的角度去考虑问题。妈妈与孩子相处，更需要换位思考，要多从孩子的角度去想，与他产生共情。孩子与成人的心理差别、成长时代的差异、社会化的程度不同、个人经历的不同等等这些都为亲子沟通和互相理解造成了障碍。我们只有尊重这样的差异，才能够跨越这样的障碍。

在家庭教育中，妈妈应根据孩子不同的年龄和场合，及时进行心态转换。如在孩子学习的过程中，妈妈应用成人心理支配自己的行为，理智地引导孩子自主学习；在生活过程中，妈妈则应用妈妈的心态支配自己的行为，关心孩子的起居、爱护孩子；在休闲娱乐过程中，妈妈则应该以儿童的心态，融入孩子当中做他们的伙伴。

另外，还有一些其他建立良好亲子关系的方法，如：提供能促进、培养和保持子女情绪平衡所需要的建议；帮助孩子发展正确的自我观念和健全的自尊；协助孩子的群体适应、人际关系；和孩子一起成长，给孩子弹性空间；做子女的良好的模范等。

习惯养成：好习惯铸就好未来

446.养成良好的饮食习惯

良好的饮食习惯是健康的基础，它胜过服用各种昂贵的补品。妈妈要明白，想要宝宝有一个健康的身体，就要养成正确的饮食习惯。

在孩子成长的过程中，妈妈首先要以身作则，自己保持一个良好的饮食习惯。如果妈妈不挑食或者常常吃一些粗粮，在饭桌上只准备适量的鱼、肉，孩子就会把这样的饮食习惯看作自然而然，就不会产生挑食的模仿效应了。

随着孩子逐渐长大，会接触到更多的人：邻居、亲戚、小伙伴等等。即使在你自己的家里坚持着健康绿色的饮食习惯，那些垃圾食品对孩子的诱惑还是无处不在的。这时妈妈可以让孩子吃过饭后，再和其他小朋友一起玩儿，吃饱了肚子总是会对诱惑要降低几分热情的。还有，妈妈要耐心地给孩子讲为什么不能吃那些垃圾食品，用的语言都要尽量简单浅易，便于宝宝理解，慢慢地帮助宝宝形成自己的潜意识，帮助他来抵制诱惑，决定自己的饮食选取。

另外，建立良好的卫生习惯也是很重要的。它可以降低在团体生活中受到各种疾病传染的概率，也能让孩子学会照顾自己。一旦好习惯养成，孩子会自动自发地保持，这对个人身体健康也大有好处。

447.培养宝宝午睡的好习惯

对于处于生长发育关键期的幼儿来讲，除了保证晚上的睡眠质量外，提高幼儿的午睡质量也是至关重要的。可是，孩子随着年龄的增长，到了大班时，午睡开始出现入睡慢、睡眠时间短等特点。这与孩子的生长发育是有关系的。所以，妈妈非常有必要培养宝宝午睡的好习惯。

妈妈要用正确的方法安排宝宝午睡。到午睡的时间，可以提醒宝宝说"该午睡了，睡醒再玩"，使宝宝形成一种概念，即"午睡和吃饭一样，是一天生活中不可缺少的内容之一"，而不是可做可不做的事情。

为了让宝宝心甘情愿地午睡，妈妈可以答应宝宝等他午睡醒来，他可以得到一些盼望得到的东西，比如去公园散步、玩橡皮泥、吃甜点等。

在宝宝午睡之前，妈妈可以给宝宝讲一两个故事或者放一些催眠曲，这样，能为宝宝创建一种很强的睡眠暗示，每天在固定时段听到故事或催眠音乐就会自然地接受午睡的到来。

此外，对待体弱多病而不想睡觉的孩子，妈妈要加倍照顾，给他营造一个温暖的外在环境和温馨的心理环境，如妈妈为宝宝铺好暖暖的床，待他睡下后，轻轻抚摩宝宝的头，问问他是否舒服，对他说等睡醒后，他的身体会更棒。入睡后，如果宝宝踢掉被子，妈妈要及时地帮宝宝盖好被子。

总之，午睡是孩子成长中重要的组成部分。在孩子午睡时，妈妈一定要因势利导，做到认真、细致，为孩子的健康成长营造一个良好的午睡环境。

448.及早树立时间观念

掌握时间观念是孩子养成良好的生活和学习习惯的重要基础，良好的时间观念对于孩子适应集体生活以及未来的学校生活具有重要意义。

在宝宝还没有出生前，孕妇要让胎儿在胎内的生活有规律，首先自己的生活就要有规律。按时进餐、睡眠、工作、学习、休息、娱乐、散步等，养成良好的时间观念，就可以给胎儿以积极的感应。

到宝宝可以行走时，双手会做点小事情，并能用简单的词来补充动作的不足，以表示自己的心愿。妈妈可以指示他用动作和语言来培养时间观念。例如：每到清晨醒后，就要爬起来要求起床、穿衣；到了时间要上托儿所，晚上累了会走到床边要睡觉。这种时间观念形成后，孩子会逐步变得不需要爸爸妈妈每次教，而自然地会去做，以后就会养成做事遵守时间，不拖拉的好习惯。

由于时间对宝宝来说是很抽象的概念，比较不容易理解，因此，妈妈可利用一些想法或道具把时间找出来。例如，准备七个不同颜色的纸张来表示周一到周日。这样通过一星期有七天的认识，能让宝宝有时间前进的感觉，并可理解星期一至星期五爸爸妈妈要上班，假日才能整天一起玩。

此外还要帮助宝宝严格遵守时间。如游玩、做游戏等都要按时进行，按时结束。从小要让宝宝养成守时、遵时的习惯。

449.养成锻炼身体的习惯

当今社会，能坚持每天锻炼身体的孩子少之又少。如果妈妈希望自己的孩子在日后激烈的社会竞争中胜出，就应该在他们年幼时打好坚实的健康基础。所以，身为妈妈，要从小培养孩子热爱运动的好习惯。

妈妈要鼓励、支持孩子参加各种体育锻炼，培养他们对体育的兴趣，从而增强孩子身体各部位的机能和适应环境的能力。妈妈可以先从一些和运动有关的小游戏开始，逐渐培养孩子热爱运动的习惯。

妈妈还可以按照孩子性格特点选择适合的项目：不太合群，不习惯和同伴交往的孩子，可以多参加足球、篮球、排球以及接力跑等集体项目，从而逐步改变孤僻习性，适应周围的群体交往；胆小，做事怕风险，容易害羞的孩子，可以参加游泳、滑冰、滑雪、拳击、摔跤、单双杠、跳马、跳箱、平衡木等有挑战性的项目，从而不断克服害羞、胆小等心理障碍。

另外，妈妈要鼓励孩子持之以恒地锻炼。体育锻炼只有持之以恒，才会有效果，所以要记得帮助孩子制订锻炼计划，并督促孩子天天坚持。

总之，多做运动不仅是为孩子的健康增加砝码，还对孩子增强智力发展和心理健康有帮助。养成运动的习惯，将会令孩子的一生都大获裨益。

450.帮助宝宝养成良好的行为习惯

如今，如何让孩子逐渐养成良好的行为习惯，是妈妈们的头等问题。如果解决好了这个问题，孩子的身心将会得到健康的发展；否则，就会影响孩子今后的学习与生活。因此，妈妈们必须重视这个问题。

妈妈要尊重孩子的独立意识。随着孩子长大，独立生活能力意识逐渐增强，他们便想要独立行动、独立玩耍。这时妈妈要注意尊重孩子独立行动的意愿，抓住这个有利时机去培养孩子的独立性。如果孩子想独自洗脸，不想要妈妈帮自己洗，那么，妈妈就该满足孩子的这个要求。

　　妈妈还要为孩子提供养成好习惯的适当环境，尽量避免任何破坏这种环境的行为。例如我们想帮助孩子养成早睡的习惯，但今天晚上有最精彩的电视节目，明天晚上要带孩子出去做客，后天晚上家里又要请客……孩子根本没有早睡的机会，或者早睡的习惯尚未养成就一再遭到破坏，怎能养成早睡的习惯呢？

　　另外，妈妈要以身作则。子女是妈妈的影子，妈妈的一言一行、一举一动，都是孩子模仿的内容。在家庭中的一些生活习惯，如按时作息、卫生习惯、礼貌习惯等，妈妈要求孩子做到的，自己首先要做到、做好。社会生活中的要求，如交通规则，妈妈在与孩子出行时要自觉遵守，讲公共道德和秩序，以自身行为去影响孩子。

品质塑造：优秀的品质是成才的脊梁

451.对宝宝进行基本的道德教育

当孩子呱呱坠地后，作为妈妈，除了给他们充足的营养、丰富的知识、多方面开发他的智力外，培养孩子的道德品质也是极为重要的。

幼儿是在活动中成长的，幼儿的发展是通过活动实现的。因此，妈妈可以通过开展各种各样的活动来丰富孩子德育的内容。例如：组织宝宝参加劳动，组织夺冠的体育活动等，以此培养幼儿的勇敢精神和协作能力等。

在日常生活中，妈妈可以从常规教育入手，使道德教育与生活实践相结合，随时随地进行教育。例如：自己用小匙吃饭、洗脸、穿衣、叠被子等。

妈妈还要教育孩子关爱家人和朋友，让宝宝关心、体贴、照顾生病的家人；有好吃的东西要与人分享。妈妈还可通过讲故事启发诱导他对爱的理解。总之，妈妈要从身边的点滴小事做起，随时对他进行爱的教育，让他有一颗感恩的心。

另外，文明礼貌是道德教育的重要组成部分，它是从小开始长期实践而形成的。因此，妈妈教育孩子要做到尊老爱幼，待人和气，热情，有礼貌；不骂人，不讲脏话；大人讲话不插话，不打断别人说话；在别人家做客时不乱翻东西等等。

452.激发宝宝的爱心和同情心

爱心和同情心这种情感不是天生的，只有经过积极培养才会出现。培养孩子的同情心，可以克服孩子对别人的无情、冷淡和残忍的态度。虽然，孩子有时候表现出来的无情和残忍行为，并不是真正意义上的无情和残忍行为，但是，在日常生活中妈妈如果不注意消除这类行为，以同情心加以替代，那么这类行为会影响宝宝的一生。

3~7岁的孩子随着认知能力的发展，开始能够理解他人的情绪、情感。一个6岁的孩子，已经能够使用自己所掌握的词汇来描述情感与情绪。所以，当给孩子讲生动的童话故事时，妈妈不妨和他多交流一些情感方面的内容。例如《灰姑娘》中灰姑娘的善良品质等等，通过这样的提问和引导，孩子便学会思考，并学会理解他人的感受。

孩子天生就和小动物有一种亲密感，所以，妈妈不妨在家多养一些小动物，比如小乌龟、金鱼、泥鳅等等。让孩子天天给小动物喂食。一旦小动物有异常现象，孩子可以和爸爸妈妈一起解决。这样既培养了孩子的观察力和独立解决问题的能力，又培养了孩子的爱心、同情心和责任感。

453.引导宝宝成为助人为乐的人

俗话说："种瓜得瓜，种豆得豆。"在孩子的心灵土地上，从小播下"助人为乐"的种子，长大后，他们就会关心老百姓的疾苦，多为人民办好事，体验到完美人生的快乐。

妈妈可以引导宝宝在小伙伴有困难的时候去帮助他们，让宝宝懂得互助合作，并且要教育孩子帮助家人。例如：妈妈下班回来，孩子要主动问好，备茶递水。大人休息时，孩子动作要轻，不要影响他人的休息。随着孩子年龄的增长，要注意帮助自己周围的人。宝宝在帮助别人的过程中，丰富了感情，也认识到自我的价值。

要培养孩子助人为乐的习惯，鼓励孩子积极参加集体活动也是一个有效的措施。在集体活动中，孩子可增长见识、结识伙伴、培养广泛的兴趣，并在集体活动中和同学们互相帮助。

此外，妈妈还可以经常向孩子讲述雷锋好善乐施、以诚待人的行为和事迹，让孩子知道雷锋为什么受到大家的爱戴，让孩子明白帮助别人、以诚相待是受世人关注与爱戴的，让孩子明白尊重他人等于尊重自己，给予与付出是对等的。

454.做一个勇敢、坚强的好宝宝

很多妈妈希望宝宝从小就养成一颗面对挫折与逆境的勇敢的心。那么，怎样才能让宝宝获得勇气呢？

妈妈应尽可能让宝宝独立活动，如让他自己穿衣、洗手、吃饭等。宝宝在做这些事情时，有可能做得不好，妈妈也不必急忙去帮助，要让宝宝自己克服困难去解决。

当他经过努力终于获得胜利的满足感时，克服困难的勇气和信心也就随之增强。

在宝宝面对困难时，一种方法不行，就鼓励宝宝多想几种方法，灵活解决困难。比如，让宝宝去推一个很重的大箱子，宝宝推不动，怎么办呢？让宝宝试着把箱子里面的东西先拿出来，再推箱子。一定要让宝宝懂得，多种方法都能解决同一个问题，这样不仅能激发宝宝的智力，同时也可培养宝宝有勇有谋的性格特点。

孩子的性格在游戏和日常生活中表现得最为明显，这也是纠正不良性格的最佳途径。爱模仿是孩子的一大特点。妈妈要让性格软弱的孩子经常和胆大勇敢的小伙伴在一起，跟着做出一些平时不敢做的事情，并将小伙伴的言行举止作为自己模仿的对象，耳濡目染，慢慢地得到锻炼，变得勇敢、坚强起来。

455.培养宝宝的自强、自立意识

很多孩子缺乏独立性的原因都是因为家长给予了过分的保护和溺爱，本来孩子可以自己做的事情，家长都替他做了。所以，孩子不知道自己应该做什么，对任何活动缺乏主动，意志不坚强，缺乏独立性。

要培养孩子自强自立的精神，妈妈就要放手让孩子自己去做，让孩子摔几跤、累一些并没有什么关系。凡是同龄儿童能够做的事情也鼓励宝宝去做，如穿衣、洗漱、同陌生人谈话、与其他小朋友一起出去玩等。

妈妈还可以适当地鼓励宝宝去冒险。孩子本来是无所畏惧的，他们喜欢冒险，做危险的游戏，积极探索的精神和自强的意志就是从这里产生的。妈妈不要总是大惊小怪地说："那可不行啊！太危险！"这样，孩子自强、自立的意识就会被淹没了。

要鼓励孩子自己的事情自己想办法解决。例如：刚刚买回的积木，孩子可能不太会搭。此时，妈妈可以给以引导，聪明的妈妈是不会把示意图给孩子看的，她们只会给孩子留下思考的机会。妈妈可以给孩子一个不完整的答案，让他自己去动手动脑，这可以使孩子在不知不觉之中，自然而然地养成"独立思考"的能力。

个性发展：个性决定人的一生

456.宝宝的个性源自哪里

一个人的个性是在他生活实践的过程中形成的。个性的形成和发展，反映着一个人的整个生活历程。

心理遗传学认为，孩子的个性一半来自遗传，这包括直系亲属的DNA遗传以及血型遗传；一半则来自后天发展，包括孩子所处的生活环境、家庭氛围、教养方式，甚至包括居住条件和饮食习惯。

在宝宝生活需要完全依赖于爸爸妈妈照顾的时候，爸爸妈妈的性格特征、育儿方式、待人接物、兴趣爱好、言行举止都在潜移默化地影响着宝宝。例如，一个温柔细致，做事有条有理的成人在育儿过程中就会表现得细致周到，呵护有加，这就可能影响到宝宝，使他也表现出谨慎细心的性格特征。

当然，随着孩子慢慢长大，他在社会生活中接触的范围逐渐扩大，个性趋向社会性，受环境的影响加深，其性格形成也会受到成长道路中各种错综复杂的外在因素的影响。事实上，在人的一生中，个性都有变化和被重塑的可能。

457.良好的个性需要家庭的塑造

家庭是学前孩子社会化的主要场所。家庭成员，特别是妈妈的行为、人格特征、亲子关系、教育观念、教育方法，都与孩子的心理健康关系密切。

能享受到天伦之乐的孩子，在个性发展上一般是健全的；从小得不到爱抚，在精神上得不到温暖的孩子，则往往出现行为问题。妈妈对孩子溺爱会导致儿童出现自私、以自我为中心、骄横等不良品行；而对孩子要求过严，教育方式简单、粗暴，则会造成孩子身心负担过重，产生自卑、冷漠、无所适从等不良倾向。

在塑造宝宝个性的过程中妈妈要注意方式方法。在一个和谐的家庭中，妈妈应注意说理，善于引导，对宝宝爱而不娇，严格而民主，自由而不放纵，把宝宝既当作爱子又当家庭成员看待。这样良好的家庭教育定会收到满意的效果。

妈妈是孩子最直接的抚养者和第一任教师，妈妈应该了解和掌握正确教育孩子、培养孩子良好个性的重要性和有关知识；同时要注意发挥妈妈的表率作用，在树立妈妈的教育责任心的同时，运用适当的技巧，培养孩子良好的个性，使他们的身心得到健康的发展。

458.如何让宝宝增强自信心

一般情况下，缺乏自信的孩子都不敢在众人面前表现自己，所以妈妈要着重培养孩子的自信。首先，妈妈要多给孩子一些关爱，多表扬和鼓励孩子，充分地信任和赏识他，尽量让孩子自己去做一些力所能及的事。

在宝宝刚学说话、发音不准确的时候，妈妈不要嘲笑他。在宝宝语言学习期，你的嘲笑会使他丧失学语言的信心和兴趣。待宝宝长大一些时，如果宝宝提出问题，妈妈要耐心倾听，如果你回答不了，老实告诉他，让他知道任何人都有做不到的事情，打消他对别人的敬畏心理，从而增加自信。

妈妈还要有意识地扩大孩子的接触面，让孩子经常面对陌生的人与环境，逐渐减轻不安心理。闲暇时，带孩子和邻居聊上几句，让孩子与同龄朋友一起玩耍，建立友谊；节假日，一家三口背上行囊去旅游，让孩子置身于川流不息的游客潮中……随着见识的增长，孩子面对别人的目光时，便会多几分坦然。

不自信的孩子常常会贬低自己，这是在传达一种有碍自尊的信息。这时妈妈应表现出实事求是的态度和对他的爱，认真地倾听，然后再告诉他应有的态度。妈妈可以鼓励孩子表现自己。比如：在亲友聚会时，妈妈可看准时机，让孩子唱歌或者朗诵，使孩子在家人的肯定下增强自信。

459.让宝宝变得开朗乐观起来

开朗乐观既是一种情绪，也是一种性格，积极开朗的孩子人见人爱。有调查显示，开朗的人身体很健康，对今后的生活也大有裨益。因此，培养一个积极乐观的孩子几乎是所有妈妈的心愿。

想让宝宝变得开朗，妈妈应该多鼓励孩子交朋友。不善交际的孩子大多性格抑郁，因为享受不到友情的温暖而孤独痛苦。因此，性格内向、抑郁的孩子更应多交一些性格开朗、乐观的同龄朋友。妈妈还要教会孩子与他人融洽相处。与他人融洽相处有助于培养快乐的性格。妈妈可以带领孩子接触不同年龄、性别、性格、职业和社会地位的人，让他们学会与不同的人融洽相处。

对于妈妈而言，不要对孩子控制过严，不妨让孩子在不同的年龄段拥有不同的选择权，让孩子感受到自由与民主。只有从小就享有选择民主的孩子，才会感到快乐。

另外，家庭环境对培养宝宝开朗的性格有着直接的关系。一个家庭的氛围和情绪，绝大部分时间应保持在愉悦、平静这一"最佳情绪线"上。亲子双方都处在最佳情绪状态，妈妈就能充分发挥出教育的力量，孩子就能比较听话，比较乐观。

460.区分对待气质类型不同的宝宝

每个孩子天生就带着他独有的气质来到这个世界。日常生活中，气质一般指"脾气""性情"等等，孩子也因气质不同而千差万别。通常，心理学上把气质分为4种类型，即胆汁质（直率热情、好动、脾气急等）、多血质（活动、敏感、反应快、情绪不稳等）、黏液质（安静稳重、反应慢、沉默寡言）、抑郁质（孤独、反应迟缓、多愁善感等）。

因此，妈妈要"因材施教"，针对孩子的个体差异和特点，实施不同的教育方法。

对胆汁质的孩子妈妈不要轻易训斥、挖苦或讽刺，以防激怒他们。要做耐心细致的说服教育工作，使之学会用理智、意志去克服爱发火的坏毛病。

对多血质的孩子，妈妈不能太过迁就，要培养他们认真细致、扎扎实实的做事态度和求实精神。

对黏液质的孩子，妈妈要多引导他们参加集体活动，让他们从中受到锻炼，增强其灵敏性。

对抑郁质的孩子，妈妈要多关心、体贴他们，主动为他们排忧解难。当他们犯了错误的时候，批评要讲究方式方法和场合，使他们在力所能及的情况下达到改正错误的目的。

交往沟通：迈好人际交往的每一步

461.多鼓励宝宝与人交往

善于与他人交往的孩子在入学以后，不仅能够从容地与同龄人交往，而且能够从容地与老师交往，对他以后的学习和人生的发展有很大的影响。因此，妈妈要重视培养孩子与人交往的习惯。

生活学习中妈妈要教给孩子与人交往的方法。想要让孩子获得交往能力，妈妈要多鼓励孩子参加各种社会活动，多提供与小朋友交往、玩耍的机会。当宝宝面对生人时，当宝宝主动结识小朋友时，妈妈要表扬他、夸奖他，让他感到这是一件快乐的事。

妈妈需要教孩子用和善的语言与他人交流，如："谢谢""不客气""对不起""没关系""请坐""您好""……行吗（好吗）""可以吗""你先玩，我后玩""我们一起玩""玩具借给你玩"等这样的话，使孩子在交往中待人热情、主动，逐步学会与人交往，学会交朋友。

与比自己大的孩子交往，他可以学到更多的知识，掌握更多的技能技巧和解决问题的方法；与比自己小的孩子一起活动交往时，他又会变成活动的带头人，这样可以锻炼他的领导能力。因此，妈妈在平时也要多鼓励宝宝与不同年龄的小朋友交往，以提高宝宝的交往能力。

462.培养宝宝的合作精神

现在的孩子多数都是独生子女，在家里很难获得与同伴合作的机会和体验。所以，要提高他们的合作能力，为宝宝创造合作机会就显得尤为重要。爸爸妈妈可以通过一些需要与他人合作进行的游戏来培养宝宝的合作精神，比如拍手谣、翻绳、过家家等。

培养宝宝的合作精神，最好的办法是将合作的培养整合在宝宝的每日生活中，例如共同收拾书桌、整理图书和活动区域的物品等。宝宝在这些与人合作的活动中，不断和人商量讨论，合作能力就会大大加强，体会到跟人合作中遇到的各种问题的解决带来的快乐，合作能力也就在反复的实践中得到了提高。

此外，爸爸妈妈还可以通过带宝宝参加集体表演来提高宝宝的合作意识。任何幼儿的团体表演项目都是分工明确的，并且会要求动作一致，每个宝宝除了做好自己的角色外，还需要懂得和其他人的配合，在一些大型的表演中更是如此。因此，妈妈要多让宝宝参加集体舞蹈、集体歌唱等培训和表演，这对提高宝宝的团队意识有非常积极的作用。总之，在培养合作精神方面，妈妈要多给宝宝一点时间，多为他们提供一些机会。

463.渗透尊重的道理

尊重别人包含许多内容，比如接纳别人、轮流等待、有礼貌等。对孩子来说，尊重是一个比较抽象的概念，因此，妈妈更应该协助孩子从生活中的许多小事做起，让孩子成为懂得尊重别人的小天使。

妈妈要想让孩子懂得尊重他人，首先要尊重孩子自身，孩子获得尊重之后，才能更好地尊重别人。尊重孩子，意味着妈妈将孩子看成一个个体，而这个个体有权利像成人一样作出决定。当然，说他们有权利。并不等于他们就能够做成人所能做的事情，因为他们毕竟没有成人所具有的经验和知识。

幼儿时期，最常见的不尊重他人的做法就是抢玩具。因此，学会轮流等待也是学会尊重他人的关键。当孩子出现抢夺他人玩具的情况时，妈妈一定要马上制止，比如可以明确告诉他："这是小明的玩具，如果你也想玩，先问小明能不能借给你。"或是让孩子在一旁等待，等到小明不玩了，再去借来玩。

妈妈要让孩子尽早明白没有人总是会陪你玩，没有人总是愿意陪你看一样的电视节目等等。养成尊重别人的习惯并形成一种内在的品格，有利于孩子提升自己对自己负责的能力和不抱怨的人格特质。

464.学会作自我介绍

教宝宝学会作自我介绍，学会描述关于自己的一些信息，对于爸爸妈妈来说是非常重要的。如果在外面意外走散，宝宝就可以通过这种方式来向周围的人求助，让大人知道他想要何去何从。

平时和宝宝一起出门时，妈妈可以有意地让宝宝向人们介绍自己。当然，宝宝在最开始的时候往往不会表现自己，这个时候你就可以对宝宝进行一些帮助，通过提问的方式引导他。

比如，你可以设计一些小问话，让他自己回答。例如：问问宝宝："宝宝，你叫什么名字？""宝宝，妈妈的名字是什么呢？""宝宝家住在哪里呢？""宝宝记不记得家里的电话号码呢？"刚开始训练的时候，要以妈妈说为主。替孩子回答的时候，语速要放慢一点，吐字尽量清晰，这有助于让孩子记住它们。慢慢地等他熟悉这些内容以后，就可以在提问后停顿数秒，诱发他自己来回答。

为了让孩子更好地将这些信息应用到现实生活中，妈妈可以在平时有意识地问孩子一些问题，比如："如果在超市里找不到爸爸妈妈怎么办？"然后引导孩子利用学到的知识，想出办法来，如去广播室找服务员广播，或者让服务台的叔叔、阿姨给妈妈打电话等。

自我介绍可以让孩子学会表达自己，可以增强孩子的语言能力，此外，也能提升孩子的自信心，鼓舞他去学习更多的东西。

465.鼓励宝宝多交朋友

为了鼓励宝宝与人接触交往，帮助宝宝多结交朋友，妈妈可以多带宝宝到各种集体场合。别人对宝宝表示的友好与尊重，能令宝宝感到快乐，也会令他更乐于与人交往。

妈妈还可以有意识地帮宝宝邀请一些小朋友到家中来，如果宝宝愿意主动请邻居家的小朋友来自己家玩过家家，那就再好不过了。妈妈要欢迎别人家的小朋友来自己家玩，鼓励宝宝招待小朋友，把玩具和零食拿出来和小朋友一起分享，借此锻炼宝宝与人交往的能力。

在鼓励宝宝多交朋友的同时，妈妈也要注意培养宝宝人际交往的独立性。当宝宝遇到人际交往困难时，妈妈不要一味替宝宝包办，而是要让宝宝自己想法解决。很多宝宝之间也是"不打不相识"，因为打架而成为好朋友。所以，妈妈没有必要参与到宝宝们的"是非"当中，适当地给予一点指导，正常情况下交由他们自己去解决就可以了。

不同宝宝的性格有所不同。有些宝宝性格开朗比别人更善于交际，而有一些宝宝则需要大量单独玩的时间来平衡他们与朋友的相互影响。因此，妈妈要尊重宝宝的意愿，不要一味地催促宝宝去与其他孩子玩。

综合能力：全面发展是优秀的保证

466.培养宝宝的责任心

责任感是人们对自己的言行带来的社会价值进行自我判断后产生的情感体验。责任感是人们安身立命的基础，当一个人具有了某些能力时，就要对相应的事情负责。但是，儿童做事往往更多地重视行为过程本身，而不太重视行为的结果。因此，要培养孩子的责任感，必须让他们养成对自己的行为结果负责的习惯。

对孩子责任心的培养应该从大处着眼，小处着手。妈妈要让孩子在家庭岗位上感受责任的分量，倒一次垃圾、洗一块手帕妈妈都应给予表扬鼓励，而一旦失责妈妈也应给予批评或惩罚。只有这样，才能让孩子走出自我中心，强化对他人和周围环境的责任心。

妈妈还要鼓励孩子勇敢地承担责任。例如，孩子跟着妈妈到朋友家做客，不小心损坏了物品。这时，妈妈应该让孩子知道，是由于自己的过错，才造成了这种后果，因此应当给予赔偿。之后，妈妈一定要带孩子一起买东西去朋友家道歉。

另外，责任心的培养要通过孩子自身的实践体验，妈妈决不能代替孩子来做。有的妈妈代孩子整理书包，帮助孩子整理屋子，这是责任心的"错位"和"越位"。对此，妈妈应该鼓励孩子自己的事情自己做，而不是自己一味地"包办"。

467.培养宝宝的独立性

现代孩子的教育问题，很多源于妈妈对孩子的过度保护，妈妈事必躬亲，给孩子自己解决难题的机会实在太少，随着年龄的增长，孩子就会养成衣来伸手、饭来张口的依赖习惯。

要避免这类后果，妈妈就必须培养孩子的独立性。妈妈可以让孩子从小尝试各种事物，从幼年时期，便把这些生活中理所当然的事教给孩子自己处理，当他对这些"难题"都习以为常后，妈妈就会发现孩子长大了、懂事了。具体来讲，妈妈可以从生活的细节处来加强孩子的独立性，如：

① 自己脱衣服、穿衣服、穿鞋子、系鞋带。

② 玩过玩具后，自己把玩具收拾到玩具箱中。

③ 即使把米粒撒得到处都是，也要让孩子自己吃饭。

④ 脱下脏衣服，自己放入洗衣篮内。

⑤ 早上起床，自己洗脸、刷牙。

⑥ 饭前、便后自己洗手。

⑦ 每天独立完成作业。

468.让宝宝学会控制情绪

每个妈妈都该谨记：永远不要忽视孩子的情绪。当孩子哭闹的时候，有些妈妈可能会转身离开现场，认为"不要理他，他自己会停下来"。殊不知，这种做法对幼小的孩子有着极大的伤害。要知道，宝宝的哭泣肯定是有理由的。如果自己的情绪总是得不到妈妈的重视，宝宝就会感觉很困惑，不知道自己究竟错在哪里，久而久之，他也难以学会如何正确地表达情绪了。

聪明妈妈只要充分利用宝宝注意力分散的特点，就能从容控制宝宝的情绪。如果宝宝不高兴或是遇到了挫折，你可以把宝宝的注意力转移到其他活动上去。例如：当宝宝吵着要玩尖锐的东西时，妈妈可以把宝宝带到一水池的肥皂泡面前分散宝宝的注意，宝宝很快就会安静下来。

妈妈还要教宝宝区分积极情绪和消极情绪。当宝宝满意高兴的时候，你可以说，"我看你真的很喜欢吃鱼"或者"和爸爸妈妈玩游戏让你很快乐，对吗？"这可以帮助宝宝区分积极和消极的情绪，可以教会他认知所有的情绪，无论是好的还是坏的，都是生活中很正常的。

对于那些发泄情绪的错误方式，一定要让孩子有明确的了解，同时告诉他哪些情绪表达渠道是合理的、可以被接受的。妈妈一定要陪孩子找到合适的情绪表达方式，比如大声说出来、大哭一场或者把心里的感受画出来。

469.提高宝宝的动手能力

很多妈妈常常会发现孩子没有动手能力，并为之感到头疼。其实，妈妈完全可以通过日常生活中的细节来锻炼宝宝的动手能力。

孩子学会走路之后，活动范围明显扩大了许多，这时的孩子非常愿意做些事情，但是他们手、脚的协调能力还不完善，做起事来常常"笨手笨脚"。对此，妈妈千万别因嫌孩子麻烦或碍手碍脚而剥夺孩子学习劳动的机会，而应该耐心地、反复地给孩子做示范，让孩子跟着模仿，慢慢地从不熟练到熟练，最后运用自如。

妈妈还可以为孩子创造动手操作的条件。比如，引导孩子自制玩具，让孩子综合运用折、剪、画、编、扎、钉、粘等方法做科学小试验，为孩子准备纸、布、线、胶水、木块、磁铁、各种小瓶、塑料小管等用具。

每一个孩子都喜欢做游戏，妈妈也可利用游戏来提高孩子的动手能力，有意识地引导孩子游戏或与孩子一同做游戏。例如：指导孩子做穿珠、穿线板等游戏；或是指导孩子利用家庭中的废旧物品做游戏，如将用过的饮料瓶做成娃娃过家家，用挂历纸折飞机、叠小船等等。这些都便于孩子认识到自己的小手很能干，体会到动手的乐趣，强化孩子动手的欲望，从而养成爱动手的习惯。

470.加强宝宝的自我保护意识

自我保护能力是一个人在社会中保存个体生命的最基本能力之一。为了保证孩子的身心健康和安全，使孩子顺利成长，妈妈应该从孩子的幼年时就加强对他们的自我保护教育，培养和提高孩子的自我保护能力。

小孩子年幼无知，他们不知道什么事情能做、什么事情不能做；什么地方能去、什么地方不能去；有时还偏偏喜欢做一些危险的尝试。这些都需要妈妈事先给孩子定下规矩，当然也需要跟孩子解释清楚，要不孩子会出于好奇或逆反心理，继续做一些危险尝试。

妈妈应该把基本的安全知识教给孩子，如家用电器的使用和安全注意事项，煤气炉具的安全使用方法，上学和放学路上要和同学结伴走，不要随便吃陌生人给的食物等。

交通安全知识也很重要，妈妈应经常向孩子宣传、讲解交通法规的有关内容，使孩子从思想上提高认识。妈妈还可带孩子观看有关交通安全的图片展览和影视片，经常将耳闻目睹的交通事故案例剖析给孩子听，教育引导孩子从中明辨事理，吸取教训，懂得遵守交通规则的重要性，避免由于认识不正确而导致行为上的错误并酿成大错。

高效学习：让学习变成一件轻松事儿

471.早期阅读很重要

阅读对于识字的大人来说，是通过文字了解信息的一个过程，而对于还不识字的孩子来说，他一样可以通过大人讲故事的声音、书籍中的插图，毫不费力地去感受到一本书带给他的快乐。

妈妈可以在孩子1～2岁期间，开始为他读简单故事情节的图画书。在这个阶段，发展孩子的语言能力，扩大词汇量，发展孩子的情感，如善良，注意他人的感受等都是非常重要的。

在给孩子讲故事时，许多妈妈为了让故事显得易懂，常把故事的语言换成通俗的语言，这样的方法对培养孩子的阅读能力并没有多大用处，妈妈应该让孩子接触标准、丰富、有趣的语言，因为精彩的故事情节和生动有趣的语言可以激发孩子阅读的兴趣。

妈妈要注意，培养孩子阅读的动机一定要单纯，不要在孩子学会阅读后就总让他在亲戚朋友面前表现，那样孩子就会认为背诗只是为了得到别人的夸奖，从而不把这件事当作一件有趣的事来做了。

此外，妈妈可以带着孩子一起看书，这种在阅读过程中一对一的模式，最能培养孩子集中注意力。而孩子又是最喜欢模仿妈妈行为的，妈妈参与的活动都会让孩子的兴趣大大增加。而且，在妈妈参与阅读的情况下，孩子不仅仅能得到阅读能力的培养，更重要的是，他和妈妈的感情也可以在阅读中进一步加深。

472.培养宝宝对写字的兴趣

能写一手好字，这会让一个人的一生都会受益匪浅。那么，怎样培养孩子的写字兴趣呢？对此，妈妈们一定要注意方法。

有心的妈妈可以自己制作许多图文并茂的识字卡片，或收集一些教孩子识字的图片。日常生活中，妈妈可以时不时地通过卡片，以游戏的方法来教孩子认识汉字，这样孩子学得轻松，妈妈教得也轻松，而且还能加深孩子对汉字的印象，为其将来写字打下基础。

另外，妈妈还要让孩子耳濡目染，潜移默化。因为孩子的模仿能力很强，很容易学着妈妈的样子来写字，因此妈妈一定要以身作则，平时写字时一定要注意书写规范。此外，妈妈要多向孩子推荐一些好的字帖，让宝宝多去看、去学习。这些耳濡目染，一定会让孩子感受到字的美丽，感受到写字的快乐。

妈妈要严格系统地指导孩子写字的方法，循序渐进，不可贪多求快，指望一蹴而就。妈妈可以每天对孩子的书写进行评改，肯定哪些字写得好，指出哪些字还要注意什么问题。需要注意的是，妈妈应以表扬为主，让孩子在写字中获得成功体验，使他握着笔就觉得愉快，这样，孩子就会自觉自愿地练习写字了。

473.培养宝宝对阅读的兴趣

为了培养宝宝对阅读的兴趣，妈妈可以引导孩子作广泛的阅读，当然并不仅仅在那些对孩子"有用"的书上，还要让孩子自己去选择自己喜欢的书，从而启发孩子去主动寻找自己的兴趣。

除了符合孩子的兴趣爱好之外，给孩子读的书的内容也不宜超出孩子年龄段的正常理解范围。孩子如果没办法理解书里的内容，当然不会想读，这样只会打击孩子读书的信心。一旦他在书里发现许多自己无论如何也不懂的地方，那么就会把这本书搁置一旁，阅读的兴趣也大大地被破坏了。

所以，多带孩子去书店吧，让孩子自己去他喜欢的地方挑选书籍，妈妈可以适时地给予建议，然后自己也挑选一些书和孩子一起看，相信书的味道可以让整个家庭都沉浸在一个温馨、充满智慧的氛围。

家庭环境对培养宝宝阅读兴趣也很重要。很难想象，如果妈妈一点儿都不喜欢看书，只顾看电视，那么孩子怎么会自己喜欢上书呢？还有些妈妈把幼儿阅读简单地认为是教孩子识字，然后让他们自己去看书，这又怎么行呢？其实，阅读兴趣的培养远没有这么简单，因为一个识字的人不一定喜欢看书，也不一定能够看书，要想让孩子爱上阅读，妈妈首先需要对阅读也产生兴趣，这样，孩子才会在妈妈的耳濡目染下，喜爱上阅读，并且养成爱阅读的好习惯。

474.教宝宝学习数学的巧妙方法

妈妈在每天的生活中，在和宝宝一起游戏时，都可以帮助宝宝开启数学思维。

宝宝还没有获得相应的逻辑观念时，不会数数、不会计算是正常的反应，此时，妈妈可为宝宝提供有价值的逻辑经验，如配对活动可发展宝宝的对应观念，排序活动可发展宝宝的序列观念，分类活动可发展宝宝的包含观念等。这些看起来和数学无关，却是宝宝学习数学必备的基础。

在宝宝数数时，要让他指着要数的物体一个一个地按顺序点数。另外，还要让宝宝理解基数的概念，即：按顺序数下来的最后一个数字即是物体的数量。这个问题随时都可以问，平常妈妈就可以让宝宝数家中的人口，数水果，数玩具，数书本，等等。

此外，还有一种方法是：给宝宝一件东西，让他找出另一样东西和给他的这件东西有一处或几处相同的地方。比如，给他一本书，他可以找出报纸，和书相同都是纸做的；给他一支蜡笔，他也许会找出一件衣服，和蜡笔一样都是红色的等等。宝宝在回答这类问题时，需要观察、比较、分析，然后得出结论，而这些都是今后进行数学学习以及科学探索所需要的基本技巧。

除此之外，环境与学习密切相关，妈妈还可以多浏览报纸杂志及书籍，平时生活就可多设计一些关于数学的小游戏，让宝宝持续性地学习新玩法，这样有助于提升孩子的学习能力。

475.如何让宝宝爱上学英语

妈妈想让宝宝爱上英语，首先要培养孩子学习英语的兴趣，教宝宝唱英文歌就是一个非常好的方法，这样宝宝可以更容易地熟悉并掌握英文的语音、语调和节奏。妈妈还可以在游戏中运用英语，妈妈和孩子扮演不同的角色，安排不同的情境进行简单对话等等。总之，妈妈要充分调动孩子的积极性，使孩子在轻松的环境中爱上英语。

其次，妈妈要注意方法。妈妈想让宝宝轻松地学英语，就不要给孩子太多的压力，也不要让孩子一次背诵太多，可以从一个两个单词去背，然后再慢慢地增加。

刚开始实施浸入式英语教学时，由于孩子在极其不熟悉的语言环境下生活，很难理解英语。因此，妈妈尽量不要采用中文解释，而尽量用实物、图片等，让孩子直接认知。比如教水果时，我们出示真的"苹果""梨""橙子"等水果，这样就能形象地让孩子理解英语，并始终让他保持学习英语的兴趣。有时候，妈妈还可以通过生动的表演来教宝宝，便于他理解。

另外，生活中妈妈能用英语的时候就尽量使用，这样可以帮助孩子营造出一个学英语的氛围。例如：引导孩子使用学到的英语进行日常会话，孩子早上起床，妈妈要主动说"Good morning"，孩子也会用英语向妈妈问好"Good morning"。相信在这种氛围里孩子一定会爱上英语的。

传统文化：不可忽视的珍馐之物

476.多为宝宝传授些国学知识

学国学不仅可以培养宝宝良好的道德品质，还可以提升宝宝的儒雅、淳朴气质，储蓄丰富的语言知识。

为了能让宝宝多学习国学知识，妈妈可以多跟孩子一起读国学经典。言传不如身教，如果妈妈真的认可国学经典的教育价值，那就从自身做起，喜爱国学，这样妈妈的兴趣也将直接传递给孩子。

妈妈还可以在日常生活中给孩子灌输国学知识。比如：路人帮孩子捡起掉在地上的玩具，妈妈在教宝宝说"谢谢"之外，还应利用这个情境及时给孩子讲讲有关感恩的格言警句，如《增广贤文》中的"滴水之恩，涌泉相报"，并解释字面意思，让孩子明白：内心要记住别人对自己的点滴好处，加倍地、持久地报答，而对他人的怨恨则尽量淡化直至忘记，学会带着感激之心生活。

当然，经典著作中并非完全都是精华，学习时也应该"去其糟粕"。妈妈可以把各种经典中相关的内容集中到一起，让宝宝集中学习，比如把有关孝道方面的内容选择出来等。这样做不仅主题鲜明，而且有助于宝宝学习到各种经典中的名篇，用最少的时间收到最好的效果。

477.唐诗宋词不可少

为了能让孩子更好地吸收唐诗宋词中的精华，妈妈在孩子两三岁的时候，就可以把诗歌当作简单的游戏，你念一句他跟着念一句，而暂且不用理解诗歌的意思。但是等孩子到了四五岁的时候，妈妈就要注意讲解其中难懂的词，比如"采菊东篱下"，妈妈就可以告诉孩子"东篱"是篱笆的意思，这样能让孩子加深印象。需要注意的是，教孩子时妈妈只要稍加提点就行了，因为你永远都想不到孩子的想象力有多么的丰富，在启发他发散思维的同时，也千万不要限制他的想象力。

另外，妈妈选择的作品一定篇幅要短小，便于孩子记忆；内容要浅显，易于孩子理解；体裁多以五言、七言为主，孩子轻易上口。教孩子学古诗时，最好配以画页，以图解诗，同时作适当的讲解，帮助孩子理解作品。例如，《春晓》中"鸟""花"等，假如教孩子边看图，妈妈边解释，孩子是可以明白的。这样做的必要性，在于使孩子在理解的基础上，练习他的理解记忆。

在背诵过程中，可以是妈妈背一句，孩子模拟一句，然后过渡到妈妈与孩子分单、双句背，之后再让孩子自己背。孩子往往是记得快，但忘得也快，所以要经常复习，以便巩固。

478.带宝宝去博物馆

带孩子参观博物馆的好处有很多。首先，博物馆中展出的实物适合孩子们具体形象的思维特点，有助于他们在具体实物和抽象概念之间建立联系，这无论对于他们学习新知识还是重温已有的知识都很有好处。比如自然博物馆，人与自然的发展脉络一下子清晰起来，人类的起源、生物的起源、大自然的进化、环境的变化、古生物化石、巨大的恐龙骨架化石展等等都会使孩子大开眼界。

除了学习知识以外，参观博物馆还可以培养孩子的专业兴趣。我们都知道，大多数孩子的专业特长和学习兴趣并不是生而有之，而是后天培养的。经常带孩子参观各种各样的博物馆就像是为孩子打开了无数知识的窗口，孩子见多识广，眼界开阔，思维活跃，兴趣广泛，成功的机会也就更多了。

此外，爸爸妈妈和孩子一起去参观博物馆还可以增进亲子之间的良好关系。孩子在爸爸妈妈的陪伴下去参观一些有趣的展览，不但可以和爸爸妈妈在一起度过一段有意义的时光，还可以在一家人之间增加许多有意思的话题甚至研究课题。

479.试着让宝宝听一些戏曲

戏曲艺术是一门传统的艺术课程，怎样让孩子认识、接受并喜欢这门艺术，是一个系统化的工程。妈妈可以让孩子试听一些曲调上富有童趣，曲风上欢快轻松的经典唱段，如越剧《天上掉下个林妹妹》、黄梅戏《对花》等。这些唱段给孩子的听觉带来新鲜感，让他们在听惯"摇篮曲"的音乐环境里，找到新的感知。

创作少儿戏曲的素材很多，我国历史上有很多少年英雄的故事和传说，比如《司马光砸缸》《孔融让梨》《哪吒闹》海，等等。妈妈可以把它们编成戏曲，让孩子们自己来演，这样容易引起共鸣，会受到孩子们的欢迎。也可以创编一些童话戏曲，而这一领域创作的内容就更为广泛，题材更多，可以尽情地发挥，像《龟兔赛跑》《葫芦兄弟》之类的故事，都是孩子们爱听爱看的。

少儿戏曲，必须从小抓起，妈妈有必要在小学时就给孩子报戏曲班。这样，有利于加强孩子的戏曲基础。稍微大一点的孩子，妈妈可适当让孩子学一些简单点的台步、指法，听听唱腔，由浅入深，让他们逐渐对戏曲产生兴趣。这样，孩子就会慢慢喜欢上戏曲了。

480.练习书法好处多

练习书法可以提高宝宝的注意力，集中宝宝专心做事的持续时间。写字需要全神贯注于笔端，对那些平时坐不住，好动的小孩，妈妈就可以通过练习书法来训练他的注意力，为其以后正规上课学习打下基础。

练习书法还可以训练宝宝的意志力。书法要靠日复一日、连续持久的练习才能有成效，这对宝宝的意志、毅力是极大的考验，因此妈妈可以以此来锻炼孩子的意志力，锤炼品性。

另外，通过练习书法，孩子能够观察字的间架结构，比照字帖学习运笔，每一种笔画，都让孩子们充分感悟、领略书法的美妙之处。这种善于思考的好习惯必将转移到学科学习中去，最终有助于孩子学习成绩的提高。

书法的练习是一种生动的动态系统，始终要求专注地写好每一个字，它需要大脑指挥手和眼睛协调配合，双手不同动作及其与全身肢体协调配合，使大脑左右半球的技能获得同时发展并增进相互间的协调能力。无数事例证实，学习过书法的孩子，在理解能力、接受能力、想象力和创造性思维能力等方面，都显著高于一般孩子。因此，让宝宝学习书法，对其将来的学习和生活都是大有好处的。

兴趣培养：让宝宝多才又多艺

481.发掘宝宝的天赋和特长

对于发掘宝宝的天赋与特长，妈妈要端正心态，切忌"拔苗助长"。妈妈要始终保持心态平和，不能急于求成，且一定要从实际出发，根据宝宝的年龄和心理特点找出真正适合宝宝的特长来引导他。

作为妈妈，你也许很难分析出宝宝在哪些方面是有天赋的，但是，你可以从孩子的行为上看，从他在从事种种日常活动中的不同的表现来看。例如：开始说话很早，说起话来滔滔不绝，喜欢讲故事，这表明宝宝有语言天赋；宝宝爱听乐曲，学习新歌曲毫不费力，这表明他有音乐天赋；宝宝能观察到别人的微小变化，在阅读小说或看电视、电影时能很快认出其中的正、反角色，表明他有管理方面的天赋，等等。然后，妈妈就可以根据宝宝的这些潜在天赋给宝宝选择特长班，但切忌贪大求全，更不能盲目让宝宝参加一些没有成长空间的特长班。

另外，孩子的个性也可以表现出其天赋。那些意见一旦被否决就直掉眼泪的孩子，感情脆弱、敏感，日后大多会成为有艺术天才的人；而那些总想方设法在语言上达到目的、显得自信的孩子，长大后许多人则可能成为新闻记者或律师。这些是需要妈妈去观察、去发现的。

482.鼓励宝宝练习涂鸦和绘画

涂鸦是孩子们的天性。在有些妈妈的眼里，这种乱涂乱画毫无意义。为此，很多妈妈会限制孩子的涂鸦活动。而实际上，这种处理方式可能剥夺孩子自我成长的权利。

当宝宝兴致勃勃地涂涂画画时，妈妈应该热情地对宝宝的作品给予回应，帮助他把涂鸦的积极性保持下来，同时，妈妈也可以对宝宝的作品进行评价，且最好不要批评宝宝，以免伤害宝宝表达的积极性。

妈妈也可以参与到宝宝的涂鸦游戏中，通过语言与动作的引导，帮助宝宝拓展思路，激发他们更多的创意，提升他们的想象力与创造力。

此外，妈妈还要明确教子绘画的指导思想。妈妈教婴幼儿画画的主要目的是为了启蒙孩子的动手能力、想象能力和创造能力，培养专注安静的性格和喜欢画画的兴趣，而不是想过早地把孩子培养成一个小画家、小美术家，这样孩子才会觉得画画是一种有趣的绘画活动，是一件十分轻松、快乐的事情。

再次，通过涂鸦培养宝宝的综合能力。1岁半的宝宝手、眼、脑及小肌肉的协调能力发展迅速，已经能够较好地握住手中的笔。而刚刚学会这一技能的宝宝，常常会对笔和涂涂抹抹产生十分浓厚的兴趣。因此，妈妈应该鼓励孩子涂鸦或绘画，从而训练孩子的综合能力，开发孩子的智力。

483.培养宝宝对音乐的兴趣

在生活中，妈妈只要运用恰当的方法，在恰当的时间引起孩子的注意，一定会让孩子为了快乐而欣赏音乐。但是，妈妈该如何让孩子跟音乐进一步接触呢？

1.要为孩子创造一个音乐环境

随着人们生活水平的提高，现代化的视听设备逐渐进入了家庭生活，这为培养孩子的音乐素质提供了物质条件。妈妈可以充分利用音响、卡拉OK机和电视机，对孩子进行音乐教育，此外妈妈还可以带孩子参加一些音乐会、文艺晚会，或者利用茶余饭后的空闲时间，让孩子表演一些音乐节目，也可以亲自为孩子演唱、演奏一些音乐节目等。等孩子稍大一点时，妈妈还可买一些乐器，让孩子学习演奏。

2.培养孩子在音乐伴奏下做动作、跳舞

在音乐伴奏下做动作或跳舞，可以发展孩子的节奏感，陶冶性情。妈妈可以教孩子按音乐节拍、速度和情绪做动作，通过运动神经去感知和表现音乐艺术美。

3.教孩子唱歌

妈妈教孩子唱歌，应当从教歌谣开始。让孩子从掌握语言的韵律节奏，逐步过渡到掌握音乐的韵律节奏。

484.让宝宝爱上体育运动

为了让宝宝爱上体育运动，妈妈可以给孩子安排运动项目，可以有对抗性的项目，也可以有竞技性的项目。这样，孩子就能充分感受到不同运动给自己带来的不同影响和乐趣。另外，处于生长发育期的孩子，最好选择整体向上拉伸的运动，比如羽毛球、网球、篮球等，以便在他锻炼身体的同时也能加快身体成长。

妈妈的支持和陪伴是孩子进行体育锻炼的最大动力。妈妈想提高孩子的运动积极性，可以身体力行，陪孩子跑跑步、做做操、周末进行一场家庭羽毛球赛等，且在运动的过程中，培养孩子的兴趣。如果平时孩子的功课忙，妈妈可以利用假日进行爬山、远足等活动，全家人在缓解压力、舒缓视疲劳的同时，也能达到放松心情的效果。

如果孩子对运动不感兴趣，也许是没有找到他感兴趣的项目。对此，妈妈要让孩子尝试不同的体育项目，通过真正接触，帮助孩子找到自己的兴趣点。当孩子的运动兴趣慢慢培养起来后，他就会主动地参加锻炼了。而且，让孩子接触不同类型的运动项目，可以让孩子在力量、灵敏、速度、柔韧、平衡、耐力等方面都能够得到全面发展，使身体各个部位都得到均衡的锻炼。

另外，妈妈要减少孩子看电视和玩电脑的时间。电视和电子游戏可以帮助孩子放松，在某种程度上也是益智的，但问题在于，它会占据孩子本来用于自由玩耍和奔跑的时间。因此，为了孩子的身体健康，妈妈尽量不要让孩子长久地看电视和玩电脑。

485.培养兴趣要尊重宝宝的意愿

作为孩子的妈妈，在培养孩子的兴趣爱好时，一定要充分考虑和尊重孩子的意愿，根据他的兴趣和天赋因势利导、因材施教，决不能仅凭妈妈个人的兴趣爱好，按照自己的主观意愿来武断地安排孩子的课外培训，更不能盲目跟风，急功近利，把孩子不喜欢的学习内容强加在他们身上。否则，只会适得其反，欲速则不达，甚者扼杀孩子的特长和个性，影响孩子一生的成长和学习。

首先，妈妈要谨慎为孩子选兴趣班，如果说3岁的孩子兴趣不太明显，那么到了中班，孩子长了一岁，具体对什么有兴趣就能体现出来了。此时，妈妈完全可以根据孩子的意愿来帮孩子选班。如果妈妈真的想让孩子在某个方面加强一下，不妨适当地往这方面引导孩子，让孩子感到去上兴趣班是一件很有趣的事。

同时，妈妈也不妨带着孩子多去听一些幼儿园兴趣班的公开课，让孩子在听课中感受上兴趣班的乐趣，自然而然地，孩子就会自觉地去上课了。

总之，妈妈对孩子的追求与兴趣应当给以积极的引导与鼓励，而在孩子已有自己明确的追求与兴趣时，妈妈更应当支持并帮助孩子去实现。这样，孩子才能真正学有所成。

礼仪教养：培养知书达理的好宝宝

486.妈妈是宝宝最好的老师

孩子与妈妈朝夕相处，日夜为伴，对妈妈的依赖性、模仿性很强，他们认为妈妈的一切言谈举止都是最标准、最好的。因此，对妈妈的一切言行都有强烈的模仿欲望。妈妈的走路说话、待人接物、欢乐与痛苦等，孩子都看在眼里，记在心上，并一一去模仿，就算妈妈做的是坏的他们也会照单全收。这种影响是在无意识中产生的，但其作用也是最直接的。

所以，妈妈在日常生活中，一定要谨言慎行，以身示教，凡是不良的言行，首先要杜绝在自己身上发生，且要求孩子做到的，妈妈自己先要做到，唯有如此，才能收到良好的教育效果。

例如：妈妈要求孩子言行端正，品德优良，就必须先从自己做起，无论何时何地，妈妈都应言行一致，表里如一，绝不能说一套、做一套。在孩子面前，只有言行如一、说话算数，才能树立威信，才能让孩子对妈妈的管教心服口服。

其实，世界上最美丽的书是孩子妈妈写就的，最好的语言是妈妈传递的，最好的行为举止也是妈妈刻画的，可以说，妈妈是孩子的启蒙老师。妈妈与其对孩子提出过高要求，不如把精力用在提高自身的素质上来，用自己的行为去影响孩子、感染孩子，这样，妈妈才能当孩子最好的老师，教育的心血也不会白费。

487.教宝宝基本的礼貌常识

妈妈想要让宝宝成为一个讲礼貌的人，首先要以身作则。如果妈妈平时自己说话总是高声吼叫，或者粗话满口，孩子会轻声细语、会彬彬有礼吗？比如问路，如果妈妈是这样问的："喂，老太太，到解放路怎么走？"那么，以后孩子单独问路也不可能这样："请问老奶奶，我想请你指点一下：到解放路该怎么走？"高雅的气质，翩翩的风度，不是一下子能够训练出来的，而是在长期耳濡目染的过程中一点一滴凝聚起来的。

在教宝宝礼貌常识时，妈妈可以教孩子用礼貌的语言来表达对别人的喜爱和尊敬。一旦孩子会说话，就教他学会说"请"和"谢谢"等礼貌用语，要让孩子明白，你愿意在他对你有礼貌的时候答应他的要求，而不喜欢听到他命令你。

同样，妈妈也要以身作则，经常对孩子（以及别人的孩子）说"请"和"谢谢"，这样孩子就明白礼貌用语是日常交流的一部分，不论是在家里，还是在公共场合，都应该讲礼貌。

妈妈还可以设定场景来教孩子礼貌用语。有的时候孩子学会了礼貌用语，但是却不知道该在什么场合下使用，比如本来孩子应该说"谢谢"，可是却说了"阿姨好"。因此妈妈可以设置一些场景，比如见到外人的时候热情地打招呼，教孩子说"你好"，走的时候教孩子说"再见"。这样既可以提高孩子学习的兴趣，又能够给孩子实际的体验，有助于孩子更快学会礼貌待人。

488.如何招待家里的客人

日常交往也是培养孩子礼仪的好机会。当有客人来访，或到别人家做客时，妈妈就可以利用这种机会培养孩子的礼仪习惯。

有客人来时，妈妈要引导和鼓励孩子热情地、主动地和客人打招呼，在客人的夸奖声中，孩子会认识到"礼尚往来"的确是一种乐趣。客人进屋后，可以让孩子做些简单的招待工作，如招呼客人坐下、给客人倒水等。在妈妈们谈话时，不要让孩子吵闹，要让孩子明白安静地做自己的事才是有礼貌的，来回走动和随便插话是对客人的不尊重。

在家里来小客人之前，妈妈要提醒孩子提前作好准备。小客人来之后，妈妈要首先引导孩子向小客人问好，然后拿出准备好的小食品，请小客人食用，请孩子自己选择并介绍自己的玩具，与小客人一起玩。

在教孩子接待客人时，要根据孩子的特点行事，切忌强求孩子干他不愿干的事。如硬要胆小怯弱的孩子招呼客人，结果会使孩子更加怯弱胆小，对客人更加冷漠。此外，对"人来疯"的孩子切忌在客人面前训斥或打骂，应设法让他暂时离开，待其冷静后再让他和大家在一起。

客人走时妈妈可以让孩子一同送客。在这样的耳濡目染之后，孩子一定会成为一个有礼貌的小主人。

489.餐桌礼仪莫忘记

孩子到一定年龄，就会开始喜欢独立用餐具吃饭，这标志着他对"人格独立"的向往，妈妈应给予充分的鼓励和支持。

妈妈要从小教育孩子不要挑食、偏食，以免影响他对营养的全面摄入和吸收，一味地迁就孩子任性的饮食喜好，会让孩子形成自私、孤僻、缺乏自控力等缺点。

另外，饭前要让孩子洗手，保持健康的就餐习惯。妈妈不要什么事都自己做，要让孩子帮忙做点力所能及的家务，如在餐前餐后帮忙收拾餐具等，这样既可以减轻妈妈的负担，又增强了孩子的劳动意识。

再者，妈妈要提醒孩子进餐时不要打嗝，也不要出现其他声音，如果出现打喷嚏、肠鸣等不由自主的声响时，就要说一些"真不好意思""对不起""请原谅"之类的话，以示歉意；吃到鱼头、鱼刺、骨头等物时，不要往外面吐，也不要往地上扔，要慢慢用手拿到自己的碟子里。妈妈还要让孩子学会享受时应首先考虑长辈；就餐时，好菜要先夹给长辈吃；舒服的位置让给长辈坐；别人为自己服务时要表示感谢；别人不便时，应尽可能提供帮助，等等。

490.孝顺长辈，尊敬老师

孝顺长者、尊敬老师是中华民族的传统美德。但是，这种美德在一些独生子女身上却很少出现，我们常常可以看到这样的生活镜头：家里吃过饭后孩子扭头出去玩了，妈妈却在那里忙碌着收拾碗筷；孩子在学校里见到老师不敬礼也不打招呼，等等。

其实，现在不少孩子只知道向妈妈要钱，却不知道妈妈的钱是从哪儿得来的。这样的孩子怎么会从心底里孝敬妈妈呢？对此，妈妈应当有意识地经常把自己在外工作和收入的情况告诉给孩子，并且说得越具体越好，让孩子明白妈妈的钱得来不易。这样，孩子就会从心底里产生对妈妈的感激和敬重。另外，妈妈还可以给孩子讲一些关于"孝"的故事，让孩子从故事里得到启发。

在学校里，孩子刚刚接触老师时，隐隐约约地有些畏惧心理。这时，妈妈可以经常对孩子谈谈自己小时候是怎样听老师话的，老师是怎样亲切耐心地帮助自己的。当孩子提出一些疑难问题的时候，妈妈可以告诉他："关于这些，老师知道得很多，会比妈妈更好地讲给你听。"这样，有意识地培养孩子确立老师是最可亲近的朋友的观念，孩子的畏惧心理就会逐渐消失了。

态度教育：端正宝宝的行为态度

491.如何对待发脾气的宝宝

"现在的孩子越来越难管了!"有不少妈妈抱怨说，"稍不如意，牛脾气就上来了。打也不听、骂也不灵，哄他吧，他还更来劲!"生活中，确实有不少这样的孩子，让妈妈烦心不已。

那么，怎样才能改掉孩子乱发脾气的习惯，或者说对孩子发脾气采取什么样的对策才是可行的呢?

首先，不能孩子一哭就软下来，一定要说到做到，且谁说得对就谁说了算（包括宝宝）。此时需要爸爸妈妈、爷爷奶奶、姥姥姥爷步调一致、齐心协力，对宝宝不合理的要求决不妥协。之后，对宝宝的哭闹行为通过不看、不理会等冷处理的方法来转移目标，等孩子态度转变后，再给他讲道理。

其次，妈妈在阻止孩子坏脾气发作的时候，既不要采取过于强硬的态度，也不能采取过于软弱的态度，最好是能够迅速而果断地将孩子的注意力转移到其他方面，以缓和紧张的局势。也就是说，当孩子正处于发脾气的时刻，妈妈不要一心只想到训斥孩子，因为孩子这时是听不进去的；也不要强迫孩子或者用武力威胁孩子马上停止发脾气。最简便的方法就是：运用冷淡计把他撇下不管，或把他送出门外，让他一个人去发泄。这样坚持一段时间后，孩子就会渐渐改掉乱发脾气的习惯，因为他知道这样做是什么也得不到的。

492.如何对待性格倔强的宝宝

幼儿从两三岁时开始形成明确的自我意识，独立行动的愿望也日益强烈，所以他反抗或不服从妈妈的管教是很正常的。当然，除了年龄的原因以外，妈妈的管教过于严厉，或管教方式前后不一致，也都可能是孩子形成倔强性格的原因。此外，也有为数不多的孩子天生的气质就属于比较沉默、倔强。

孩子犟起来时，大人有时真没有办法。不过，妈妈一方面断然拒绝孩子的无理要求；另一方面要给他应有的尊重，这才是一种比较理想的管教方式。反之，如果妈妈对孩子大声斥责，说出许多伤害孩子自尊心的话，不但无法达到管教的效果，反而还会破坏妈妈和孩子之间的亲子关系，而孩子也可能会更不听话，结果，这种简单粗暴的教育方式产生出的是相反的效果，致使后果更严重。

另外，妈妈要多与孩子交流、沟通，并且少用命令式语言。你下班回到家里，看到孩子把玩具扔得满屋子都是，你会怎么做呢？如果你皱起眉头怒斥孩子："赶紧把玩具收拾好!"你得到的回答多半是"我不!"如果你换个方式，对孩子亲切地笑一笑："宝宝今天真高兴，来! 我们一边收拾玩具，你一边告诉我今天玩了什么游戏，好吗?"孩子很可能会高高兴兴地照你的话去做。总之，以慈爱的态度、和蔼的话语和他交谈，在这种谈话气氛之下，孩子一定会改变无理取闹的态度，乖乖地听话。

493.宝宝太自私该怎么办

妈妈想让宝宝摆脱自私的性格，可从孩子最在乎的食物开始，如果孩子独占的话，妈妈就要把食物拿过来公平地分开，不能再放任不管。一开始，孩子可能会大哭大闹或苦苦哀求，但妈妈绝不能让步，一定要坚持到底。

在日常生活中，妈妈还需要培养和鼓励孩子的亲善行为，例如同情、合作、助人、宽容、谦让、学会说"谢谢"等。如果发现孩子在这方面有好的表现，应该及时表扬和奖励。其实，每一个人都喜欢得到别人的认可，孩子也一样。如果孩子得到同伴和妈妈的接受，他就会感到自己能在别人心里占有一定的位置。那么等他懂事后，就会懂得约束自己的行为，在意他人的感受。

在日常家庭生活中，妈妈要尽量不给孩子特殊待遇，而只满足孩子合理的需求，让孩子知道自己在家庭中与其他成员是平等的，消除其"以自我为中心"的意识。

另外，妈妈要起到表率作用。在日常生活中，妈妈也要经常关心别人，尤其要多孝敬长辈，给孩子树立榜样，长此以往，同样的品质和行为方式就会再现于孩子身上了。

494.对宝宝的打架、争抢行为进行正确教育

对孩子的打架，妈妈不要卷入太深。因为对于打架，孩子自己可能看得并不严重，只是他们解决问题的一种方式。不少孩子待在一起就会打架，而打过以后，就又在一起玩耍。但是，倘若打架导致了损害或破坏行为，妈妈就应迅速采取坚定的干预。

还有，孩子由于争夺玩具而打架，妈妈可以尝试用换着玩、大家一起玩、角色分工的方法进行调和。例如：两个或几个孩子争执不下，妈妈可以提出先替其保管玩具，等他们商量出一个不争抢的办法，再到妈妈那儿拿玩具。这样，两个或几个孩子就会商量谁先玩、谁后玩、每个人玩多长时间。这些方法可增加孩子的主动性，使他们主动学会一些规则。

另外，面对孩子打架、争抢行为妈妈应及时讲道理，告诉宝宝其行为对他人可能造成的危害或后果，告诉宝宝遇到类似的情境应怎样做才恰当等等。这样，有助于让宝宝认同你们的行为标准和观点，在以后遇到类似情况时，知道如何去做。

再者，家庭的情感气氛和教育方式对儿童攻击行为有极大的影响。被愤怒和惩罚笼罩的家庭，容易制造出一个"失去控制"的儿童；而身处沉重生活压力的家庭，父亲或者母亲具有攻击性行为，孩子也很可能具有很高的攻击性。

495.帮助宝宝形成正确的是非观

为了帮助宝宝形成正确的是非观，妈妈需要从各个方面入手，让孩子在切身经历的矛盾冲突中学会分辨是非。当他随地扔垃圾时，当他在商店里嚷着要这要那时，当他与小伙伴争抢玩具时，正是妈妈教他学会分辨是非的好时机。妈妈不妨先让他自己说说怎样做是对的，怎样做是错的，再对他进行有针对性的启发和引导。

当孩子与小伙伴闹矛盾的时候，妈妈一定要弄清楚来龙去脉，如果是自己的孩子错了，要勇于承认错误，向同伴赔礼道歉，切不能庇护而去指责同伴，要让孩子搞清楚，对就是对，错就是错，否则会模糊孩子的是非观念。

此外，宝宝几个月时，可以用音乐、玩具等逗引；稍大一些，可以带宝宝多外出活动，与成人及小伙伴交往，教宝宝正确的礼貌行为。例如：用动作表示"你好""再见"等，教小伙伴不抢玩具，到公园不攀折花木等。这样，在宝宝养成良好的行为习惯的同时，他也能明确人生的一点点是非。随着孩子年龄的增长，妈妈要有针对性地讲一些他们能理解的故事，并和他一起谈论故事中的人物，把谈论的重点放在做错事情的人身上，让他知道什么事是对的，什么事是错的，从而培养孩子正确的是非观。

心理疏导：及时灭掉不健康的"心火"

496.宝宝依赖心理太强该怎么办

如今的孩子被爸爸妈妈、爷爷奶奶、姥姥姥爷视为掌中宝，自幼就在众人的关怀之下成长，衣食住行样样都由他们包办，过度宠爱自然少不了，很容易就会形成过度依赖的坏习惯。这样不仅使孩子丧失自主的权利，长大以后孩子生活的自理能力也会较差，所以妈妈一定要注重这个问题。

首先，妈妈要尽可能让孩子做力所能及的事情，培养孩子自己动手的习惯。生活中，要让孩子从小事做起，多参加家庭劳动，在劳动中，培养孩子的自理能力，使其变得独立。

不过，在培养孩子动手能力的时候，要按照孩子的年龄、能力的发展程度对孩子提出适当的要求。孩子的能力要渐渐培养，循序渐进的教育方法可使孩子在遇到问题时，避免生活带给他的挫败感而导致的自信心的丧失。当孩子看到自己用双手完成了许多事，他的自信心和责任感便会增强，也就会减少对妈妈的依赖心理。

另外，妈妈也可以让孩子多与独立性较强的同伴交往，观察他们是如何独立处理自己的一些问题的，并向他们学习。同伴良好的榜样作用有助于激发孩子的独立意识，让其改掉依赖这一不良习惯。

497.宝宝好动、注意力不集中该怎么办

多动症孩子做事常常三心二意，注意力不集中。因此，在最初进行自控力训练的时候，妈妈就需要以成人的行为影响孩子。比如：孩子在安静的环境中画画或做作业，爸爸或妈妈最好能陪伴在身边，父母的主要任务不是辅导也不是批评，而是督促他专心致志，防止他边干边玩。这样有助于提升孩子注意力集中的质量，逐步改善他做事拖拖拉拉的状况。

另外，多动症孩子不能有效地控制自己的行为，做事持续时间短。对此，妈妈最好依据孩子的情况，制定一对一的时间表，并随着其症状的改善作相应的调整。比如，孩子不到7岁，集中于某一件事上的时间最多能维持4～6分钟，妈妈不妨给他拟订一个"10分钟计划"，告诉孩子：无论是玩还是看漫画书，都必须坚持10分钟。注意，妈妈设定时间段的长度应比孩子能保持的"最高水平"长几分钟，使他稍稍努力就能达到。

妈妈还可以给孩子制定一些在家里或者幼儿园的行为准则，让他明白哪些事情是该做的、哪些事情是不该做的。这些规则一旦向孩子提出，就要坚持到底，任何时候都不能破坏。当孩子按着准则去做时，妈妈应该给予奖励，如果违背了准则要给予相应的惩罚。

498.宝宝性格孤僻、不合群该怎么办

合群的孩子在知识范围、语言表达能力、人际交往能力等方面均明显优于性格孤僻、不爱交往的孩子。孩子不合群，是妈妈最头疼的事情，这会让孩子一直黏着妈妈。那么，不合群的孩子应如何避免呢？

妈妈可以交给孩子一些一个人难以完成的任务，鼓励孩子与别人合作完成，或向妈妈求援完成，增加他与别人交往的机会。这样能让孩子懂得一个人的力量很小，有些事情办不到，而大家一起做事情就好办了。

另外，妈妈还可以在节假日带孩子去公园或亲朋好友家走走，积极创造条件让孩子与小伙伴一起玩耍。开始时妈妈可陪伴在旁与他们一起做游戏，当孩子熟悉之后就可让他们自己玩。每次游戏后，妈妈都应比较夸张地表扬孩子玩得好、玩得有趣，使孩子在玩乐中感受到小伙伴的可爱以及集体的欢快。

需要注意的是，妈妈不宜过度夸奖孩子，这样会使孩子变得高傲、任性，不愿与他人平等交往，从而陷入孤立的境地。

499.如何让胆小的宝宝变得胆大起来

为了让胆小的宝宝变得胆大起来，妈妈要经常带孩子出去与人交往，比如周末带孩子到好朋友家过夜，让孩子体味到与人交往的快乐；妈妈要尽量自己带孩子，尽管孩子还不会说话，也要多与他交流，多拥抱和爱抚孩子，这样，也会让孩子心里安

稳然后变得胆大。

　　具体来讲，妈妈可以为孩子提供与外界交往的机会和环境。如带孩子到军营去观看解放军叔叔训练的场面；帮助孩子认识不同的人群，使孩子有机会接触一些陌生但又和善的人；鼓励孩子与同伴做游戏等。对于那些缺乏知识经验而引起的恐惧，如孩子怕黑、怕打雷、怕虫子等，妈妈应向孩子讲些简单的科学道理，以消除他对恐惧物的恐惧感。

　　另外，妈妈还可以通过多种活动锻炼孩子的胆量，例如：春天去野餐，夏天去游泳，秋天去登山，冬天去滑雪。还可同孩子一起玩体育游戏，如爬高攀登，去游乐场坐飞船等，这些活动不仅能满足孩子活动的需要，还能锻炼孩子勇敢的品质。

　　当然，妈妈的自身素质也很重要，可以想象，一个家庭里面妈妈本身比较怯弱，那她的小孩比较大胆的可能性就很小。很多妈妈看到蛇、老鼠等动物都反应强烈，小孩看在眼里也就会觉得动物很可怕，不敢轻易接触。同样的，爸爸如果在日常交际中也畏首畏尾，比较怯弱的话，对孩子也只会产生不好的影响。所以，要想让孩子摆脱怯弱，爸爸妈妈自己首先就应该做好表率。

500. 帮助宝宝走出"幼儿园恐惧症"

　　对于要上幼儿园的孩子来说，最大的恐惧就是要离开所有熟悉的人和事物，特别是爸爸妈妈。所以妈妈可以在孩子上幼儿园之前带他到幼儿园参观游玩几次，让孩子参加里面的活动，或者在操场里面玩等，以便他能尽快熟悉幼儿园的环境。

　　在上幼儿园第一天到来之前，小孩子可能都会想象老师的桌子里面藏着大怪物。对此，妈妈可以在他上幼儿园之前介绍老师给他认识，这样可以减少孩子的恐惧感。当孩子上幼儿园以后，由于老师所做的可能会跟孩子的想象有区别，或者是老师批评过教育过他，孩子也可能产生恐惧。对此，妈妈要做的就是向孩子解释老师为什么要这样做，例如老师的目的都是为了让所有的小朋友都可以听故事，所以要遵守课堂的纪律等。

　　初上幼儿园的宝宝一般都会觉得幼儿园不像家里那么自由，都会产生不爱去的心理，妈妈应该让他尽量少待一些时间，以便慢慢地适应。妈妈可以迟送半个小时，让宝宝发现其他小朋友的身边都没有爸爸妈妈，他们都很勇敢，要向他们学习。早半个小时接回，他又会发现，自己比其他宝宝更早看到妈妈，会很开心。这样，几天下来，宝宝就会适应幼儿园生活了。